정보통신의 이해

정 기 석

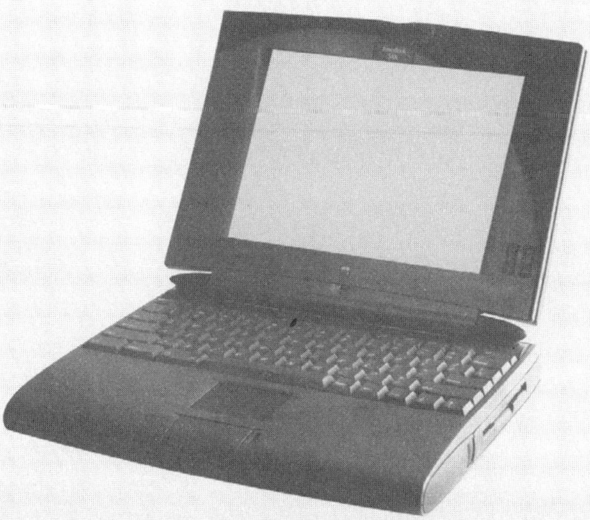

Information & Communication
of appreciation

KyoWooSa 敎友社

머 · 리 · 말

PREFACE

지금 우리는 정보사회에 살고 있다. 매일 같이 홍수처럼 쏟아져 들어오는 정보의 물결 속에서 살고 있다고 해도 과언이 아닐 것이다. 정보는 여러 가지 형태로 우리에게 전달된다. 얼마 전까지만 해도 전화, 즉 음성이 정보수단의 전부였으나 오늘날에는 음성 이외에 문자, 화상, 동영상 정보도 전달할 수 있고, 또 필요한 시기에 필요한 정보를 얻을 수도 있다. 이것은 컴퓨터의 발달로 가능해졌다.

정보는 아날로그에서 디지털로 발전되어 디지털 정보시대를 열었다. 방송에서는 디지털TV가 보급되기 시작하였으며 우리나라는 2012년까지 디지털TV로 완전히 전환될 전망이다. 케이블TV도 디지털로 전환되어 디지털 케이블TV가 보급되고 있다. 또한 IP망을 이용하는 IPTV도 관련법이 국회를 통과하여 2008년 12월 방송이 시작되있다.

무선전화는 셀룰러 전화가 음성만 전송하는 2세대를 지나 3세대 영상통화시대에 접어들어 가입자 1000만 명을 돌파하였다. 유선인터넷은 최고속도 100Mbps에 도달하였고, 무선인터넷은 3세대 이동통신인 HSDPA를 사용하는 것과 CDMA를 사용하는 것(LG텔레콤)이 있으며 또한 순수 우리 기술인 무선인터넷 와이브로는 3세대 이동통신 국제표준으로 채택되었다.

통신과 방송은 융합되고 있으며 그 예로 휴대전화로 TV를 시청할 수 있는 모바일TV인 지상파DMB는 1000만 대를 넘어섰고 위성DMB는 141만 명을 기록하고 있다.

통신과 방송의 융합, 유선과 무선의 통합, 음성과 데이터의 통합 서비스망인 광대역통합망(BcN) 구축계획의 3단계가 2010년에 마무리 되면 언제 어디서나 컴퓨터네트워크에 접속할 수 있는 유비쿼터스 시대가 도래하게 될 것으로 기대된다.

이렇듯 정보통신은 하루가 다르게 발전의 속도를 더해 가는데 정보통신기술과 발전추이를 알 수 있는 책이 부족한 것 같아, 지난 수년간 대학에서 강의한 내용을 정리하고 보충하여 한 권의 책으로 출간하게 되었다.

이 책의 특징은

첫째, 정보통신분야의 입문서로서 꼭 필요한 부분을 제외하고는 수식을 사용하지 않고 그림으로 설명하였고,

둘째, 정보통신에 관한 이론과 더불어 정보통신서비스의 국내외 동향을 기술하였으며,

셋째, 정보통신 기술의 표준화동향에 대하여 소개하였다는 점이다.

나름대로 정성을 다하였으나 부족한 부분이 많으리라 생각된다. 독자 여러분의 아낌없는 충고와 조언을 부탁한다.

끝으로 이 책이 나오기까지 애써주신 교우사 사장님과 직원 여러분께 감사드린다.

2009년 2월

저 자

차 · 례

CONTENTS

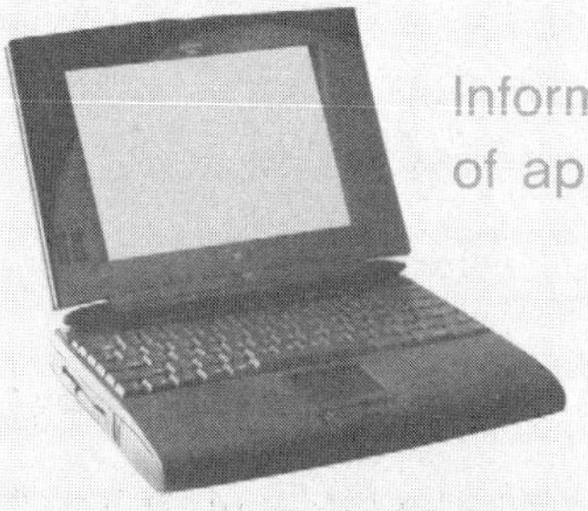

Information & Communication
of appreciation

CHAPTER 1

정보통신의 개요

1 전기통신 이전의 역사

통신(communication)이란 사람과 사람 간에 의사를 전달하는 것을 말한다. 사람 간의 거리가 가까울 경우에는 말, 즉 음성으로 통신할 수 있지만 멀리 떨어져 있으면 소리가 작아져서 어렵다. 그래서 옛날부터 여러 가지 방법이 고안되었다.

날씨가 맑아서 시야가 멀리까지 보일 때에는 수기 신호를 이용하였다. 즉, 사람이 깃발을 이용해서 약속된 표시를 하였다. 또 수기 신호는 바다에서 함대간의 연락에도 사용되었다. 수기신호의 국제 신호에는 모오스 부호가 이용된다.

표 1 국제 모오스 부호

A	•–	B	–•••	C	–•–•	D	–••
E	•	F	••–•	G	––•	H	••••
I	••	J	•––	K	–•–	L	•–••
M	––	N	–•	O	–––	P	•––•
Q	––•–	R	•–•	S	•••	T	–

U	• • –	V	• • • –	W	• – –	X	– • • –
Y	– • – –	Z	– – • •				

또 옛날 전쟁터에서는 통신 수단으로 북이 많이 사용되었다. 진격과 후퇴의 신호를 북을 치는 횟수로 나타내었다. 또한 종은 주로 시각을 알리는데 사용되었으며 지금도 학교에서는 수업시간의 시작과 끝을 알리는데 종을 사용하고 있다. 봉화는 큰 산 정상에서 연기나 불을 이용해서 마을과 마을 사이에 정보를 전달하였다. 그 후 봉화는 더욱 발달해서 여러 가지 색의 연기를 이용해서 정보를 전달하였다.

그림 1 봉화

2 전기통신과 컴퓨터의 발전

1. 전기통신의 발전

전기를 이용한 통신에는 전신과 전화 두 가지가 있다. 전신에서는 모오스(Morse) 부호를 사용하여 통신한다. 모오스 부호에서 돈은 '•'과 같이 표시되며 짧은 순간적인 전기의 흐름이고 쓰는 '–'와 같이 표시되며 긴 전기의 흐름을 나타낸다.

모오스가 전신기를 만든 것은 1837년이고 1843년에 워싱턴과 볼티모어 간에 전신선이 설치되어 전신이 개통되었다. 그 후 유럽 및 미국에서 급속히 보급되었으며 1866년 유럽과 미국을 잇는 대서양 해저 케이블이 개통되었다. 전신의 원리도를 그림 2에 나타내었다.

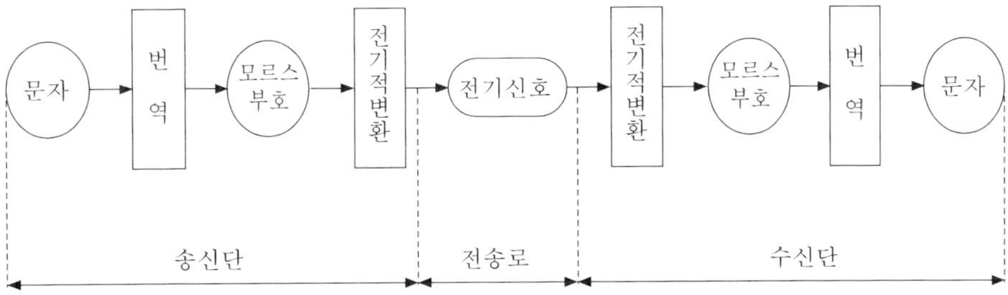

그림 2 전신의 원리도

전신은 상대에게 뜻을 전달하기 위해 내용을 문장으로 쓰고 다시 그것을 모오스 부호로 변환해서 보내야 하는 불편함이 있었다. 그래서 사람들은 자신의 음성을 직접 상대방에게 전할 수 있는 방법이 없을까 하고 생각한 끝에 1876년 미국의 벨(Alexander Graham Bell)과 크레이가 전화를 발명하게 되었다. 그 후 벨이 발명한 전화가 널리 보급되었다. 전화의 원리도를 그림 3에 나타내었다.

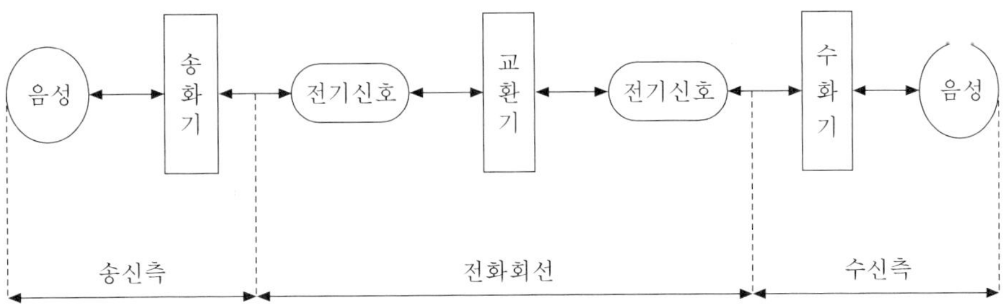

그림 3 전화의 원리도

전신 및 전화는 모두 송신자와 수신자 간을 전선으로 연결하고 그 전선에 흐르는 전기에 의해 통신하는 기술로서 이러한 것을 유선통신이라 한다. 한편 송신자와 수신자 간에 전선 없이 전파를 이용해서 통신하는 기술을 무선통신이라 한다.

무선전신은 1895년 러시아의 포포후와 이태리의 마르코니가 각각 발명하였으나 마르코니 방식이 실용화 되었다. 무선전화는 1906년 에디슨이 발명하였다. 이와 같이 전기통신 기술은 유선전신, 유선전화, 무선전신, 무선전화의 4가지 형태로 발전되었다.

우리나라의 전기통신은 1885년 전신업무가 시작되었고 1895년 궁궐에 전화기가 설치되었다. 1902년 한성전화소가 개설되었고 1903년에는 인천전화소가 개설되었다. 그러나 한일합방으로 전화는 일본의 통치수단이 되었고 그 후 광복 후에는 총가입자 수가 44,887로 우리나라 인구의 400명당 1대꼴로 보급되었으나 6.25 전쟁으로 그 중 80%가 유실되었다. 1960년대 초 전화기가 본격적으로 보급되었고 국산전화기 체신1호가 개발되었다. 1973년에 체신70호가 개발되었으며 1981년 초 구입절차가 관급제에서 사급제로 바뀜에 따라 모델의 패션화가 이루어지고 의사소통 기기에서 다기능 기기로 발전되었다.

2. 컴퓨터의 발전

제2차 세계대전 중에 미 육군에서는 탄도 계산을 빨리할 목적으로 펜실베이아대학에 계산기의 제작을 의뢰했다. 펜실베니아대학에서 수학을 전공하던 에커트(J.P.Eckert)와 물리학자인 모클리(J.W.Mauchly)의 주관 하에 ENIAC(Electric Numerical Integrator And Calculator)이란 대형컴퓨터가 1946년에 세계 최초로 제작되었다. 이는 18,800개의 진공관을 사용하였으며 그 무게만도 30톤이나 되었다.

에커트와 모클리가 대학을 떠나 컴퓨터회사를 설립하여 컴퓨터를 제작하다가 미국 통계조사국의 계약을 받아 1950년 세계 최초의 상업용 컴퓨터인 UNIVAC1(Universal Automatic Computer)을 완성하여 1951년 미국 통계조사국에 납품하였으며 테이프가 붙어 있어서 근래의 컴퓨터와 성능이 같은 것이었다.

1949년 캠브리지 대학에서 폰노이만(J.Von.Neuman)은 프로그램 내장 방식을 사용한 EDSAC(Electronic Delay Storage Automatic Calculator)을 제작하였으며, 1950년에 펜실베니아 대학에서 EDVAC(Electronic Discrete Variable Automatic Calculator)이 제작되었다.

1948년 벨 연구소에서 트랜지스터를 발명함으로써 진공관 대신에 트랜지스터를 사용하는 컴퓨터가 등장하였다. 이때는 주기억장치로 자기코어를 사용하였으며 보조 기억장치로는 자기디스크, 자기드럼을 사용하였다. 또 소프트웨어의 발전으로 컴퓨터 언어인 FORTRAN, COBOL, ALGOL 등이 탄생하였다. 그 후 UNIX를 개발한 켄 톰슨(Ken Tomson)의 B언어를 모태로 1972년 벨 연구소의 데니스 리치(Dennis M. Ritchie)가 C 언어를 개발하였다.

트랜지스터, 다이오드 등이 축소화되어 집적회로(IC:Integrated Circuit)가 개발됨으로써 컴퓨터는 소형화가 이루어지고 연산속도는 더욱 빨라지고 기억용량은 증대되었다. 1970년대에 들어와서는 고밀도 집적회로(LSI:Large Scale Integrated circuit)의 등장으로 더욱 소형화되어 개인용 컴퓨터가 등장하게 되었다. 1980년대에는 초고밀도 집적회로(VLSI:Very Large Scale Integrated circuit)의 등장으로 더욱 더 소형화 되었다.

컴퓨터의 세대별 특징을 요약하면 표 2와 같다.

표 2 컴퓨터의 세대별 특징

세대구분	제1세대	제2세대	제3세대	제4세대	제5세대
연대	'46~'60	'60~'65	'65~'71	'71~'80	'80~
구성소자	진공관,릴레이	트랜지스터, 다이오드	IC (집적회로)	LSI (고밀도 집적회로)	VLSI (초고밀도 집적회로)
계산속도	10^{-3}s	10^{-5}s	10^{-7}s	10^{-9}s	10^{-12}s
기억장치	수은지연회로, 자기드럼	지기드럼,자기코어,자기디스크	자기코어, 자기박판	반도체메모리, 자기디스크	연상기억
적용면	통계 (통계,일상업무)	관리 (생산, 원가관리)	경영 (예측, 의사결정)	경영 (예측, 의사결정)	사무자동화, 인간보조기능
기계면	UNIVAC1 IBM701	UNIVAC2 IBM650	IBM360 CDC3300	IBM370 UNIVAC1100	IBM3081

3. PC의 발전

20세기에 등장한 과학기술분야 발명품 가운데 가장 큰 영향을 미친 제품으로는 단연 컴퓨터가 꼽힌다. 컴퓨터는 업무, 교육, 오락, 생활 등 거의 전 분야에서 인간생활에 큰 변화를 가져왔다.

미국의 시사주간지 타임이 사람이 아닌 PC를 '올해의 인물(Man of The Year)' (1983년)로 선정했던 사실에서 PC의 중요성은 충분히 입증되고도 남는다.

미국의 대형 컴퓨터 업체인 IBM이 PC를 처음 선보인 것은 1981년 8월 12일이다. 애플 컴퓨터, 코모도어, 오스본(Osborne) 등이 장악하고 있던 소형 컴퓨터 시장에 후발주자로 뛰어든 IBM은 1년여의 개발 작업 끝에 'IBM5150개인용 컴퓨터' 란 이름의 제품을 내놓았다.

컴팩컴퓨터 창업자의 한 사람으로 현재 퀘스티아 미디어 회장을 맡고 있는 로드 캐니언은 2001년 8월 8일 미국 새너제이 테크뮤지엄에서 열린 PC 20주년 기념식에서 "이 컴퓨터를 보는 순간 엄청나게 중요한 제품이란 생각이 들었다."고 회고했다.

IBM-PC가 등장하면서 컴퓨터는 본격적으로 일반 가정에 보급되기 시작했다. "집에 컴퓨터를 들여 놓고 싶어할 이유는 전혀 없다." 고 말한 디지털 이큅먼트 창업자 켄 올슨의 말을 비웃기라고 하듯이---(디지털 이큅먼트는 마이크로컴퓨터 분야에서 뛰어난 실적을 올렸지만 결국 PC를 발판으로 성장한 후발주자 컴팩에 인수됐다.) PC는 기업의 업무 효율을 높였을 뿐만 아니라 비즈니스 방식을 근본적으로 바꾸고 있다. 특히 90년대 후반 들어 널리 보급된 인터넷과 결합되면서 새로운 비즈니스를 낳았을 뿐만 아니라 비즈니스 방식을 신경제란 이름의 새로운 경제 패러다임을 창출했다. PC는 사람들이 일하고 생활하고 공부하고 노는 모습을 완전히 바꾼 것이다.

IBM-PC가 세상을 바꿀 수 있었던 힘은 어디서 나온 것인가? 최초의 PC가 아니면서도 선발 주자를 물리칠 수 있었던 이유는 무엇인가? 그 해답은 IBM-PC를 개발하면서 채택한 전략에 담겨있다. IBM은 PC개발에 나서면서 색다른 방법으로 접근했다. 필요한 부품을 이미 시장에 나와 있는 것들을 쓰기로 한 것이다. PC의 핵심인 중앙처리장치(CPU)는 인텔의 8080칩, PC를 작동시키는 기본 소프트웨어인 운영체제는 마이크로소프트(MS) 제품(PC-DOS, 나중에 윈도로 바뀜)을 사용하기로 했다. 이것이 IBM-PC가 단숨에 PC 업계를 평정할 수 있었던 힘의 원천인 '오픈 아키텍쳐' 전략이다. 또 이는 당시 신생기업이었던 MS와 인텔을 세계 최고 기업으로 성장시킨 발판이기도 했다.

'오픈 아키텍처' 는 기술 내용을 공개하는 것이다. 따라서 어느 회사라도 IBM-PC에 사용된 것과 같은 부품을 사서 똑같은 기능의 제품을 만들어 낼 수 있게 됐다. 이런 전략의 결과 IBM-PC와 같은 기능을 가진 제품(IBM호환기종)을 만드는 회사들이 잇따라 생겨나면서 IBM-PC는 단숨에 PC시장의 주류로 자리 잡게 됐다. 2001년 8월 기준 IBM-PC는 8억여 대가 판매된 것으로 추산되고 있다. 이는 전체 PC의 90%를 넘는다. 초기에 나왔던 PC들은 대부분 사라지고 애플컴퓨터(매킨토시)만이 겨우 명맥을 유지하고 있다.

미래엔 양자컴퓨터나 바이오컴퓨터 같은 새로운 프로세서의 등장으로 보다 빠르고 인간처럼 사고하는 컴퓨터가 나와 PC가 그랬던 것처럼 인류의 삶을 송두리째 바꿔 놓을지 모를 일이다.

2008년 1분기 국내 노트북 PC 판매량이 데스크탑 PC 판매량을 추월했다. 시장 조사기관인 한국 IDC에 따르면 1분기 노트북PC는 38만3000여대가 팔렸고 데스크탑 PC는 35만8000여대가 팔린 것으로 나타났다.

표 3 PC의 역사

1975	MITS사 최초로 PC 알테어 8800 개발 빌 게이츠 MS 창업
1976	스티브잡스 애플컴퓨터 창업. 애플 I 발표
1981	IBM PC 5150 발표(공식적 PC)
1983	MS 윈도 1.0 발표 컴팩 첫 IBM호환기종 발표
1985	인텔80386 CPU 개발
1989	인텔80486 CPU 개발
1990	MS 윈도 3.0 발표
1993	인텔 펜티엄칩 개발
1995	MS 윈도95 발표
1998	MS 윈도98 발표
2000	MS 윈도2000 발표
2001	MS 윈도 XP 발표
2007	MS 윈도 비스타 발표
2008.6.29	MS의 빌 게이츠 회장 사임

무선인터넷을 위한 모바일 PC도 등장하였다. 삼성전자, 마이크로소프트, 인텔이 공동개발한 울트라모바일 PC가 2006년 독일 하노버에서 열린 '세빗(CeBIT)2006' 에서 선보였다. 이 제품의 국내 모델명은 '센스Q1' 이며 A4용지 절판 크기이다.

센스Q1의 주요 스펙은 다음과 같다.

- 무게 779g
- 7인치 LCD 터치스크린
- GPS, DMB
- 블루투스2.0
- 30G~60GB HDD
- 윈도XP 태블릿 에디션 2005
- 900MHz Intel CPU
- 802.11b/g 무선랜

4. 정보통신의 시작

전기통신은 전신을 이용해서 부호를 전달하였고 또 전화를 이용해서 음성을 전달하였으나 정보화 사회가 도래함에 따라 정보가 음성 외에도 문자, 화상, 영상 등으로 다양화되었다.

또한 컴퓨터와 반도체의 발전으로 말미암아 컴퓨터의 크기가 대단히 작아졌고 저장메모리 또한 놀랄 만큼 증가되었다. 컴퓨터의 가격도 대폭 감소하여 널리 보급이 되었다. 따라서 컴퓨터를 이용한 통신이 가능하게 되었다.

이와 같이 컴퓨터를 이용해서 음성, 문자, 화상, 동영상 등의 정보를 전송하는 것을 정보통신이라고 하며 데이터통신 또는 컴퓨터 통신과 같은 의미로 사용되고 있다. 데이터통신은 ITU-T에서 '컴퓨터 단말기나 컴퓨터와 같은 기계에 의해 발생된 정보를 전송하고 또한 다른 기계 장치에 의해 수신하는 처리 과정' 이라고 정의하고 있다. 데이터통신은 컴퓨터와 컴퓨터가 서로 데이터를 주고받는 디지털 통신이라고도 할 수 있고 혹은 컴퓨터 단말로부터 중앙의 센터 즉, 컴퓨터에 저장된 데이터를 필요한 때에 가져다 볼 수 있는 통신이라고도 할 수 있다.

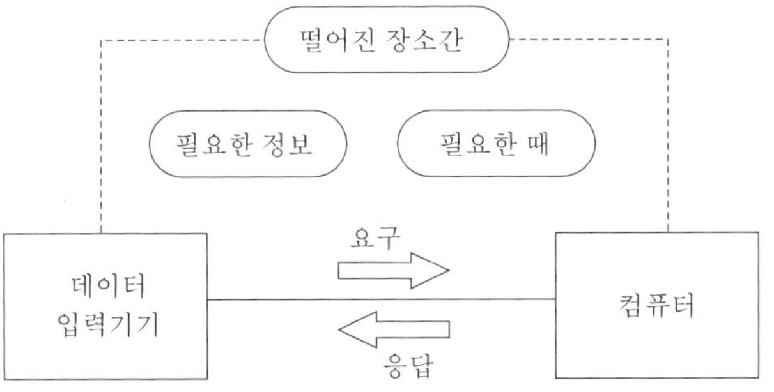

그림 4 데이터 통신

최초의 데이터 통신 시스템은 1958년 IBM이 설계한 진공관식 컴퓨터 FSQ-7을 이용한 미국의 SAGE(Semi-Automatic Ground Environment)로서 군사용의 방공시스템으로 관제센터에 있는 컴퓨터와 본토를 구석구석 커버하는 레이더망을 통신회선으로 연결한 것이다. 항상 국적 불명기의 접근을 감시하고 있으며 사건이 발생하면 센터로 정보가 보내지고 분석된다. SAGE시스템에 이어서 좌석 예약시스템 등 민간의 데이터 통신시스템이 실용화 되었다.

문 제 QUESTION

1. 옛날 통신수단의 종류를 들고 간단히 설명하시오.

2. 전기통신의 역사에 대해서 설명하시오.

3. 우리나라 전화의 역사에 대해서 설명하시오.

4. 최초의 컴퓨터에 대해서 설명하시오.

5. 트랜지스터의 역사에 대해서 설명하시오.

6. PC의 역사에 대해서 설명하시오.

7. IBM-PC의 특징에 대해서 설명하시오.

8. 전기통신과 정보통신을 비교해서 설명하시오.

Information & Communication
of appreciation

CHAPTER 2

통신기술

1 전자기파

1. 전자기파의 발생

방송이나 이동전화 등은 사람의 음성이나 영상 신호를 대기(공중)를 통해서 전파(전자기파) 형태로 전송한다. 전파는 전기장과 자기장으로 이루어져 있다.

전기장과 자기장의 유도에 대해서 알아보자. 어떤 도선에 전류가 흐르면 도선 주위에 자기장이 생긴다. 자기장이 생기는 방향은 Ampere의 오른손 법칙에 따른다. 즉, 오른손의 엄지가 전류 방향이면 나머지 네 손가락의 방향이 자기장의 방향이 된다.

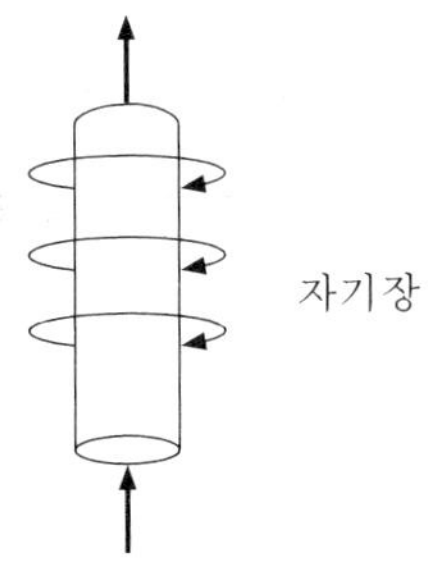

그림 1 전류와 자기장

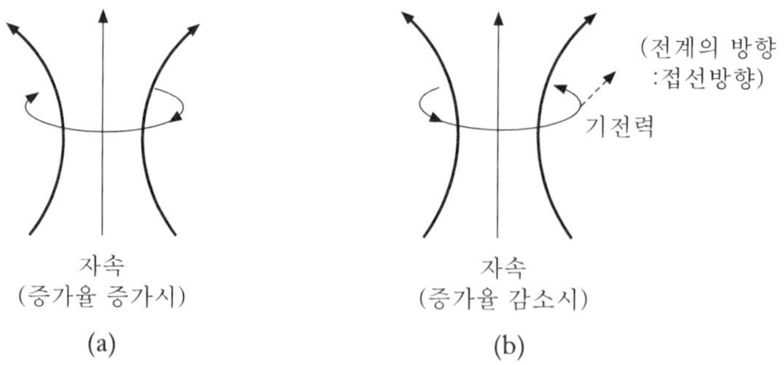

그림 2 전기장의 유도

그림 2와 같이 자기장이 시간에 따라서 변할 때 주위에 전기장이 유도된다. 이와 같은 현상을 Faraday의 유도법칙이라고 하고 유도되는 전기를 유도기전력이라고 한다. 이와 같이 유도기전력이 생길 때 전계의 방향은 자속을 감소시키는 방향이 된다. 예를 들어 그림 2(a)에서 자속을 감소시키기 위해서는 자속이 위에서 아래로 생겨야 하고 이를 위해서는 전계는 시계방향으로 유도된다.

그림 2(b)에서는 자속이 감소하므로 자속을 증가시키는 방향, 즉 아래에서 위로 자기장이 생긴다. 따라서 전계는 반시계방향(counterclockwise)으로 생긴다. 이것을 Lentz의 법칙이라고 한다.

2. 전자기파의 전파 원리

이제 전자기파가 전파(propagation)되는 원리를 알아보자.

그림 3과 같이 도선에 전류가 흐를 때 자기장이 유도되고 자기장이 변하면 전계가 유도되고 하는 식으로 전계와 자계가 체인 모양으로 진행하게 된다. 이것을 전자기파(electromagnetic waves) 또는 전자파(전파)라고 한다. 전자파는 19세기 중엽에 영국의 Maxwell이 예언하였으며 1888년 독일의 Hertz가 실험으로 확인하였다. 전파의 속도는 빛의 속도와 같은 3×10^8 m/s이다.

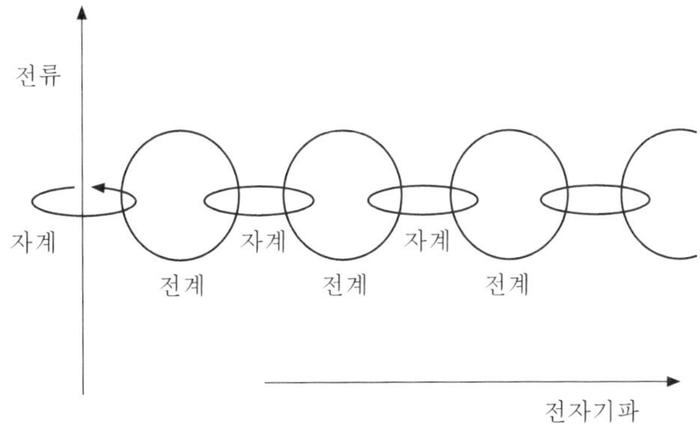

▪ 그림 3 ▪ 전자기파의 전파 원리

주파수를 이용하여 전자기파를 표 1과 같이 구분한다.

표 1 무선주파수의 분류

주파수대역	대역명	전파명	용도
30GHz~300GHz	최상고주파(EHF)	밀리미터파	
3GHz~30GHz	수퍼고주파(SHF)	마이크로파	위성통신, 무선랜
300MHz~3GHz	극초고주파(UHF)	극초단파	TV, 이동통신, 무선랜, TRS, 무선전화, 와이브로, 위성DMB
30~300MHz	초고주파(VHF)	초단파	TV, FM방송, 지상파DMB
3~30MHz	고주파(HF)	단파	아마추어무선, 단파방송
300kHz~3MHz	중간주파(MF)	중파	AM방송
30~300kHz	저주파(LF)	장파	
3~30kHz	최저주파(VLF)	최장파	

2 변조와 복조

사람의 음성신호는 음성신호의 에너지가 주위의 여러 가지 환경에 흡수되거나 반사되어 약해지기 때문에 멀리까지 전달되지 못한다. 이와 같이 모든 신호들은 전달 가능한 거리가 한정되어 있다. 그러나 전파의 경우 장거리 전송이 가능하고 특히 단파의 경우 주로 전리층에서 반사를 일으켜서 지구 반대쪽과의 무선통신도 가능하다.

이처럼 어떤 신호를 특정 고주파에 실어 멀리 보내고 멀리 떨어진 지역에서 이를 받아서 원래의 신호를 매체인 전파로부터 분리하여 추출하면 장거리 통신이 가능할 것이다. 이때 사용하는 고주파를 반송파(carrier)라고 한다. 이와 같이 신호를 어떤 고주파에 실어 주는 과정을 변조(modulation)라고 하고, 신호와 고주파가 섞인 신호로부터 원래의 신호만을 복원하는 과정을 복조(demodulation) 또는 검파(detection)라고 한다.

변조를 함으로써 얻어지는 효과는 첫째, 고주파를 사용하여 파장이 짧아지므로 안테나의 길이가 짧아져서 안테나의 실현이 용이하고 둘째, 서로 다른 주파수의 고주파를 사용함으로써 여러 채널의 라디오, TV 방송이 가능하고 셋째, 잡음이나 다른 신호에 의한 간섭의 영향을 적게 받는다.

통신기술이란 전송하고자 하는 신호를 어떤 변조방식을 선택하여 변조를 해서 송신하고 이를 수신하여 복조하는 이론적 · 실제적 기술이다.

신호가 전달되는 과정에서 잡음의 영향이나 무선통신의 경우 번개의 영향 등 전기적 영향을 받을 수 있다. 이와 같이 우수한 통신을 하기 위해서는 효율적인 변 · 복조 방법을 사용하고 잡음의 영향을 적게 받고, 물리적 시스템의 실현이 어렵지 않아야 한다.

일반적인 통신시스템은 그림 4와 같다.

그림 4에서 입력변환기는 메시지(음성, 문자, 그림, 영상)를 전기적 신호로 바꾸어 주는 장치이다. 송신기에서는 이 전기적 신호를 필요에 따라 변조를 해서 전송 채널을 통해서 전송한다. 전송채널은 유선일 수도 있고 무선일 수도 있다.

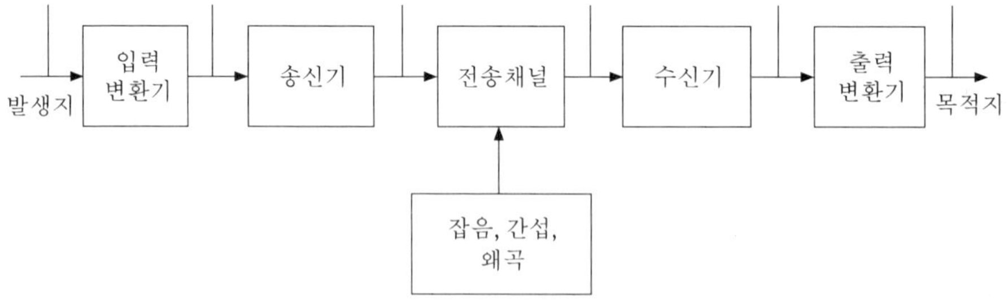

그림 4 일반적인 통신시스템

전송채널은 잡음(noise), 간섭(interference), 왜곡(distortion) 등에 의해서 오염이 된다.

1. 잡음: 시스템의 내외에서 자연적으로 발생하는 랜덤한 전기신호
2. 간섭: 원하는 신호와 비슷한 형태의 인위적인 외부신호
3. 왜곡: 시스템의 불완전한 응답에 의한 신호의 변질

전송채널을 통과한 신호는 수신기에서 전기적 신호로 변환된다. 이 전기적 신호는 출력변환기에 의하여 메시지로 복원된다. 출력변환기는 음성의 경우 스피커나 수화기가 되고, 문자나 그림의 경우 팩시밀리(facsimile)나 모니터, 영상의 경우는 모니터에 해당한다.

3 신호의 해석

1. 주기신호의 해석

모든 주기신호는 기본주파수의 정현파와 기본주파수의 정수배의 주파수를 갖는 정현파의 합으로 나타낼 수 있다. 이것을 푸리에(Fourier)정리라고 한다. 즉, 모든 주기 신호는 다음의 식으로 나타낼 수 있다.

$$x(t)=\sum_{n=0}^{\infty}a_n \cos n\omega_0 t+\sum_{n=1}^{\infty}b_n \sin n\omega_0 t \quad (2.1)$$

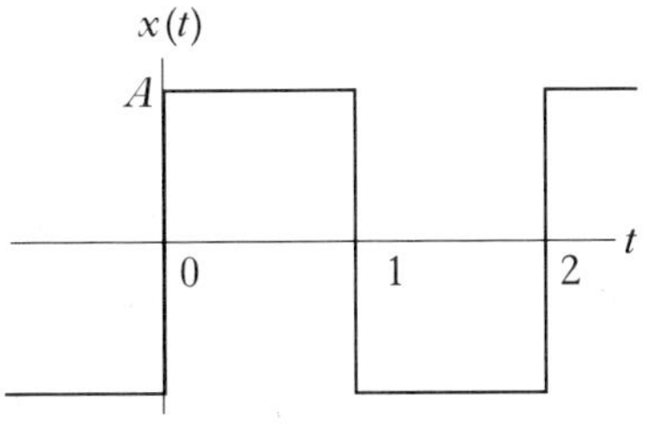

그림 5 주기신호

예를 들어, 그림 5 와 같은 주기신호는 다음의 식으로 나타낼 수 있다.

$$x(t)=\frac{4A}{\pi}(sin\ \pi t+\frac{1}{3}sin\ 3\pi t+\frac{1}{5}sin\ 5\pi t+\cdot\cdot\cdot) \tag{2.2}$$

Fourier 급수를 지수형태로 나타내면 다음과 같이 된다.

$$x(t)=\sum_{-\infty}^{\infty} c(nf_0)e^{j2\pi nf_0t} \tag{2.3}$$

여기서, Fourier 계수는

$$c(nf_0)=\frac{1}{T_0}\int_{T_0}x(t)e^{-j2\pi nf_0t}\,dt \tag{2.4}$$

Fourier 계수는 $x(t)$의 선스펙트럼을 나타낸다. Fourier계수는 복소수이므로 진폭스펙트럼과 위상스펙트럼으로 나타난다. 예를 들어 그림 5의 파형의 진폭스펙트럼을 나타내면 그림 6과 같이 된다.

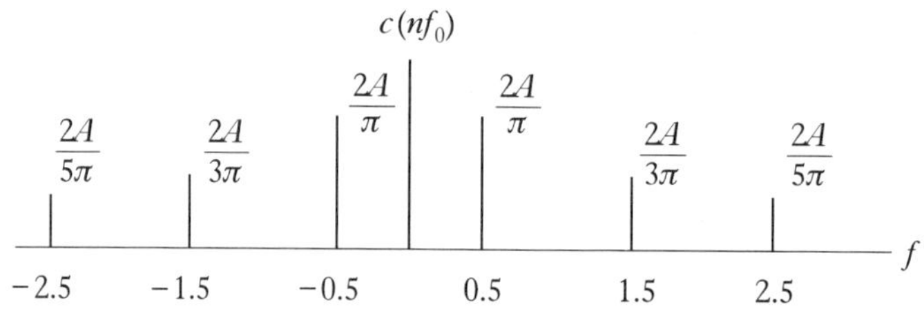

그림 6 주기신호의 주파수스펙트럼

2. 비주기 신호의 해석

비주기 신호일 때는 푸리에 변환을 사용하여 시간영역의 함수를 주파수영역의 함수로 바꿀 수 있다. 시간영역을 주파수 영역으로 바꾸는 것을 푸리에 변환이라고 하고, 반대로 주파수영역을 시간영역으로 바꾸는 것을 역푸리에 변환이라고 한다. 푸리에변환을 그림으로 나타낸 것을 주파수스펙트럼이라고 하며 비주기신호의 스펙트럼은 연속스펙트럼이다.

비주기 신호 $x(t)$의 푸리에 변환 $X(f)$는 식 (2.5)를 사용하여 구하고, $X(f)$의 역푸리에변환 $x(t)$는 식 (2.6)을 사용하여 구한다.

$$X(f)=\int_{-\infty}^{\infty}x(t)e^{-j2\pi nft}dt \tag{2.5}$$

$$x(t)=\int_{-\infty}^{\infty}X(f)e^{j2\pi nft}dt \tag{2.6}$$

그림 7(a)와 같은 비주기함수의 주파수스펙트럼은 그림 7(b)와 같이 된다. 그림 7에서 시간영역에서 폭이 좁은 신호는 주파수영역에서는 넓게 퍼지고 반대로 시간영역에 넓은 신호는 주파수 영역에서 그 폭이 좁아지는 것을 알 수 있다. 이것을 가역퍼짐성(reciprocal spreading)이라고 한다.

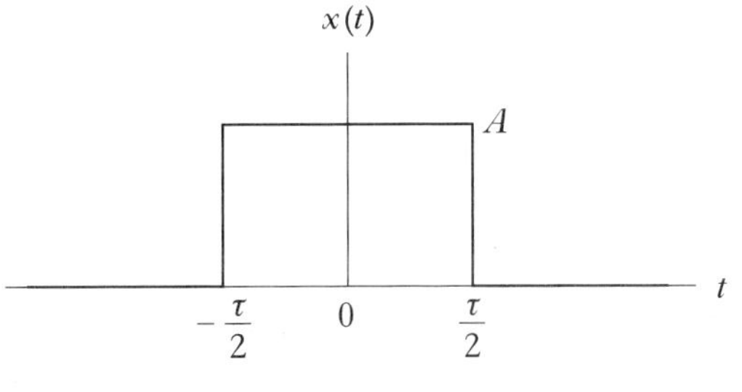

(a) 비주기함수

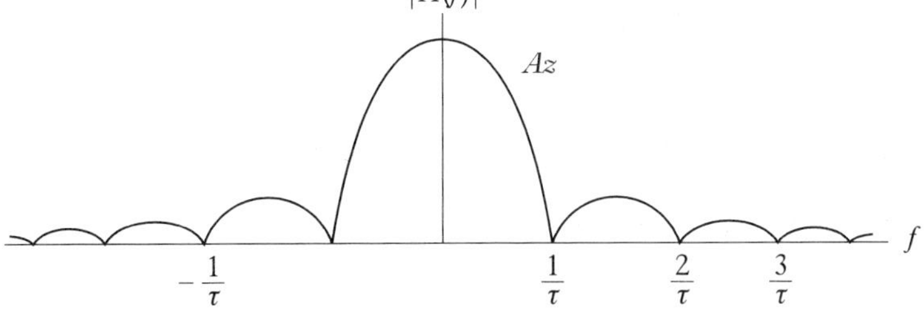

(b) 비주기함수의 진폭스펙트럼

그림 7 비주기함수와 스펙트럼

4 변조방식

변조방식은 아날로그신호를 변조하는 아날로그변조와 디지털신호를 변조하는 디지털 변조로 크게 나눌 수 있고, 아날로그변조는 아날로그신호로 변조하는 연속(continuous) 변조와 펄스신호로 변조하는 펄스변조로 나눌 수 있다. 연속변조는 다시 선형변조와 비선형변조로 나뉜다.

- 변조
  - 아날로그변조
    - 연속변조
      - 선형 : AM, DSB, SSB
      - 비선형 : FM, PM
    - 펄스변조 : PAM, PDM(PWM), PPM, PCM
  - 디지털변조 : ASK, FSK, PSK, QPSK, MSK, QAM

1. 선형변조

(1) 양측파대 변조(DSB:Double Side Band)

1) 양측파대 반송파억압변조(DSB-SC:Double Side Band Suppressed Carrier)

변조신호 $x(t)$를 DSB-SC 변조하면

$$x(t)=A_c x(t) cos\omega_c t \tag{2.7}$$

와 같이 된다. 즉 변조신호에 반송파를 곱한 것이 된다.

DSB-SC 변조파형을 그림 8에 나타내었다.

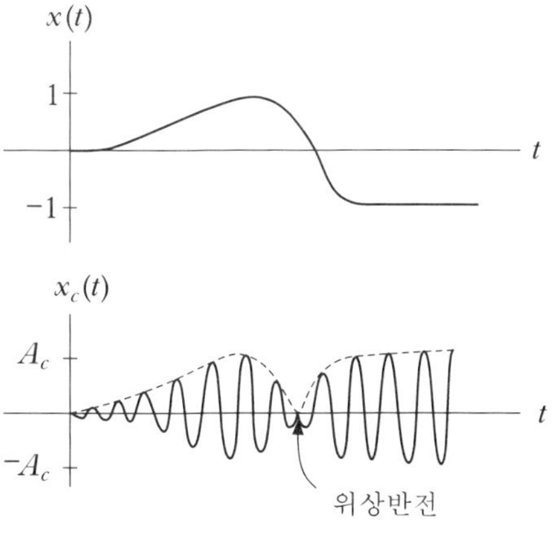

그림 8 DSB-SC 파형

DSB-SC 변조신호는 그림 8에서 보듯이 위상반전(phase reversal)이 일어나고 원래의 신호와 진폭이 다르게 된다. 따라서 검파 회로가 복잡하게 된다.

DSB-SC 변조신호의 스펙트럼을 그림 9에 나타내었다. 그림 9에서 보듯이 원래 신호의 스펙트럼을 반송파 주파수만큼 좌 · 우로 이동시킨 모양이다.

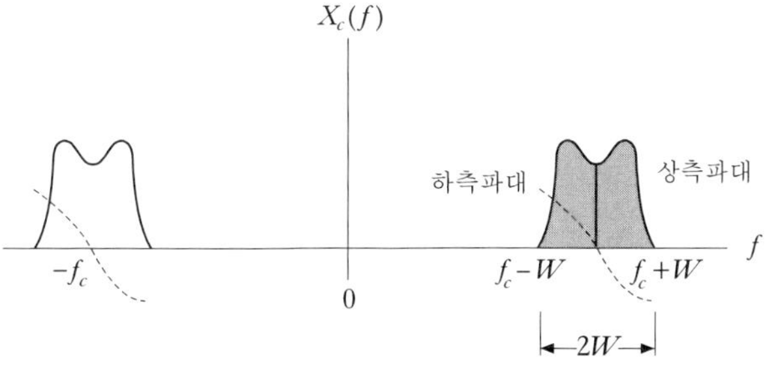

그림 9 DSB-SC 스펙트럼

양측파대(DSB)라고 하는 이유는 측파대(side band)가 2개이기 때문이다. 위쪽 측파대를 상측파대(USSB:Upper Single Side Band), 아래쪽 측파대를 하측파대(LSSB:Lower Single Side Band)라고 한다.

DSB-SC의 검파는 변조신호의 스펙트럼에서 반송파 주파수에 있는 스펙트럼을 주파수 0인 중앙의 위치로 이동시켜 저역통과필터로 여파하면 된다. 이렇게 하기 위해서 변조신호에 반송파와 똑같은 신호를 곱해주면 반송파 주파수의 스펙트럼은 주파수가 0인 위치와 반송파 주파수의 2배인 점으로 이동된다. 이때 저역통과필터(LPF)로 여파하면 원래의 신호를 얻을 수 있다. 이와 같은 검파를 동기검파라고 하고 그림 10에 나타내었다. 이 동기검파는 변조신호와 국부발진기에서 발진하는 신호와 동기를 맞추기가 어렵다. 그래서 검파회로가 복잡해진다.

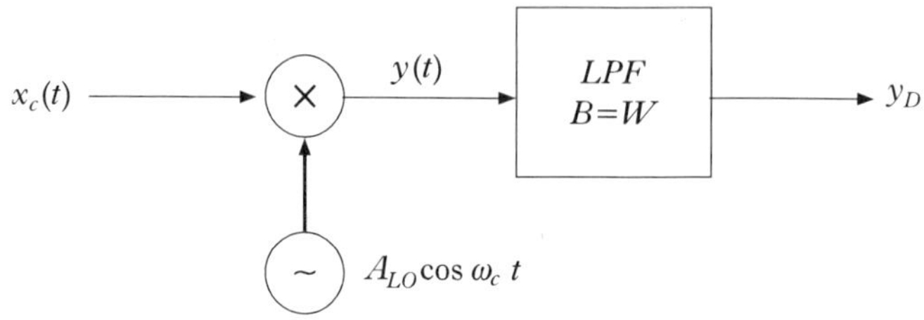

그림 10 동기검파

2) 양측파대 반송파전송변조(DSB-TC : Double Side Band Transmitted Carrier)

DSB-TC는 우리가 보통 말하는 AM을 의미하며 DSB 신호에 반송파를 더한 것이다.

$$즉,\ A_c cos\omega_c t + A_c mx(t) cos\omega_c t$$

$$A_c[1 + mx(t)] cos\omega_c t \qquad (2.8)$$

DSB-TC 변조파를 나타내면 그림 11과 같다. 그림 11에서 보듯이 변조파의 포락선은 원래 신호의 파형과 같은 모양이다.

여기서 m은 변조지수로서 m≤1이어야 하며 m〉1일 때는 과변조(overmodulation)가 발생하여 위상반전이 일어나고 포락선왜곡이 생긴다.

과변조를 그림 11(c)에 나타내었다.

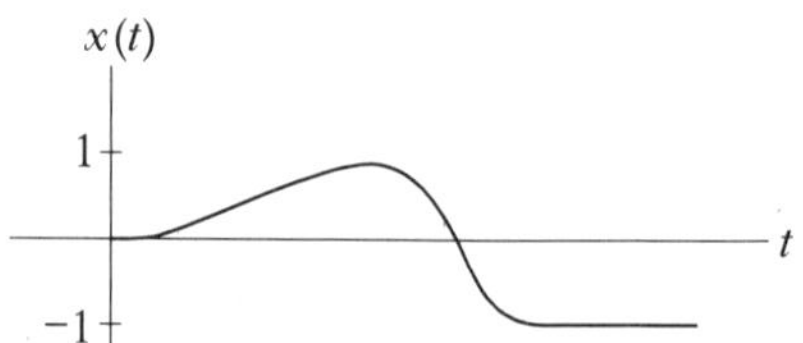

(a)

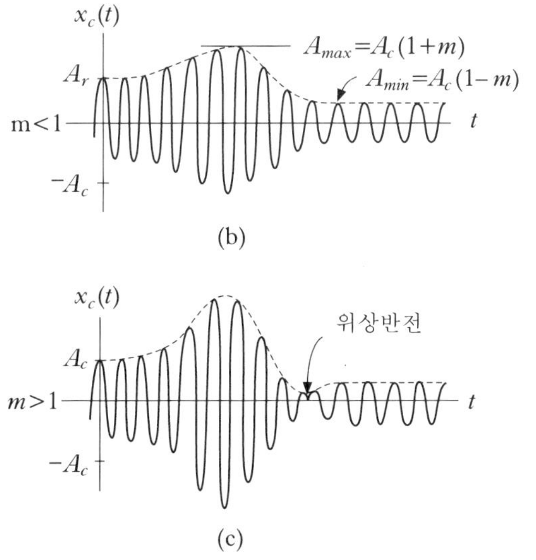

그림 11 DSB-TC변조 신호

DSB-TC의 스펙트럼은 DSB의 스펙트럼에 반송파 선스펙트럼을 더해 주면 되므로 그림 12와 같이 된다.

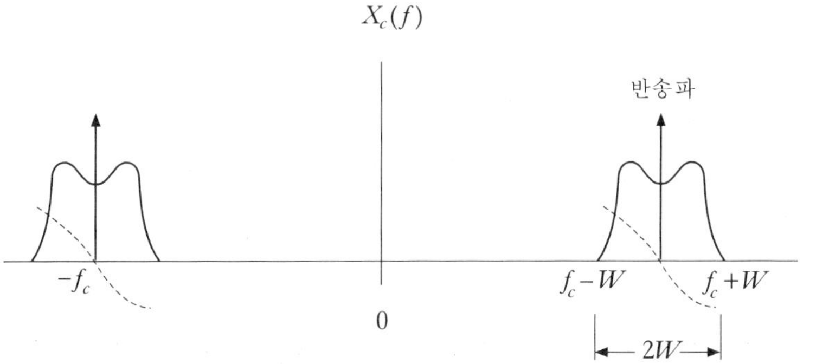

그림 12 DSB-TC 스펙트럼

DSB-TC는 전송전력의 반 이상을 반송파에서 소비한다. 따라서 DSB-SC보다 전력소비가 많다. DSB-TC의 검파는 DSB-TC 신호의 포락선을 추출해서 DC 성분을 제거하면 된다. 이와 같은 검파를 포락선 검파라고 하고 검파회로가 간단하다.

(2) 단측파대 변조(SSB : Single Side Band)

DSB-SC나 DSB-TC 변조는 대역폭이 원래 신호의 2배가 된다. 따라서 잡음의 영향을 받기 쉽고 전송 전력이 많이 필요하다. 그래서 하나의 측파대만을 가지고 변조신호를 만들면 이를 해결할 수 있는데 이것이 SSB이다.

SSB의 스펙트럼을 그림 13에 나타내었다.

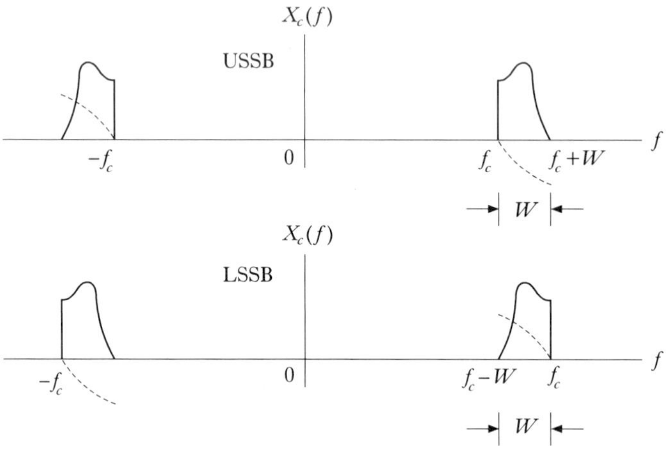

그림 13 SSB의 스펙트럼

SSB의 신호는 복잡하게 표현되며 따라서 변조기도 복잡하다. SSB는 전송대역폭이나 전송 전력 면에서는 우수하나 송 · 수신기가 복잡하고 가격이 비싸다는 단점이 있다.

SSB변조기로는 필터를 사용하는 변조기와 위상전이 방법을 사용한 변조기 그리고 링(ring) 변조기가 사용된다.

SSB는 저주파 특성이 좋지 않다. 그래서 저주파 특성은 좋으나 대역폭이 넓은 DSB와 절충한 잔류측대파변조(VSB:Vestigial Side Band)가 등장하게 되었다. VSB는 아날로그TV의 영상신호를 변조할 때 사용된다.

2. 각변조(exponential modulation)

각변조에는 주파수변조(FM:Frequency Modulation)와 위상변조(PM :Phase modulation)가 있다.

각변조의 변조파는 다음과 같이 표시된다.

$$x_c(t)=A_c\ cos(\omega_c t\ +\Phi(t)) \tag{2.9}$$

여기서, $\Phi(t)$: 상대위상각

순시주파수 $f(t)$는

$$f(t)=\frac{1}{2\pi}\frac{d\Phi(t)}{dt} \tag{2.10}$$

로 표현된다.

주파수변조(FM)의 순시주파수는 변조신호에 비례한다.

$$즉,\ f(t)=f_{\triangle}x(t) \tag{2.11}$$

$f_{\triangle}$: 주파수편차상수

그러므로 FM의 상대 위상각은

$$\Phi(t)=2\pi\int_{-\infty}^{t}f(\lambda)d\lambda$$

$$=2\pi f_{\triangle}\int_{-\infty}^{t}x(\lambda)d\lambda \tag{2.12}$$

가 되고, FM 변조신호는

$$x_c(t)=A_c\ cos[\omega_c t\ +2\pi f_{\triangle}\int_{-\infty}^{t}x(\lambda)d\lambda] \tag{2.13}$$

가 된다.

한편, 위상변조(PM)에서는 상대위상각이 변조신호에 비례한다.

$$즉,\ \Phi(t)=\Phi_{\triangle}x(t) \tag{2.14}$$

$\Phi_{\triangle}$: 위상편차상수

그러므로 PM 변조신호는

$$x_c(t) = A_c \cos[\omega_c t + \Phi_{\triangle} x(t)] \tag{2.15}$$

가 된다.

PM의 순시주파수는

$$f(t) = \frac{1}{2\pi}\frac{d\Phi}{dt} = \frac{\Phi_{\triangle}}{2\pi}\frac{dx(t)}{dt} \tag{2.16}$$

가 되고, 따라서 순시주파수는 변조신호의 변화율에 비례한다.

AM, FM, PM 파의 파형을 그림 14에 나타내었다.

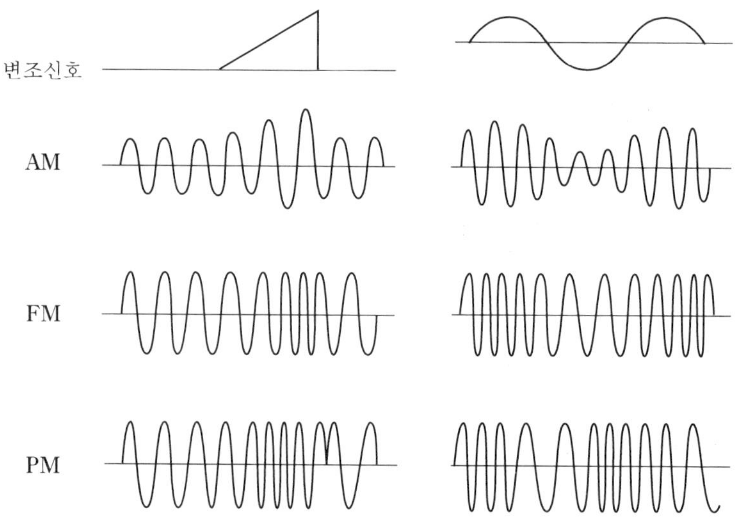

그림 14 AM, FM, PM 파형

그림 14에서 AM 신호의 크기는 신호에 비례하고 FM 신호는 주파수가 신호에 비례하고 PM파는 주파수가 신호의 변화율(기울기)에 비례하는 것을 알 수 있다.

FM의 변조방식은 직접 주파수변조방식, 간접 주파수변조방식(Armstrong 변조방식 등)이 있으며 간접 주파수변조방식은 먼저 협대역 FM을 만들고 체배기로 주파수를 체배하여 광대역 FM을 발생시킨다.

FM복조의 기본 원리는 주파수에 따라 진폭을 변화시키고 즉, AM(FM+AM)신호를 만들어 포락선검파를 하는 것이다. 이 방식을 이용하는 FM 검파기를 주파수변별기(frequency discriminator)라고 하며 동조형 FM변별기, 평형 FM변별기, 미분을 이용하는 FM변별기 등이 있다. 또 다른 FM검파기에 PLL을 이용한 검파기가 있다.

같은 신호를 변조했을 때 FM신호는 AM신호보다 훨씬 큰 대역폭을 가진다. 그러므로 AM신호보다 높은 반송파 주파수를 가져야 여러 채널의 전송이 가능하게 된다.

AM방송의 반송파 주파수 범위는 525KHz~1605KHz이고 FM방송에서는 88M~108MHz이다. FM 신호는 AM신호보다 주파수가 높아 감쇠가 더 심하게 일어나 전송 거리가 짧다. 그러나 성능 면에서는 FM이 AM보다 훨씬 우수하므로 음악방송 등에 사용된다. PM 신호는 구현하기가 어렵기 때문에 잘 쓰이지 않는다.

3. 펄스변조

펄스변조는 아날로그 신호를 펄스로 바꾸는 것이다. 아날로그 신호를 디지털 신호로 바꿀 때 먼저 표본화를 하게 되는데 이때 표본수를 많이 하면 신호를 정확히 전송할 수는 있지만 데이터의 양이 많아진다. 반대로 표본수를 너무 적게 하면 신호를 정확히 재생할 수 없다.

따라서 어느 정도로 표본화를 할 것인가는 표본화 정리(sampling theorem)를 따른다. 표본화 정리는 신호의 최대주파수의 2배 이상으로 표본화를 하면 원래의 신호를 손상 없이 전송할 수 있다는 것이다. 예를 들어 음성신호의 경우 최대주파수는 3400Hz이다. 하지만 조금 여유를 두어 4000Hz로 하면 4000×2=8000 Hz가 되어 초당 8000번 표본화를 하면 신호를 손상 없이 전송할 수 있다.

펄스변조에는 펄스진폭변조, 펄스폭 변조, 펄스위치변조 등이 있다.

(1) 펄스 진폭 변조(Pulse Amplitude Modulation : PAM)

펄스의 폭은 일정하고 펄스의 진폭은 신호의 크기에 비례한다.

(2) 펄스 폭 변조(Pulse Duration Modulation : PDM or Pulse Width Modulation : PWM):

펄스의 진폭은 일정하고 펄스의 폭은 신호의 크기에 비례한다.

(3) 펄스 위치 변조(Pulse Position Modulation : PPM):

펄스의 폭과 진폭은 일정하고 펄스의 위치가 신호의 크기에 비례하여 좌 · 우로 이동한다.

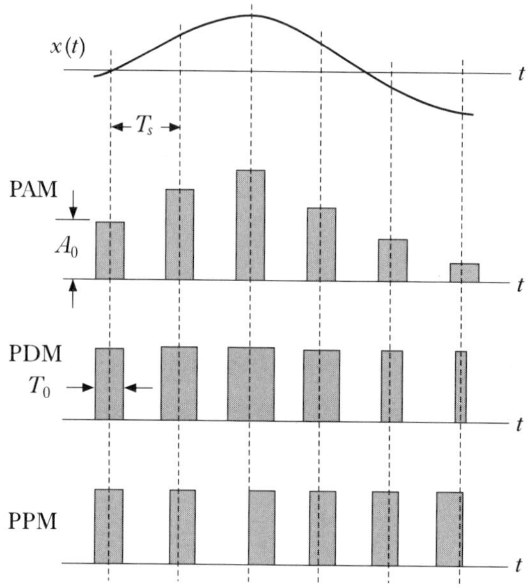

그림 15 펄스 변조

PDM과 PPM은 PAM보다 잡음에 강하나 TDM시 채널의 수가 적어진다.

PPM은 무선PAN(WPAN) 중의 하나인 UWB에서 사용된다.

(4) 펄스부호변조

펄스부호변조(Pulse Code Modulation:PCM)는 유선전화망의 전화국 간의 신호로 사용되고 있다.

PCM 신호를 발생시키는 과정은 3단계로 이루어진다. 즉, 신호를 표본화 하고, 그 다음 양자화를 하고, 마지막으로 부호화를 한다.

신호를 표본화한 다음 신호를 여러 레벨로 나누어 표본화 값을 가까운 레벨에 근사화시키는데 이를 양자화라고 한다. 이때 레벨수를 많이 하면 신호를 정확하게 변조할 수 있으나 데이터양이 많아져 전송하는데 시간이 많이 걸린다. 반면에 레벨수를 적게 하면 양자화잡음이 커져서 신호에 손상을 가져온다.

양자화한 다음에는 양자화값의 레벨 번호를 2진수로 나타내는데 이를 부호화라 한다. 이때 레벨의 수에 따라 2진수의 비트수가 결정된다. 비트수와 레벨과의 관계는

$v=2^n$

v : 레벨 수

n : 비트수

가 된다.

따라서 그림 16과 같이 8레벨일 경우에는 3비트가 필요하다.

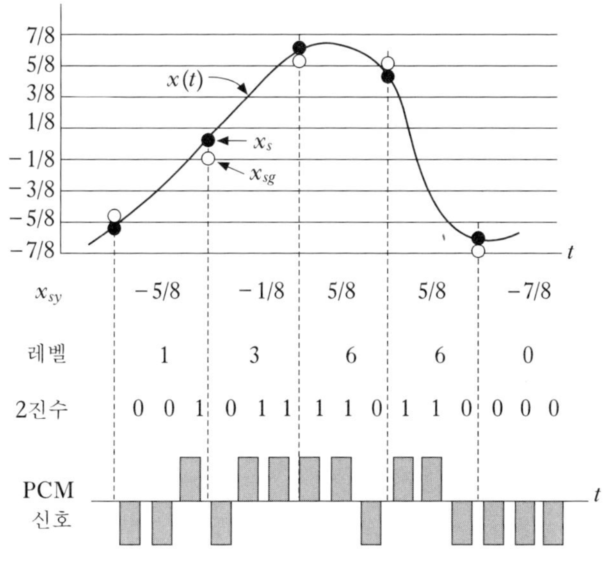

그림 16 PCM

4. 디지털변조

디지털변조는 디지털 신호를 아날로그 신호로 변조하는 것으로 기본적으로 ASK, FSK, PSK가 있고 PSK의 변형인 QPSK, QAM 등이 있다.

(1) ASK(Amplitude Shift Keying)

디지털신호가 '0' 일 때는 변조신호가 없고 '1' 일 때는 반송파가 전송 된다. 그래서 디지털신호가 '0' 일 때는 변조신호가 없고 '1' 일 때는 변조신호가 있으므로 ON-OFF Keying 이라고도 한다.

(2) FSK(Frequency Shift Keying)

주파수가 다른 두 개의 반송파를 사용하여 디지털 신호가 '0' 일 때는 주파수가 낮은 반송파를 전송하고 '1' 일 때는 주파수가 더 높은 반송파를 전송한다.

(3) PSK(Phase Shift Keying)

디지털 신호가 '0' 일 때는 위상이 0인 반송파를, '1' 일 때는 위상이 180° 인 반송파로 전송한다.

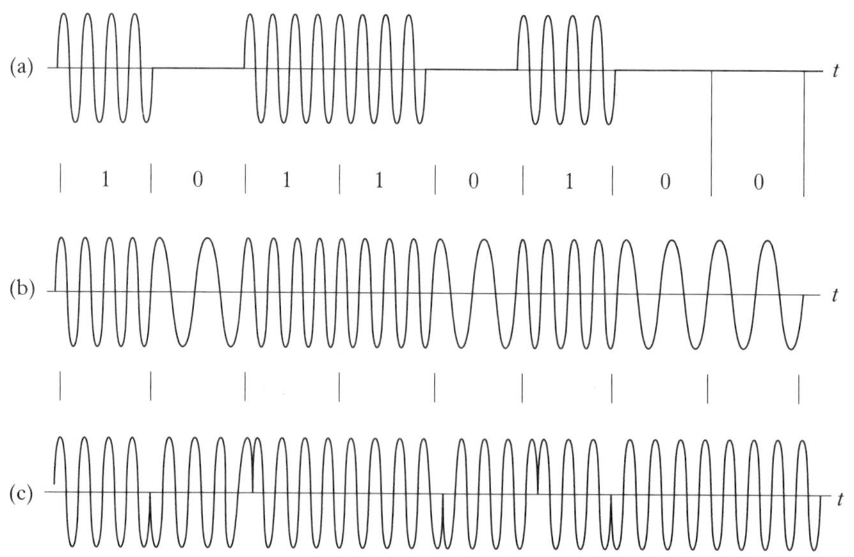

그림 17 디지털 변조 (a) ASK (b) FSK (c) PSK

현재 ASK, FSK, PSK는 거의 사용되지 않고 있으며, FSK 일종인 GMSK가 유럽형 이동통신인 GSM에서 사용되고 있고 그 외의 무선통신에서는 QPSK와 QAM이 사용되고 있다.

(4) QPSK

4상 전이키잉(Quaternary Phase Shift Keying : QPSK)은 일정 진폭 반송파를 사용하고 4개의 위상, 즉 90° 차이가 있게 한 것이다.

전송률은 BPSK의 반이고, 즉 대역폭이 반이고 전송속도는 2배이다. 그러나 전력을 높이지 않으면 에러율이 높아지게 된다.

CDMA방식 이동전화, 지상파DMB, 지상파 디지털TV(유럽형,일본형), 위성 디지털 TV, 와이브로, HSDPA 등에서 사용된다.

변조기 입력 NRZ 데이터열은 직렬/병렬 변환기에 의해 2개의 NRZ열로 변환된다. 하나는 in-phase 성분 I(t)이고 다른 하나는 quadrature 성분Q(t)로서 비트율은 입력 비트율의 반이다. I(t)와 Q(t)가 각각 반송파와 곱해져서 너해지면 QPSK 신호가 된다.

QPSK는 위상변화가 90° 혹은 180°로 심하다. 심한 위상변화는 전력스펙트럼의 주엽의 폭을 크게 한다. 위상변화를 줄이는 방법으로 OQPSK(Offset QPSK)가 있는데 이것의 위상변화는 90°이다. OQPSK 보다 더 위상변화를 줄여 위상변화가 전혀 없는 연속적인 파형을 갖는 MSK가 있다. MSK는 위상변화는 없으나 대역폭이 넓은 단점이 있다. MSK특성을 그대로 가지면서 대역폭이 좁은 협대역MSK가 GMSK(Gaussian MSK)이다. GMSK는 유럽형 2세대 이동통신 GSM의 변조방식으로 사용되고 있다.

(5) QAM

다음과 같은 다중신호

$$s(t)=a_i \cos\omega_c t + b_i \sin\omega_c t \quad (2.17)$$

에서 a_i와 b_i는 다중 레벨로 할 수 있는데 이러한 방식을 QAM(Quadrature Amplitude

Modulation)이라고 한다. 이것은 진폭과 위상을 모두 변조함으로써 디지털 통신의 제한된 채널에서 전송률을 높이는 방식이다. QPSK변조기의 출력에 레벨검파기를 연결하면 QAM으로 사용할 수 있다. 진폭레벨을 4로 하면 4 level-QAM이 된다.

QAM의 신호를

$$s(t)=v_i \cos(\omega_c t + \theta_i) \quad (2.18)$$

로 변형하면 v_i와 θ_i는 (a_i, b_i)의 적당한 조합에 따라 주어진다. 위상변조와 진폭변조가 동시에 행해지면 QAM 신호의 전송이 가능하다. QAM이 QPSK보다 에러률이 낮다.

HSDPA, 지상파 디지털TV(유럽형,일본형), 지상파 모바일TV(유럽형), 와이브로 등에 사용되고 있다.

5 다중화

사회가 발전함에 따라서 정보의 양이 계속 증가하고 있고 그에 비례해서 통신 분야에서 처리해야 할 정보량도 많아지고 있다. 그러나 통신에 필요한 전송 선로라든가 주파수 대역은 그 물리적 특성이나 경제적인 이유로 해서 한정되어 있다. 따라서 하나의 전송로나 주파수 대역를 사용해서 여러 신호를 동시에 전송 하는 기술이 필요하게 되었다. 이것을 다중화(multiplexing)라고 하며 시분할 다중화와 주파수 분할 다중화가 있다.

1. 시분할 다중화

한 신호를 표본화하고 다음 표본화할 때 까지는 신호가 비어 있게 된다. 따라서 이 동안에 다른 신호를 표본화하여 전송할 수 있다. 이것이 시분할 다중화(Time Division Multiplexing:TDM)이다.

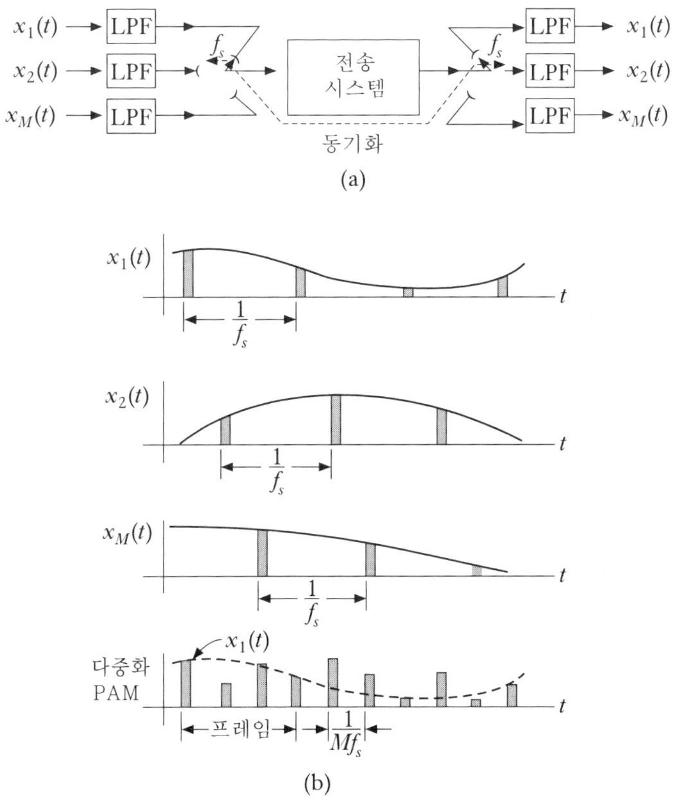

그림 18 시분할 다중화

그림 18과 같이 x_1의 표본과 표본 사이에 x_2, x_3가 표본화 된다. 이 3개의 신호가 섞여서 전송되고 수신측에서는 반대로 표본시간에 맞추어 각 신호를 분리한다. 이때 송신측과 수신측은 동기가 맞아야 된다. 시분할다중화는 회로가 간단하고 누화(crosstalk)가 없어서 장거리 전화에 사용되고 있다.

우리나라의 유선전화(PSTN)는 가입자와 전화국 사이는 아날로그 전송이고 전화국과 전화국 사이는 TDM-PCM 전송구간이다. 이 구간에서 다중화되는 채널의 수는 북미방식(T1 시스템)이 24채널이고 유럽방식이 32채널이다. T1시스템의 경우 초당 8000번 표본화하고 하나의 표본당 8비트로 부호화하고 24채널이므로 1.536Mbps가 된다. 여기에 프레임비트 8000비트를 더하면 1.544Mbps가 된다.

2. 주파수 분할 다중화

주파수 분할 다중화(Frequency Division Multiplexing:FDM)는 각 신호를 다른 반송파(부반송파) 주파수로 변조하여 하나의 전송로로 전송하는 기술이다. 각 변조신호는 다른 주파수 대역을 가지므로 혼신이 되지 않는다. 그림 19와 같이 서로 다른 신호 3개를 각각 다른 반송파로 변조(SSB)하면 그림 19(b)와 같은 주파수 스펙트럼이 된다. 이때, 각 신호 스펙트럼이 겹치지 않도록 보호대역을 둔다.

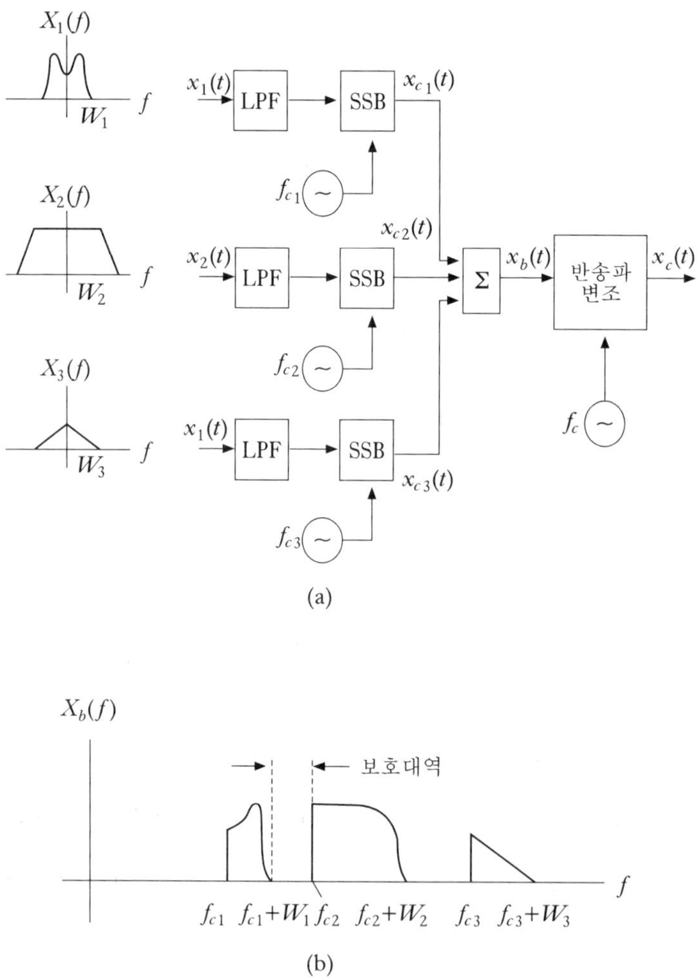

그림 19 주파수 분할 다중화

수신측에서는 중심주파수가 다른 대역통과 필터를 사용해서 각 변조신호를 여파한다. 그리고 그 부변조 신호를 검파하면 원래의 신호를 얻을 수 있다. FDM에서는 각 신호를 변조해야 하므로 신호마다 변조회로가 필요하고 반송파를 발생시키는 국부발진기가 있어야 하며 중심주파수가 다른 대역필터가 필요하므로 회로가 복잡하다.

문 제 QUESTION

1. Ampere의 오른손법칙에 대해서 설명하시오.
2. Faraday의 법칙에 대해서 설명하시오.
3. 전파의 전파원리에 대해서 설명하시오.
4. 변조와 복조에 대해서 설명하시오.
5. 전송채널에서 오염의 종류를 들고 간단히 설명하시오.
6. 푸리에정리를 설명하시오.
7. 푸리에변환에 대해서 설명하시오.
8. 가역퍼짐성에 대해서 설명하시오.
9. 주기함수와 비주기함수의 스펙트럼을 비교해서 설명하시오.
10. DSB-SC와 DSB-TC의 스펙트럼을 비교 설명하시오.
11. 동기검파에 대해서 설명하시오.
12. 포락선검파에 대해서 설명하시오.
13. DSB에 대한 SSB의 장점을 설명하시오.
14. 간접FM방식에 대해서 설명하시오.
15. FM복조의 기본원리에 대해서 설명하시오.
16. 표본화정리에 대해서 설명하시오.
17. PCM의 발생과정에 대해서 설명하시오.
18. QPSK와 QAM을 비교 설명하시오.
19. TDM에 대해서 설명하시오.
20. FDM에 대해서 설명하시오.

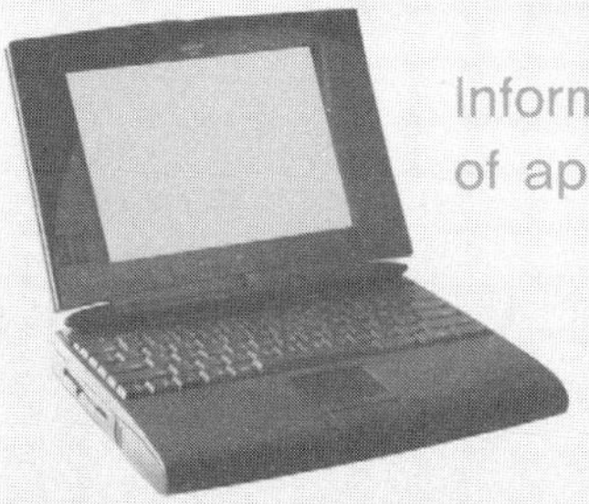

Information & Communication
of appreciation

3
CHAPTER

데이터통신 시스템

1 데이터통신 시스템의 구성

데이터통신 시스템은 센터시스템, 단말시스템, 네트워크시스템으로 구성되어 있다. 원격지에서 데이터 단말 장치에 입력된 데이터는 통신회선을 통해서 전송되어 센터장치로 보내진다. 센터장치에서는 이 데이터를 처리하여 그 결과를 다시 통신회선을 통해서 데이터 단말장치로 보내서 이용자에게 전달된다. 데이터 통신 시스템이 그림 1에 나타나 있다.

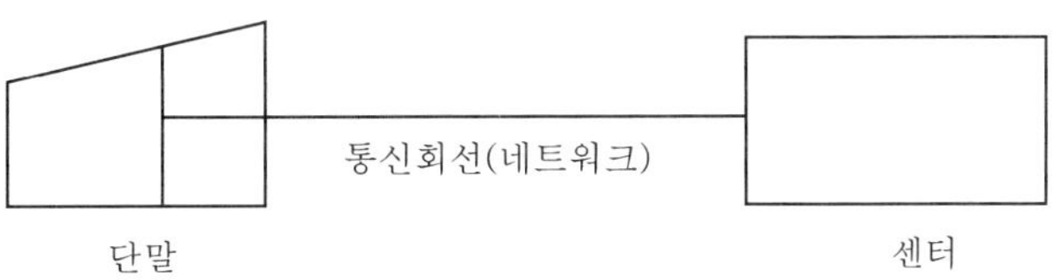

그림 1 데이터통신 시스템

1. 센터시스템

센터시스템은 데이터를 처리 · 저장하는 컴퓨터로 중앙처리장치(CPU), 주기억장치, 보조기억장치, 입 · 출력장치 등으로 구성되어 있다. 센터 시스템의 컴퓨터를 호스트(host)라고도 부른다.

(1) 중앙처리장치(Central Processing Unit)

통신제어장치로부터 입력된 데이터를 처리하고 데이터 통신 전체를 제어한다.

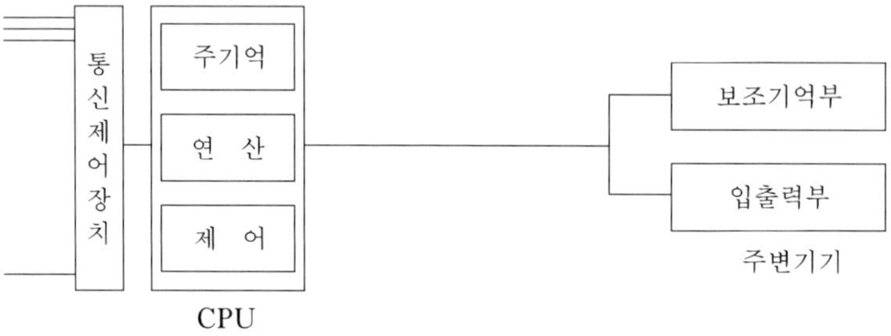

그림 2 센터 시스템

(2) 보조기억장치

① 자기디스크

데이터 읽기와 쓰기를 20ms 정도의 짧은 시간에 할 수 있는 랜덤 액세스 기억장치이다.

② 자기 테이프

데이터를 순차적으로 기억하기 때문에 특정 데이터를 곧바로 읽어낼 수 없다.

(3) 입 · 출력장치

센터시스템의 입 · 출력장치는 내부적 입 · 출력과 외부적 입 · 출력으로 구분한다. 내부적 입 · 출력은 센터 내의 입 · 출력을 말하며 키보드, 디스플레이, 콘솔 입 · 출력 장치가 사용되고, 외부적 입 · 출력장치는 통신회선을 이용한 원격 입 · 출력으로 이것은 단말시스템에 해당되고 통신제어장치를 사용하여 송 · 수신한다.

2. 단말시스템

데이터처리를 하는 센터의 입 · 출력장치가 통신회선을 통해서 멀리 떨어져 있는 것을 단말 시스템이라고 한다. 단말 시스템에서 정보를 센터로 보내면 센터에서는 정보에 따라 서비스를 처리한 다음 결과를 단말 시스템으로 다시 보낸다. 단말 시스템에는 자동 예금 인출기, 철도역의 자동 승차권 판매기 등이 있으며 자동예금 인출기는 카드를 넣으면 인출기는 카드를 읽어서 정보를 데이터로 변환해서 센터로 전송한다. 센터에서는 그 정보에 따라서 서비스 처리를 한 다음 결과를 다시 인출기로 전송한다. 그러면 인출기에서는 처리 결과가 나온다. 또 기차역의 기차표 발매 단말기는 차표 구입에 관한 정보를 입력 하면 이 정보는 데이터로 변환되어 철도공사(Korail)의 주컴퓨터로 가서 서비스처리를 한 다음 그 결과를 다시 단말기로 전송한다.

단말장치는 입력부, 출력부, 데이터 처리부, 단말제어부로 구성된다.

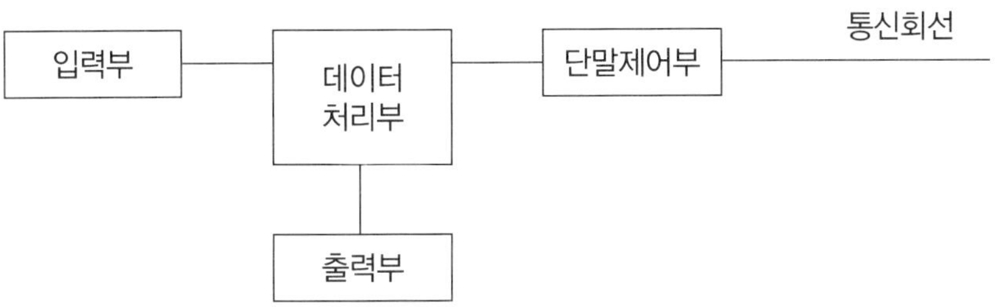

그림 3 단말 시스템

3. 네트워크 시스템

컴퓨터와 단말기, 단말기와 단말기를 연결하는 회선을 통신회선이라고 하며 여기에는 여러 가지 장치가 부가되므로 네트워크 시스템이라고 한다. 통신회선에는 두 지점 간을 점 대 점(point-to-point)으로 연결하는 전용회선과 상대방의 번호를 다이얼 함으로써 상대방을 자유롭게 선택할 수 있는 교환회선이 있다.

지금까지 대부분의 데이터통신 시스템에서 전용회선을 사용하였다. 그러나 단말기의 수가 많아지면 단말기 한 대마다 전용회선을 사용하여 센터장치로 연결하면 회선수가 증가하고 통신제어장치도 많이 필요하게 되며 비경제적인 통신시스템이 된다. 이것에 대응하여 교환회선에서는 단말장치가 발신한 상대번지를 교환기가 식별하여 센터장치에 연결되어 있는 통신회선에 접속하므로 회선비용과 통신제어장치들의 설비를 절약할 수 있다. 전용회선은 전세버스에, 그리고 교환회선은 일반버스에 비유할 수 있다.

2 전송제어

데이터통신의 데이터 전송은 엄격한 전송제어의 규제를 받는다. 전송제어란 데이터 전송시스템에서 여러 가지 제어를 총칭해서 부르는 말이다. 또 데이터를 목적지까지 에러 없이 전송하기 위하여 데이터 송·수신 장치 사이에서 수행되는 제어절차를 전송제어절차라고 한다.

1. 전송제어의 역할

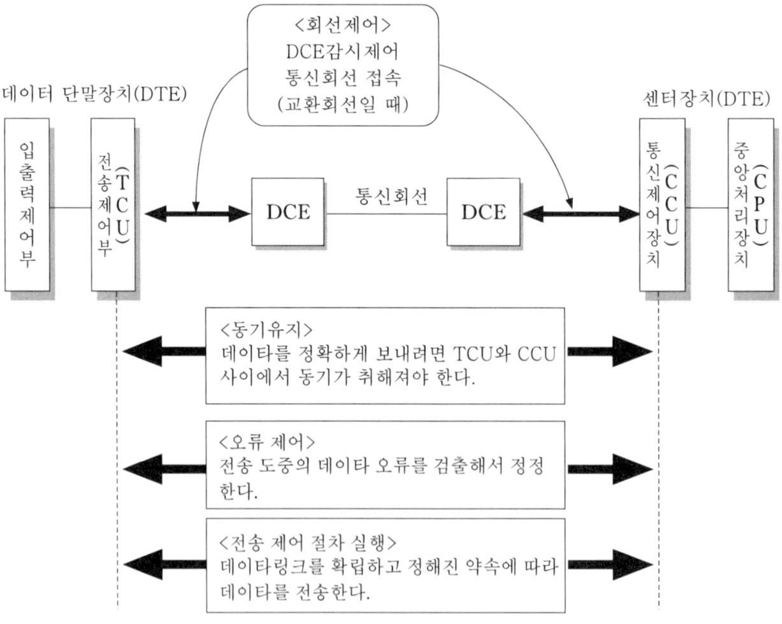

그림 4 전송제어

- 회선제어 : DCE를 감시 · 제어하고 교환회선일 때 통신회선 접속을 제어한다.
- 동기유지 : 전송제어장치(Transmission Control Unit:TCU)와 통신제어장치(Communication Control Unit:CCU) 사이의 동기를 유지한다.
- 오류제어 : 전송 도중 데이터 오류를 검출해서 정정한다.
- 전송제어절차 실행 : 데이터 링크를 확립하고 정해진 약속에 따라 데이터를 전송한다.

2. 전송제어절차의 종류

전송제어절차에는 단말이 전송절차를 거의 갖지 않는 무절차, 기본제어절차, 기본제어절차를 개선한 확장기본제어절차, HDLC절차, HDLC보다 더 향상된 멀티링크절차 등이 있다. 여기서는 기본제어절차와 HDLC절차만을 다룬다.

(1) 기본제어절차

ISO(국제표준화기구)에서 표준화하여 1971년에 권고한 것으로 정보메시지를 텍스트라고 하고 텍스트가 길 때에는 블럭으로 나누어 선송한다. 이때 멘 선두 블럭의 앞에 헤딩부호(heading)을 붙인다. 헤딩은 텍스트를 전송하기 위한 보조정보 즉, 정보의 경로, 정리번호 등을 포함한다. 선두 블럭에는 헤딩시작(SOH:Start of Heading), 각 블럭의 텍스트 앞에는 텍스트 시작(STX: Start of Text), 마지막 블럭을 제외한 각 블럭의 끝에는 블럭 끝(ETB: End of Transmissiom Block), 맨 마지막 블럭의 끝에는 텍스트 끝(ETX: End of Text) 등의 제어문자를 부가하여 전송한다. 제어문자는 '0'과 '1'의 조합으로 이루어진 부호열이다. 이와 같은 제어문자에는 10개가 있으며 표 1에 나타내었다.

표 1 전송 제어문자

기호	명칭	내용
SOH	Start of Heading	정보메시지의 헤딩 개시
STX	Start of Text	텍스트 개시 및 헤딩 종료
ETX	End of Text	텍스트의 끝
ETB	End of Transmission Block	전송 블록의 끝

ETB	End of Transmission Block	전송 블록의 끝
EOT	End of Transmission	전송을 종료하고 데이터링크를 초기화
ENQ	Enquiry	상대국에 데이터링크 설정 및 응답을 요구
DLE	Data Link Escape	다른 전송제어문자와 조합하여 의미를 바꿈
SYN	Synchronous Idle	문자동기를 유지
ACK	Acknowledge	수신한 정보메시지에 긍정 응답
NAK	Negative Acknowledge	수신한 정보메시지에 대한 부정 응답

정보메시지의 형식을 요약하면 다음과 같다.

1. 전송제어문자로는 SOH, STX, ETB, ETX가 사용된다.
2. 헤더(Header)는 SOH로 시작하고 ETB로 끝난다. 다만, 텍스트가 이어질 때는 STX로 끝난다.
3. 정보메시지(text)는 임의의 수의 블럭으로 분할 가능하며 각 블럭은 STX로 시작하여 ETB나 ETX로 끝난다.
4. 정보메시지나 블록에는 오류 검출을 위하여 BBC(Block Check Character) 또는 BCS(Block Check Sequence)가 부가될 수 있다.
5. SYN은 헤딩 또는 텍스트 중간에 문자동기를 유지하기 위하여 또는 수신측 동작에 맞추어 송신 속도를 늦게 하기 위하여 부가될 수 있다.

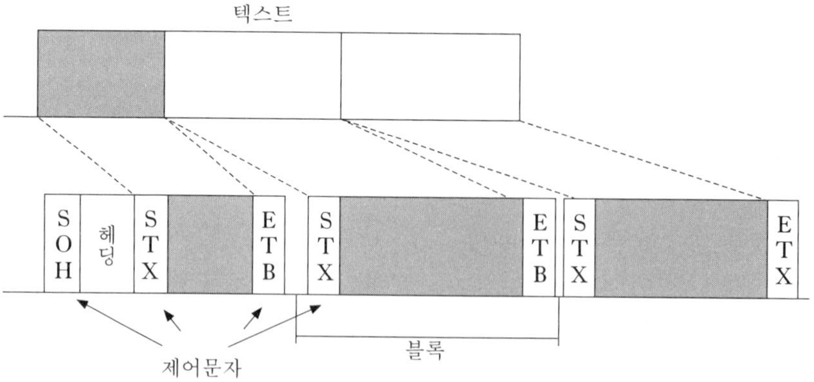

(a) 텍스트와 블럭

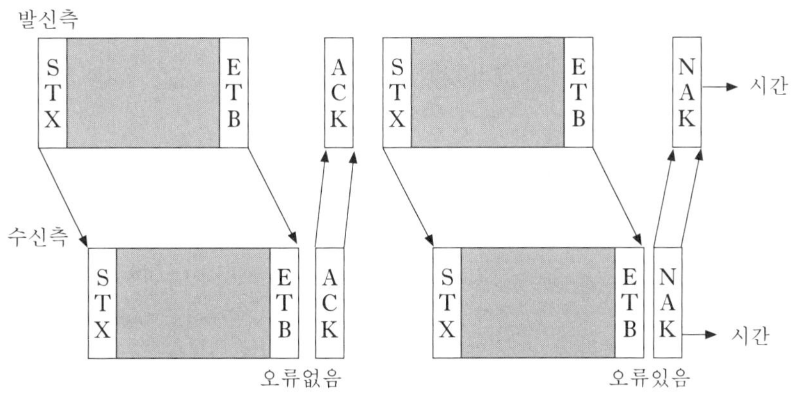

(b) 기본제어절차의 예

그림 5 기본제어절차의 구조

(2) HDLC(High-level Data Link Control) 절차

컴퓨터 네트워크가 증가함에 따라 컴퓨터 사이에 고속으로 효율성이 높고 신뢰성이 높은 전송이 필요하게 되었다. 그래서 ISO에서 고급 데이터링크 제어절차(High level Data Link Control Procedure : HDLC)를 1974년 제정하였다.

HDLC에서는 프레임(frame)이라고 하는 전송단위로 분할하여 전송한다. 데이터를 분할하여 전송하는 것은 기본제어절차와 같지만 전송제어에 필요한 부호는 프레임의 처음 부분에 한데 모아 데이터와는 구분하여 보내는 것이 다르다. 각 프레임의 처음과 끝은 '01111110' 이라는 부호의 플래그가 부착되어 있으므로 프레임의 위치를 바로 알 수 있다.

HDLC에서는 '1' 이 6개 연속되는 것은 플래그에서만 가능하고 데이터에서 '1' 이 6개 이상 연속될 때는 플래그와의 혼동을 피하기 위하여 5번째 다음에 '0' 을 강제로 집어넣어 플래그와 구별할 수 있게 한다.

플래그 다음의 8비트 어드레스 부호는 송신처 및 수신처의 식별번호를 나타내며, 그 다음의 제어 부호는 8비트로 각종 제어 정보를 표시한다. 그 다음이 데이터이고 길이는 보통 2000 비트 정도까지이다. 그 다음은 프레임 오류 점검 부호로서 16비트로 이루어지고 플래그를 제외한 부분의 오류 유무를 검사한다.

플래그 (8비트)	주소 (8비트)	제어 (8비트)	데이터정보 (임의)	프레임 오류점검용 (16비트)	플래그 (8비트)

그림 6 HDLC의 프레임구조

HDLC는 OSI 기준 모델의 데이터링크층의 대표적인 전송제어절차이며 X.25에서도 사용된다.

표 2 HDLC와 기본제어절차의 비교

기본제어절차	HDLC
• 메시지를 송신하면 수신측에서 긍정이나 부정의 응답을 보내므로 본질적으로 반2중통신 • 정보메시지에는 에러검출 부호가 부가되지만 ENQ, ACK, NAK 등의 전송제어문자는 에러가 발생해도 검출할 수 없다. • 전송제어문자의 비트열이 정해져있어 정보의 비트조합에 제한을 받는다.	• 상대방으로부터 응답이 없어도 어느 정도까지는 메시지를 연속적으로 보낼 수 있는 전2중통신(전송효율) • 통신을 위한 명령,응답의 모든 정보에 대해서 에러검사가 된다.(신뢰성) • 전송제어의 제한을 받지 않으므로 자유로운 조합비트정보를 전송(비트투과성)

3 데이터통신 서비스

데이터통신 시스템이 제공하는 서비스의 종류는 시스템의 기능이 점차 고도화됨에 따라 다양화 되고 있다.

서비스의 종류는 크게 정보처리서비스, 정보제공서비스, 네트워크서비스의 세 분야로 구분할 수 있으며, 각 분야를 세분하면 다음과 같다.

1. 정보처리서비스

데이터 통신의 정보처리서비스는 컴퓨터의 고속처리능력과 데이터를 기억할 수 있는 능력을 이용한 것으로 사무계산 서비스와 기술계산 서비스가 있다.

데이터 통신으로서의 사무계산 서비스는 도처에 산재해 있는 본 · 지점 간의 네트워크를 이용하여 사무 및 경영관리를 할 수 있도록 하는 것으로 은행의 예금 온라인 관리를 비롯해 판매재고 관리와 검사, 등록, 신청, 예약 등의 서비스를 의미하며 과학기술 계산 서비스는 과학기술의 설계 시뮬레이션 구조 계산 등 높은 수준의 계산을 하는 것이다.

- 사무계산 : 은행의 예금온라인 관리, 판매재고 관리와 검사, 등록, 예약, 신청.
- 기술계산 : 과학 · 기술의 복잡한 계산.

2. 정보제공서비스

정보 제공 서비스는 컴퓨터에 많은 정보를 기억시켜 놓고 필요한 때에 필요한 사람에게 정보를 제공하는 서비스이다.

- 정보안내 : 뉴스, 증권시세, 쇼핑, 스포츠, 연예성보 등
- 정보검색 : 문헌, 판례, 특허 등

정보안내서비스와 정보검색서비스는 이용자가 원하는 데이터를 얼마나 유효하고 얼마나 많이 준비해 놓을 수 있느냐가 중요하다. 정보안내서비스의 경우 시간적으로 변화되는 뉴스, 일기예보, 증권시세 등을 얼마만큼 정확하게 준비해 놓을 수 있는가가 관건이 된다. 특히 문헌검색이나 판례검색은 한 큰 도서관의 장서를 모두 수록하는 것과 같은 것인 만큼 종류의 분류만 하더라도 도서관학의 한 전문기술과 같은 것이므로 이와 같은 데이터를 관리하는 별도의 기술이 필요하게 된다.

이와 같은 검색자료를 대량으로 마련한 축적자료를 데이터베이스(database)라고 하는데 데이터베이스는 데이터를 관리자적 입장에서 통일적으로 관리하여 자료의 중복을 피하고 갱신이 순조로우며 사용자가 쉽게 찾을 수 있는 데이터베이스 관리기법이 필요하다.

3. 네트워크 서비스

네트워크 서비스는 통신망의 기술을 이용하여 지역적인 공동서비스를 도모하는 LAN과 부가적 가치운용을 도모하는 VAN 등의 종합서비스를 의미한다.

(1) LAN (Local Area Network : 근거리통신망)

학교, 병원, 빌딩 등 구내에서 컴퓨터, 주변기기, OA기기를 서로 연결하여 통신할 수 있도록 한 네트워크로서 자세한 것은 4.5절에서 다룬다.

(2) VAN (Value Added Network : 부가가치 통신망)

부가가치통신망은 기간통신사업자(한국통신 등)로부터 전기통신회선설비를 빌려서 부가가치를 붙여서 이용자에게 다시 판매하는 통신망을 의미한다.

부가가치서비스는 단순한 전송기능 이상의 정보의 축적, 가공, 변환처리 등의 부가가치를 부여한 통신서비스를 제공하는 것이다.

전기통신사업법 제4조에 '부가통신사업은 기간통신사업자로부터 전기통신회선설비를 임차하여 기간통신역무외의 전기통신역무(부가통신역무)를 제공하는 사업으로 한다' 고 되어있다.

예를 들면 신용카드 결재에 사용되는 VAN출금 등이 있다.

4 데이터 전송방식

1. 통신방식

통신방식에는 단방향통신(simplex), 반이중통신(half-duplex), 전이중통신(full-duplex) 등 세 가지가 있다. 단방향통신은 라디오나 무선TV처럼 한쪽 방향으로만 데이터를 전송하는 방식이다. 일반 데이터 통신 시스템에서는 단말 A로부터 데이터를 전송하고 단말 B는 그 데이터를 처리하여 A로 반송하므로 데이터 전송이 단방향인 경우는 거의 없다. 반이중통신은 양방향에서 데이터를 전송할 수 있으나 동시에는 전송하지 못하고 차례차례로 전송하는 방식이다. 마치 단일 차선의 다리에서 신호를 통해서 교대로 양방향으로 차량을 소통시키는 것과 같다. 전이중통신은 전화와 같이 양방향에서 동시에 데이터를 전송할 수 있는 방식이다. 서로 다른 전송매체를 사용하여 전송할 수도 있고, 하나의 전송매체를 2개의 채널로 분할하여 사용할 수도 있다.

2. 병렬 · 직렬전송

(1) 병렬전송

데이터의 문자의 1비트마다 전송선을 할당하여 동시에 전송한다.

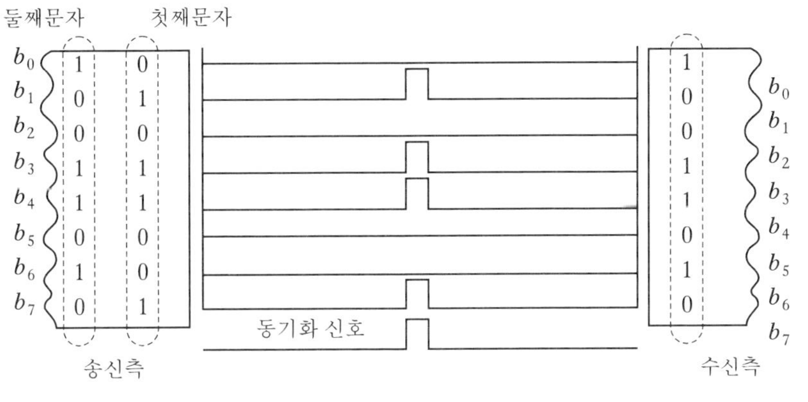

그림 7 병렬 전송

컴퓨터와 입 · 출력장치와 같은 가까운 거리에 사용한다.

다수의 전송선으로 하나의 전송로를 만들기 때문에 통신회선의 비용이 매우 높고 병렬케이블이 길면 비트에 지연이 생기고 타이밍이 맞지 않게 된다.

(2) 직렬전송

장거리 전송을 할 때는 병렬로 전송하면 전송선의 수가 많아져서 비용이 높아진다. 따라서 종단장치의 내부에서의 병렬로 되어 있는 비트 배열을 직렬로 바꿔서 전송한다. 이를 직렬전송이라 한다. 직렬전송에서는 출발선에서 일정간격으로 비트를 송출하므로 도

중의 전송선 특성이 여러 원인으로 균일하지 않고 시간에 따라 특성이 변화해도 모든 비트가 같은 영향을 받게 된다. 그래서 도착선에서는 각 비트가 거의 일정 간격으로 도착하게 되고 통신회선이 아무리 길어도 극단적인 악영향은 생기지 않는다. 이러한 이유로 데이터 통신에서는 직렬전송이 통신회선에 이용된다. 송신측의 병렬→직렬변환이나 수신측의 직렬→병렬변환은 시프트레지스터(shift register)라는 논리회로를 사용한다.

병렬 전송에서는 송신 단말과 수신 단말 사이에 타이밍을 위한 전송로(타이밍선)가 필요하지만 직렬전송에서는 필요 없다.

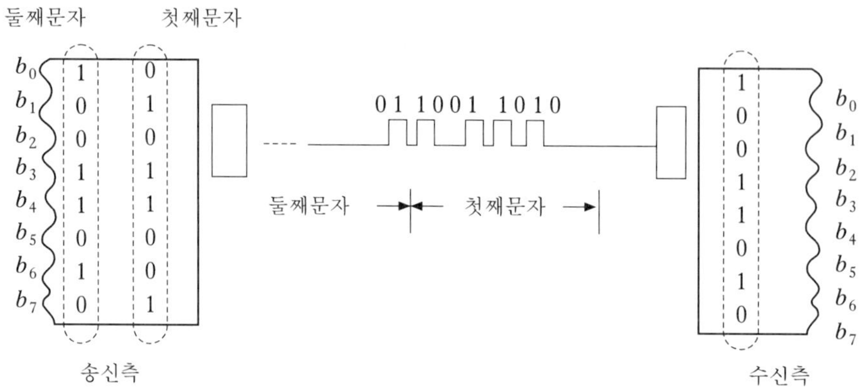

그림 8 직렬 전송

3. 비동기식 전송과 동기식 전송

데이터 전송에서 수신측에서 정보를 올바르게 복원하기 위해서는 송신측과 수신측 사이에 테이터를 주고받는 시점을 일정 관계로 유지시켜야 되는데 이를 동기화(synchronization)라고 한다. 동기화 방식에는 비동기식과 동기식이 있다.

(1)비동기식 전송

전송할 데이터가 없을 경우(idle state)에는 계속해서 신호 '1'을 보낸다 그러다가 데이터를 전송할 때에는 시작비트(start bit) '0'을 보낸다. 그리고 데이터를 전송한다. 데이터는 코드에 따라서 5~8비트가 되고 패리티비트 1비트가 그 뒤를 따른다. 패리티 비트 다음에는 데이터전송의 끝을 알리는 종료비트(stop bit)가 1~2개 오고 계속해서 보낼 데이터가 있으면 다시 시작 비트를 보내고 데이터가 없으면 휴지상태(idle state)가 되어 '1'을 계속 전송한다.

비동기 전송은 문자위주의 전송으로서 하나의 문자를 보낼 때 여분의 비트가 2개가 필요하므로 비효율적이다. 그러나 동기가 간단하므로 데이터통신의 초창기부터 사용되고 있다.

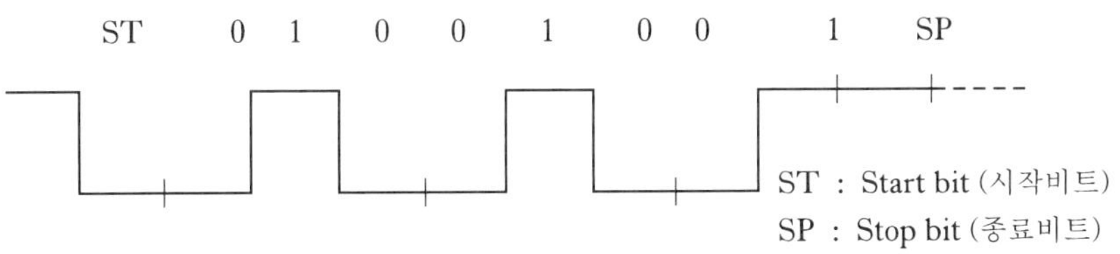

그림 9 비동기식 전송

(2) 동기식 전송

1) 문자동기 방식

전송할 데이터가 없을 경우에는 어떤 신호도 보내지 않는다. 그러다가 데이터를 전송할 때는 제어문자 SYN을 1~2개 보낸다. 그런 다음에 데이터를 전송한다. 데이터를 다 보내고 나면 다시 전송로는 어떤 신호도 전송되지 않는 상태가 된다.

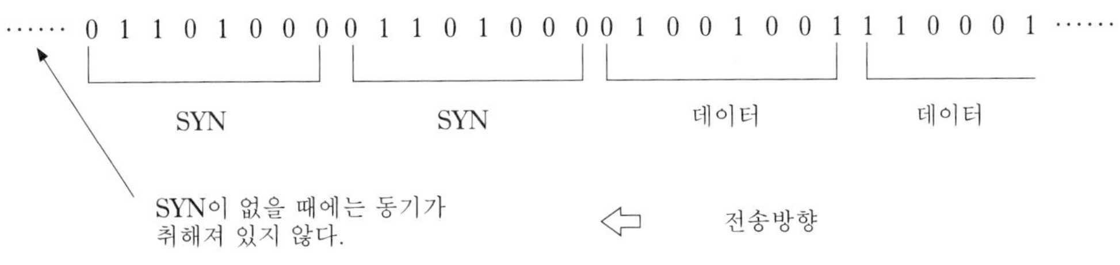

그림 10 문자 동기방식

2) 플래그동기 방식

전송할 데이터가 없을 때에도 항상 일정 패턴부호인 플래그(flag)를 보내 송 · 수신 사이에 항상 동기를 취하는 방식이다. 플래그를 보내다가 전송할 데이터가 있으면 플래그 사이에 데이터를 보낸다. 수신측에서는 데이터가 전송되다가 플래그가 나오면 데이터 전송이 끝났다고 판단한다. 플래그 동기방식은 비트 중심 동기방식으로 데이터에서 '1' 이 연속해서 5개가 전송되면 플래그와의 구별을 위해서 '0' 비트를 삽입하고 수신측에서는 다시 '0' 을 제거해서 복원한다. 이 방식은 큰 데이터 전송시 유리하다.

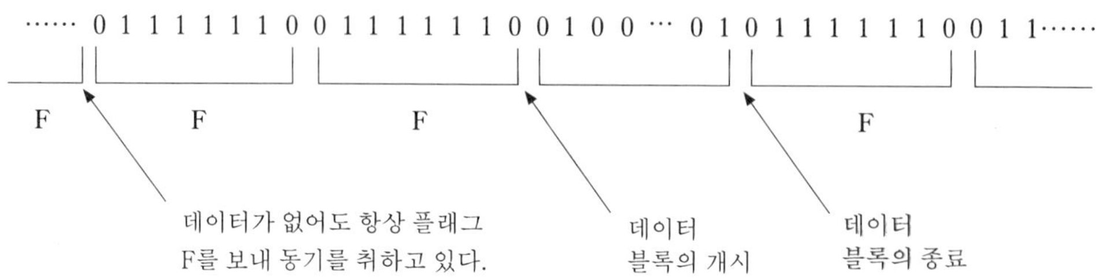

그림 11 플래그 동기방식

5 전송코드

비트(bit)는 binary digit의 약자이며 '0' 또는 '1' 이 된다. 따라서 디지털 통신에서 비트는 정보의 기본단위가 된다. 초당 비트수 즉, bps(bit per second)는 통신채널에서 초당 어떤 한 점을 통과하는 비트 수이다.

비동기 전송에서는 시작과 종료비트라고 불리는 신호비트들이 각 문자에 부가된다. 때로는 전송률 bps는 전송된 비트 신호(시작 또는 종료 비트)는 제외하고 초당 전송되는 순수한 정보 비트 수만을 의미한다. 예를 들면 시작과 종료비트가 부가된 8비트의 문자 10개가 매 초마다 전송된다고 하면 비트 전송률은 100bps이지만 '정보비트 전송률' 은 80bps가 된다.

보오(baud) 전송률은 초당 선로상의 한 점을 통과하는 신호 요소들의 수를 말한다. 만일 0에서 10V까지 변하는 각각의 신호 요소들을 한 개의 비트로 표시하는 경우 보오 전송률과 비트 전송률은 동일하다. 그러나 한 개의 신호 요소가 2개의 비트로 표현된다면 비트 전송률은 보오전송률의 2배가 된다. 이러한 경우를 다이비트(dibit)라고 한다. 예를 들어 매 초당 1,000개의 신호요소가 발생하고 각 신호 요소가 3개의 비트로 코딩된다면 데이터 신호의 보오전송률은 1,000baud이지만 비트전송률은 3,000bps 가 된다.

전송 비트열을 5개 혹은 6개의 비트로 그룹을 만들어 문자나 심볼을 나타내도록 약속을 할 수 있다. 이렇게 비트들의 그룹과 그들을 나타내는 심볼들을 전송코드라고 한다.

1. 보도트 코드(Baudot 코드)

5비트를 사용하므로 32개의 심볼 밖에 표현 못한다. 이는 영문자 26개, 숫자 10개도 다 나타내지 못한다. 그러나 제어문자를 사용함으로써 이를 극복할 수 있다. 즉, 같은 비트배열에 숫자와 문자를 동시에 정해 놓고 숫자 제어문자 다음에 나오면 숫자로 하고 문자제어문자 다음에 나오면 문자로 한다.

2. EBCD(Extended Binary Coded Decimal)코드

BCD코드는 모든 코드의 기본으로 4비트의 2진수로 0에서 9까지의 숫자를 나타낸다. 예를 들어 십진수 35는 01110101로 표시된다. 그러나 4비트로 숫자와 문자를 표현하기에는 너무 부족하므로 표준BCD코드에 2비트를 추가하여 6비트로 문자와 숫자 등 심볼을 표현하는 것이 EBCD코드이다.

EBCD는 6비트에 패리티(parity) 비트를 더해서 7비트로 숫자와 문자를 나타낸다.

표 3 BCD코드

2진수 표현	10진수 표현	2진수 표현	10진수 표현
0000	0	0101	5
0001	1	0110	6
0010	2	0111	7
0011	3	1000	8
0100	4	1001	9

3. ASCII(American Standard Code for Information Interchange)코드

아스키코드는 컴퓨터 및 정보통신장치 사이의 융통성 있는 정보를 교환하기 위해 미국에서 정한 표준코드이다. 7비트로 숫자 10개, 소문자 26개, 대문자 26개, 제어문자 34개, 특수문자 32개 총 128개의 문자를 나타낸다. 패리티비트를 하나 더해서 총 8비트로 구성된다. 아스키코드는 IBM기종을 제외한 대부분의 컴퓨터와 통신기기에서 사용되고 있다. 소형컴퓨터와 마이크로 컴퓨터에 널리 쓰이며 비동기 전송과 함께 널리 쓰이는 코드인데 이는 많은 특수한 다른 문자를 정의하고 또 각 문자에 대해 패리티 비트를 제공할 수 있기 때문이다.

표 4 ASCII 코드

	$b_7b_6b_5$							
$b_4b_3b_2b_1$	000	001	010	011	100	101	110	111
0000	NUL	DEL	SP	0	@	P	‘	p
0001	SOH	DC1	!	1	A	Q	a	q
0010	STX	DC2	“	2	B	R	b	r
0011	ETX	DC3	#	3	C	S	c	s
0100	EOT	DC4	$	4	D	T	d	t
0101	ENQ	NAK	%	5	E	U	e	u
0110	ACK	SYN	&	6	F	V	f	v
0111	BEL	ETB	‘	7	G	W	g	w
1000	BS	CAN	(	8	H	X	h	x
1001	HT	EM	)	9	I	Y	I	y
1010	LF	SUB	*	:	J	Z	j	z
1011	VT	ESC	+	;	K	[	k	{
1100	FF	FS	,	〈	L	\	l	|
1101	CR	GS	–	=	M	]	m	}
1110	SO	RS	.	〉	N	^	n	~
1111	SI	US	/	?	O	–	o	DEL

4. EBCDIC(Extended Binary Coded Decimal Interchange Code)

컴퓨터와 통신이 접목되면서 많은 정보량을 전송할 필요성이 요구되었고 따라서 여러 가지 정보 문자 구분을 할 수 있는 8비트 부호 방식이 필요해 졌다.

8비트로 256개의 문자를 나타낸다. 에러를 검출하는 정교한 프로토콜과 함께 사용되므로 패리티 비트가 필요 없다.

이 부호는 주로 IBM 메인 프레임 컴퓨터에서 사용되고 있다.

위에서 언급한 코드 외에도 여러 가지 코드가 있지만 오늘날 데이터 통신에서는 Baudot, ASCII, EBCDIC가 가장 널리 쓰인다. 그러나 전송코드에 있어서 ASCII는 항상 본래의 ASCII형태가 아니며 EBCDIC는 항상EBCDIC형태는 아니다. 즉 어떤 사용자들은 이러한 코드를 변형해서 사용하며 또는 특별한 의미를 나타내기 위해 2개 또는 그 이상의 심볼시퀀스(symbol sequence)를 사용한다.

6 데이터 교환 방식

가장 간단한 형태로서의 데이터 통신은 어떤 전송 매체 형태에 의해 직접적으로 연결한 두 장치 간에 이루어지는 통신이다. 그러나 종종 두 장치 간에 직접 연결하기 보다는 어떤 중계 노드로 구성되는 망에 의해 통신이 이루어진다. 이러한 노드들은 데이터의 내용과는 관계없이 데이터를 목적지에 도달할 때까지 노드에서 노드로 데이터를 이동시킬 교환시설을 제공하기 위한 것이다. 이러한 것이 그림 12에 나타나 있다.

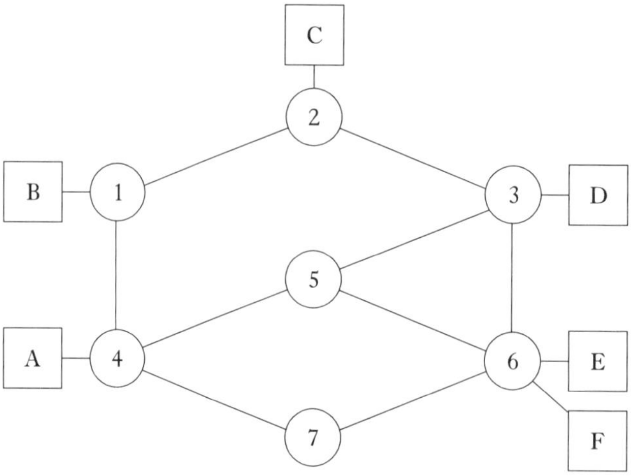

그림 12 일반적인 교환망

통신을 하기 위해 통신망에 연결된 장치를 종단(station) 이라고 한다. 이러한 종단들은 컴퓨터, 터미널, 전화기 혹은 그 외의 다른 통신장비가 될 수 있다. 종단과 통신망을 연결시키는 경계가 되는 장비를 노드(node)라고 한다. 이렇게 각 종단들은 노드에 연결되며 만일 연결된 장치들이 데이터 터미널일 경우 모든 노드들과 종단들을 합쳐서 데이터 통신망이라고 한다.

데이터 교환방식에는 회선교환, 메시지 교환, 패킷교환방식이 있다.

1. 회선 교환 방식

회선교환 방식(circuit switching system)은 회선설정을 하고 데이터를 이동시킨 후 회선을 단절하는 순서로 이루어진다.

예를 들어, 그림 12 종단A에서 종단 E 로 데이터를 보내고자 한다면 먼저 종단A에서 노드4 로 연결요청(request) 메시지를 보낸다. 종단A 와 노드4 사이는 전용선이므로 이미 연결이 되어 있다. 노드4 는 선로의 이용 가능성이나 경비를 고려하여 노드5 나 노드7 을 선택한다. 노드5 를 선택했다면 노드4에서 노드5로 종단E와의 연결을 원하는 요청 메시지를 보낸다. 그러면 노드4와 노드5는 연결이 된다. 다시 노드5에서 노드6으로 연결요청 메시지를 보낸다. 그러면 노드5와 노드6은 연결이 된다. 또 노드6은 종단E로 연결요청 메시지를 보낸다. 그러면 종단A 와 종단E는 회선설정이 된다. 이렇게 회선설정이 되면 종단A에서 종단E로 데이터를 보내고 데이터의 이동이 끝나면 회선단절이 된다.

2. 메시지 교환 방식

메시지 교환 방식(message switching system)은 메시지에 목적 종단의 주소를 부착해서 전송한다. 각 노드에서는 전체 메시지를 수신해서 일시적으로 저장한 후 다음 노드로 보낸다. 따라서 메시지는 지연된다. 지연시간은 모든 메시지 비트를 수신하는 데 걸리는 시간과 다음노드로 보내기 위해 기다리는 대기시간의 합이 된다.

예를 들어, 종단 A에서 종단E로 데이터를 보내고자 한다면 먼저 종단A에서 데이터에 주소를 부착해서 노드4로 보낸다. 노드4에서는 메시지를 받아 저장한 후 경로의 다음 노드를 결정한다. 노드5로 결정했다면 메시지 대기 후 선로가 이용 가능할 때 노드5로 전송한다. 노드5에서는 메시지를 받아 저장 후 경로의 다음 노드를 결정한다. 노드6으로 결정했다면 메시지 대기 후 선로가 이용가능할 때 노드6으로 전송한다. 노드6에서도 마찬가지로 종단E로 데이터를 전송한다.

메시지 교환 방식의 장점은 다음과 같다.

1. 노드와 노드 사이에만 메시지가 있으므로 선로 효율이 크다.
2. 회선교환망에서는 메시지양이 너무 많으면 몇몇 호출은 단절되지만 메시지 교환 방식에서는 전송이 지연은 되나 메시지는 단절되는 일 없이 목적지까지 전송된다.
3. 두 노드 사이에서 각각 적절한 메시지 전송률과 코드를 사용할 수 있다.

3. 패킷 교환 방식

패킷교환 방식(packet switching system)은 회선교환방식과 메시지교환방식의 장점은 살리고 단점은 최소화한 방식으로 메시지교환방식과 비슷하나 데이터 길이를 수천 비트정도로 한정한다. 이 한정된 데이터를 패킷(packet)이라고 한다.

(1) 데이터그램 방법

데이터를 몇 개의 패킷으로 나누어 경로의 사정에 따라서 패킷별로 전송한다. 예를 들어, 그림 12의 종단A에서 종단E로 데이터를 보내고자 할 때 종단 A에서 데이터를 몇 개의 패킷으로 나눈다. 여기서는 패킷 1, 2, 3의 3개의 패킷으로 나누었다고 하면 각 패킷에 주소를 붙여서 노드4로 보낸다. 노드4에서는 패킷 1, 2는 노드5에 대해서 대기토록 하고 패킷3은 노드7에 대해서 대기토록 한다. 이렇게 패킷별로 선로의 이용 상태 등을 고려해서 경로를 다르게 할 수 있다. 따라서 수 개의 패킷만을 보낼 때 데이터 전달이 빠르다. 그리고 어떤 한 노드의 고장시 경로를 대체할 수 있다.

(2) 가상회선 방법

이 방법에서는 데이터가 전송되기 전에 어떤 논리적인 연결이 설정된다. 종단A에서 종단E로 데이터를 보내고자 한다면 먼저 종단A에서 노드4로 호출요청(call request)을 보내서 종단E와의 연결을 요청한다. 노드4는 다음 경로를 결정하고, 예를 들어 노드5로 결정했다면 호출요청 을 노드5 로 보낸다. 노드5는 다음 경로를 결정하고, 노드 6으로 결정했다면 호출요청을 노드6으로 보낸다. 노드6은 마찬가지로 종단E로 호출요청을 보낸다. 종단E가 승낙을하면 호출승낙(call accept) 패킷을 노드6으로 보내고 노드6은 다시 노드5로, 노드5는 다시 노드4로, 노드4는 다시 종단A로 보낸다. 그러면 종단A와 종단E사이에 가상회선이 설정되고 데이터 교환이 이루어진다.

여기서는 데이터 그램 방법과는 달리 각 노드는 각 패킷이 어디로 갈 것인지를 알고 있으므로 각 노드에서 경로를 결정할 필요가 없다. 단절할 때는 종단 중의 하나가 해제요청 패킷을 보냄으로써 전송이 종료된다. 이 방법은 두 종단 간에 전송할 데이터가 많을 때 좋다.

표 5 데이터 교환방식의 비교

회선교환	메시지교환	패킷교환	
		데이터그램	가상회선
전용선로로 연속적으로 데이터 전송	전용선로는 없다. 메시지 전송	전용선로는 없다. 패킷전송	전용선로는 없다. 패킷전송
충분히 빠른 상호작용	매우 느린 상호작용	충분히 빠른 상호작용	충분히 빠른 상호작용

경로는 완전한 대화에 의하여 설정	경로는 각 메시지에 따라 설정	경로는 각 패킷 에 따라 설정	경로는 완전한 대화에 의하여 설정
호출된 지역이 통화 중이면 통화중 신호	통화중 신호가 없다.	패킷이 전송되지 않을 때에는 전송측에 알린다.	접속되지 않으면 송신측에 알린다.
과부하인 경우 호출설정을 위하여 지연이 없다. 호출 단절	과부하는 메시지 지연 소형 교환노드	과부하는 메시지 지연 소형 교환노드	과부하는 메시지 지연 소형 교환노드
전자기계식 또는 컴퓨터 교환노드	파일 장비를 가진 메시지 교환센터	소형 교환노드	소형 교환노드
메시지의 손실 방지는 사용자의 책임	메시지에 대한 책임은 회선망	각 패킷에 대한 책임은 회선망	연속패킷에 대한 책임은 회선망
속도 혹은 코드변환이 일반적으로 불가능	속도및 코드변환이 가능	속도 및 코드변환이 가능	속도 및 코드변환이 가능
고정 대역폭 전송	대역폭 사용이 융통적	대역폭 사용이 융통적	대역폭 사용이 융통적

우리나라의 패킷교환망

(1) DNS(DACOM Net Service)

DNS는 (주)데이콤이 제공하는 공중 부가통신 패킷교환망이다. DNS는 부가통신 전용의 패킷교환망으로 두 지점을 직접 연결하는 전용회선에 비해 효율성이 높고 전국 어디에서나 동일한 요금으로 이용자에게는 가격부담이 적고 임의의 다수 이용자와 통신할 수 있다.

우리나라 패킷교환 서비스는 1983년2월 (주)데이콤이 해외 33개국과 서비스를 개시함으로써 국제 부문에서 먼저 시작되었다. 그 후 1984년 1월에 벨기에의 BTM 사로부터 국내용 패킷교환기 DPS-25 3대와 국제관문교환기(gateway exchange) 1대를 도입하여 서울, 부산, 대구지역에 설치하여 6개월간의 시험운영 후 같은 해 7월 국내 최초의 공중정보통신망인 DNS를 개통하였다. 이는 세계적으로 18번째이고 아시아에서는 일본에 이어 두 번째의 일이다. 그 후 1985년 12월 대전과 광주지역에 교환기를 증설하고 1986년 16개 도시에 다중화장비를 설치함으로써 DNS는 전국적으로 확장되었다.

(2) HiNET-P(한국통신 패킷 데이터 통신망)

정보통신부는 1990년 6월 통신사업에 경쟁체제를 도입한다고 발표함으로써 (주)데이콤의 DNS에 대응하는 서비스가 탄생하는 계기를 마련하였다. 1992년 7월 한국통신은 서울, 대구, 광주, 대전지역에 패킷교환기(주교환기)를 설치하고 부산, 안양 등 27개 지역에 원격집중장치(부 교환기)를 설치함으로써 HiNET-P를 개통하였다. 같은 해 11월에는 서비스 제공지역이 81개 지역으로 확대되었고 1993년 10월에는 서비스 지역이 전국으로 확대되었다.

HiNET-P 의 접속은 일반전화에 의한 접속과 전용회선에 의한 접속으로 나눌 수 있다.

문 제

QUESTION

1. 데이터통신 시스템에 대해서 설명하시오.
2. 은행의 자동예금인출기의 처리과정에 대해서 설명하시오.
3. 전송제어에 대해서 설명하시오.
4. HDLC절차에 대해서 설명하시오.
5. VAN에 대해서 설명하시오.
6. 전이중통신에 대해서 설명하시오.
7. 플래그동기 방식에 대해서 설명하시오.
8. 보오(Baud)전송률을 비트전송률과 비교해서 설명하시오.
9. 패킷교환방식에 대해서 설명하시오.
10. 회선교환방식에 대해서 설명하시오.

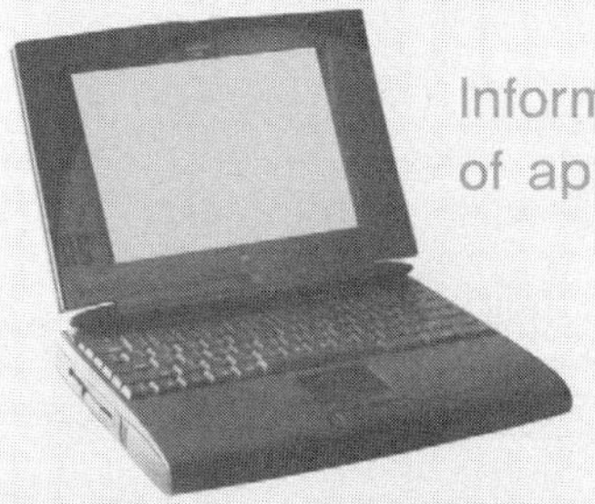

Information & Communication
of appreciation

CHAPTER 4

컴퓨터 네트워크

컴퓨터와 통신회선을 연결하여 원격지로부터 컴퓨터를 이용하는 방식을 on-line방식이라고 하며 은행의 온라인 시스템, 기차표 발매기 등이 여기에 속한다. 이러한 컴퓨터와 단말의 연결이 컴퓨터와 컴퓨터의 연결로 발전이 된 것이 컴퓨터 네트워크이다.

1 컴퓨터와 단말간의 통신

컴퓨터와 단말간의 통신을 그림 1에 나타내었다.

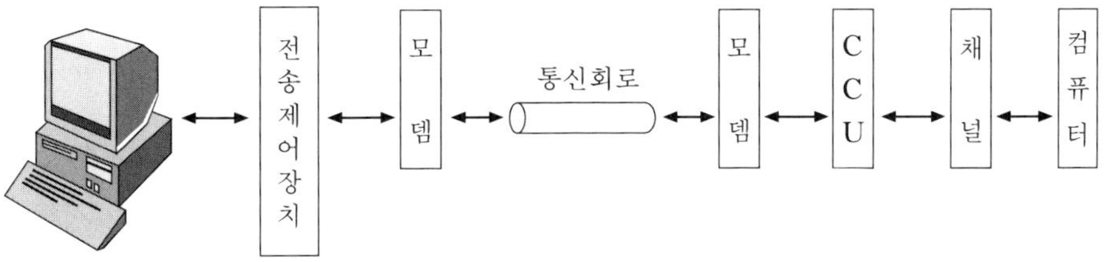

그림 1 컴퓨터와 단말장치

통신제어장치인 CCU(Communication Control Unit)는 시분할 시스템으로 어느 순간에 어느 모뎀으로 통신할 것인가를 교통정리 한다. 이를 회선 정리라고 한다. CCU는 컴퓨터가 클 때는 1대의 미니컴퓨터를 사용하기도 하며 이때는 CCP(Communication Control Processor)라고 한다. 채널은 컴퓨터 내의 빠른 신호 속도와 통신회선 및 CCU 내의 느린 신호 속도의 차를 조정하는 역할을 한다. 통신회선에는 공중회선(public line)과 전용회선(leased line)이 있는데 공중회선은 공중전화망(Public Switched Telephone Network :PSTN)을 말하며 아날로그 통신에 적합하고 고속 데이터통신에는 부적합하다. 전용회선은 두 지점 간을 연결하는 특정회선으로 통신용량을 충분히 사용할 수 있고 고속데이터 통신에 적합하다.

2 컴퓨터와 컴퓨터의 연결

1. 컴퓨터와 컴퓨터의 접속

컴퓨터와 컴퓨터를 통신회선으로 연결한 통신구성도는 그림 2와 같다.

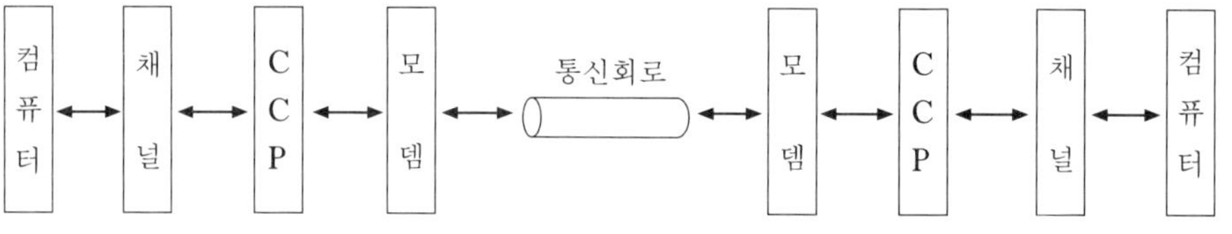

그림 2 컴퓨터와 컴퓨터의 연결

컴퓨터와 컴퓨터를 접속함으로써 얻을 수 있는 장점은 다음과 같다.

- 프로그램 및 데이터 등의 정보교환이 가능하다.
- 규모가 큰 업무인 경우 분담해서 처리함으로써 빠른 시간에 결과를 얻을 수 있다.
- 한 쪽의 컴퓨터가 시스템 다운되어도 다른 쪽의 컴퓨터로서 어느 정도 대치할 수 있다.
- 한 장소에만 있는 특수한 하드웨어 및 소프트웨어, 데이터베이스 등을 공동으로 이

용할 수 있다.

컴퓨터와 컴퓨터의 결합은 그림 3과 같이 단지 2개만 연결할 수 있는 것이 아니고 많은 컴퓨터를 서로 연결할 수 있다. 이렇게 여러 개의 컴퓨터를 연결하여 임의의 다른 컴퓨터와 통신할 수 있도록 구성하여 놓은 것을 컴퓨터네트워크라고 한다.

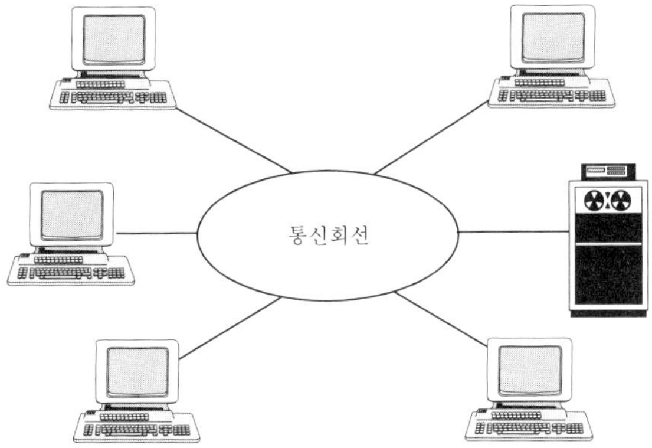

그림 3 김퓨터 네드워그

최초의 컴퓨터 네트워크는 1969년 미 국방성이 개발한 ARPA(American Research Project Agency)네트워크로 100대 이상의 컴퓨터를 연결한 것이었다. 그 후 ARPANET 은 더욱 발전되어 하와이, 노르웨이, 유럽을 연결하는 호스트만 100대가 넘는 거대한 네트워크가 되었다. 그러나 1990년 공식 해체되었으며 전 세계의 컴퓨터네트워크를 연결하는 인터넷(Internet)의 모체가 되었다.

ARPANET의 특징

ARPANET 에서 시도된 기술들은 오늘날의 정보통신 발전에 큰 영향을 끼쳤으며 ARPANET의 특징은 다음과 같다.

1. 인터페이스 메시지 프로세서(IMP)

호스트 컴퓨터가 메시지교환을 위해서 통신을 제어하면 컴퓨터 이용 효율이 나빠진다.

그래서 ARPANET에서는 호스트컴퓨터와 전송로 사이에 미니컴퓨터를 사용한 IMP(Interface Message Processor)라는 통신전용장치를 놓아 호스트 컴퓨터는 본래의 정보처리업무만 하도록 하였다. 복수의 IMP로 결합한 통신망을 서브네트워크라고 한다.

2. 패킷교환방식

ARPANET에서는 메시지 교환에 1960년대 후반 랜드 코포레이션 (Land Corporation)과 영국의 국립물리학 연구소가 제안한 패킷교환방식을 채택하였다.

3. 통신제어 프로토콜의 계층화

ARPANET에서는 다수의 다른 컴퓨터를 서로 결합하기 위해서 네트워크아키텍쳐의 기본개념인 계층화가 시도되었다. 즉 패킷교환을 위한 IMP-IMP사이의 프로토콜, 호스트-호스트 사이의 프로토콜, 또 사용자 프로토콜에는 가상단말 프로토콜, 파일전송프로토콜, 메일프로토콜 등이 있다.

2. DTE-DCE 인터페이스

DTE(Data Terminal Equipment:데이터 단말장치)는 데이터 통신에서 컴퓨터나 단말장치를 총칭해서 이르는 말이고, DCE(Data Circuit-terminating Equipment:데이터 회선 종단 장치)는 아날로그 회선에서 사용하는 모뎀이나 ISDN 가입자 선로에서 DTE에 접속할 때 사용하는 디지털 서비스 장치(Digital Service Unit : DSU) 등을 가리킨다.

DTE와 DCE를 접속하기 위하여 사용하는 통신회선의 종류 및 전압, 타이밍, 커넥터 모양 등의 조건을 약속하여 표준화한 것을 DTE-DCE 인터페이스라고 한다.

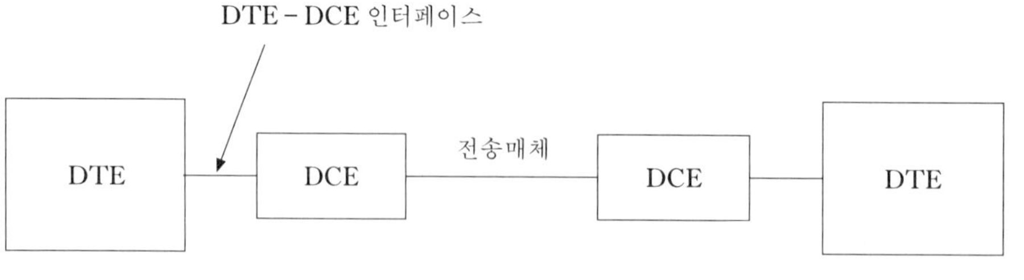

그림 4 DTE-DCE 인터페이스

DCE는 한쪽에서는 전송매체를 한번에 한 비트씩 송신과 수신을 담당하고 다른 쪽으로는 DTE와 상호작용을 해야 한다. 일반적으로 이것은 교환회선 이라 부르는 다중배선들 상에서 데이터와 제어정보의 교환을 필요로 한다.

이러한 기법이 동작하기 위해서는 여러 가지 혼합된 기술이 필요하다. 각 수신기는 상대편의 송신기와 같은 인코딩방식(예,NRZ)을 사용해야 한다. 게다가 각 DTE-DCE 쌍은 효율적으로 상호작용을 할 수 있어야 하며 상호 보완적인 인터페이스를 갖도록 설계되어야 한다. 데이터처리 장비 제작자와 사용자들에게 짐을 덜어주기 위하여 DTE와 DCE간의 인터페이스의 정확한 성질을 기술할 수 있는 표준안의 개발이 진행되어 왔다. 이 표준들은 물리계층 프로토콜이라고 하며 4.4절에서 자세히 다룬다.

이 인터페이스는 기계적특성, 전기적 특성, 기능적 특성, 절차적 특성 등 4가지 중요한 특성을 가지고 있다.

(1) DTE-DCE 인테페이스의 종류

ITU-T 에서는 다음과 같은 인테페이스를 권고하고 있다.

1) RS232C(Recommand Standard number 232)

전화망이나 아날로그 전용회선에 DTE를 접속할 때의 규정이다. 미국 전자공업협회(EIA : Electronics Industries Association)에 의해 1962년에 제안되어 1969년에 3차 개정이 발표되었다.

RS232C는 DTE장치를 음성급 모뎀에 접속하는데 사용한다. 또한 각종 입출력 기기를 접속하는데 사용된다.

20Kbaud 이하의 속도로 15m이내에서 직렬로 자료를 전송한다. 데이터를 직렬전송방식으로 전송할 때 통신회선에서 사용하는 전기적인 신호의 특성과 연결장치의 형상 등 물리적인 규격을 정하고 있다.

RS232C에 대한 기계적 명세가 그림 5에 나타나 있다. 이것은 25핀 커넥터(connector)로서 이론적으로는 25개의 선이 DTE와 DCE를 연결하는데 사용되지만 실제로는 훨씬 적은 수의 선이 사용된다.

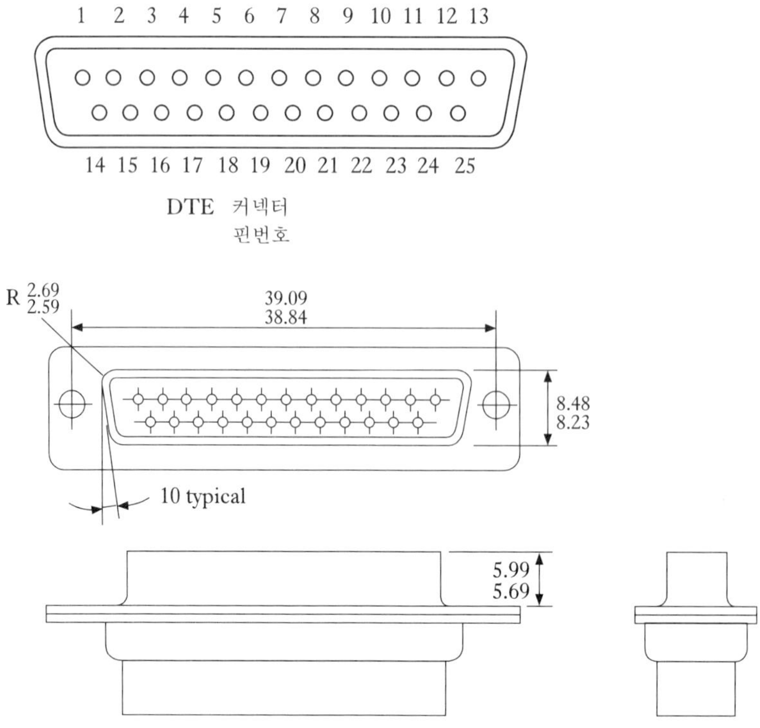

그림 5 RS232C 커넥터

전기적인 특성은 DTE와 DCE간의 신호법(signalling)을 나타낸다. 공동접지를 기준으로 -3V이하이면 디지털신호 '1'로 보고 +3V이상이면 '0'으로 해석한다.

인터페이스는 신호전송률이 20Kbps보다 작고 거리가 15m이내에서 사용 된다. 설계에 따라 거리와 데이터 전송률을 증가시킬 수 있으나 이 정도의 양이 가장 적당하다.

각 방향마다 하나씩의 데이터 회선이 있어 전이중 동작이 가능하다. 한 개의 접지선이 보호용으로 사용되고 다른 한 개는 복귀회선으로 데이터 회선을 위해 사용한다. 따라서 하나의 도선에서만 전송이 이루어지는 불균형전송이 된다. 타이밍신호는 동기식 전송을 위해 클럭 펄스를 제공한다.

RS232C는 PC뒷면에 부착되어 있는 RS232C 통신용 9핀 커넥터를 이용하는 통신을 의미한다, 하지만 요즘에는 일상생활에서 RS232 통신장치를 거의 사용하지 않으므로 RS232C 통신을 지원하지 않는 PC가 주류를 이룬다. 하지만 산업용 장비에서는 아직 많은 영역에서 사용되고 있다.

거의 대부분의 PC의 시리얼포트는 RS232C의 서브세트(9핀)가 표준장비로 되어 있다. 풀 규격은 25핀의 'D' 형태 커넥터로 이 중 22핀을 통신에 사용한다. 그러나 보통의 PC 통신에서는 이들 대부분의 핀은 사용되지 않는다. 대부분의 최신 PC에는 통상 수컷(male)의 9핀 ' D' 타입 커넥터가 장착되어 있다.

2) X계열 인터페이스

데이터통신망에 DTE를 접속할 때의 규정으로 이때의 DCE는 DSU(digital subscriber unit)가 된다. ITU-T X계열의 대표적인 인테페이스로는 X.21과 X.25가 있으며 X.21은 ISDN 데이터 회선교환망에서의 인테페이스이고, X.25는 데이터 패킷교환망에서의 인터페이스이다.

패킷교환망의 경우에는 접속된 장치들은 데이터를 적합한 패킷의 형태로 변환하여 전송하게 된다. 이와 같은 절차는 망과 단말장치 사이에서 이루어지는데 이와 같은 상호작용을 위한 절차가 접속면 표준으로 규정되어 있으며, 가장 일반적으로 사용되는 표준이 바로 X.25이다.

X.25의 기능은 OSI 7계층 모델 중 물리계층, 데이터링크 계층, 네트워크 계층까지를 규정한다. X.25에서 사용되는 프레임을 대폭 간소화하여 성능을 향상시킨 서비스를 프레임 릴레이(Frame Relay)라고 한다.

3 통신 프로토콜

1. 프로토콜의 정의

프로토콜(protocol)의 사전적 의미는 외교관계의 예절이나 국가 사이의 약속을 정한 의정서를 말한다. 일반적으로 데이터통신에서 컴퓨터 상호간 또는 컴퓨터와 단말기 간에 데이터를 송 · 수신하는데 필요한 약속 즉, 통신규약을 통신 프로토콜이라고 한다.

예를 들어, 전화통화의 경우를 생각해 보자. 쌍방의 전화기로 전화번호를 이용하여 전화망을 통해 접속한다. 다음 상대의 존재 여부를 확인하고 통화의 규칙에 따라서 통화한다. 통화 규칙이란 일방적으로 얘기해서는 안되고 사용 언어를 통일해야 되고 또 상대방의 이해 여부를 확인해야 한다. 이러한 절차를 전화에서는 사람이 하지만 데이터 통신에서는 기계와 기계 사이에서 신호 교환이 이루어지므로 엄격한 약속을 정하지 않으면 오차가 생겨 정확한 정보가 전달될 수 없다.

프로토콜은 컴퓨터와 컴퓨터간의 약속 뿐 만이 아니고 컴퓨터와 모뎀, 컴퓨터와 주변장치(프린터,카드리더) 등과의 약속, 하드웨어적인 커넥터 규약(컴퓨터와 모뎀을 접속하는 핀의 배열)등을 포함한다. 예를 들어, 컴퓨터와 프린터 간에는 Xon/Xoff 프로토콜이 있어서 프린터로부터 Xon이라고 하는 신호를 보내와야 컴퓨터에서 데이터를 프린터로 보낼 수 있다.

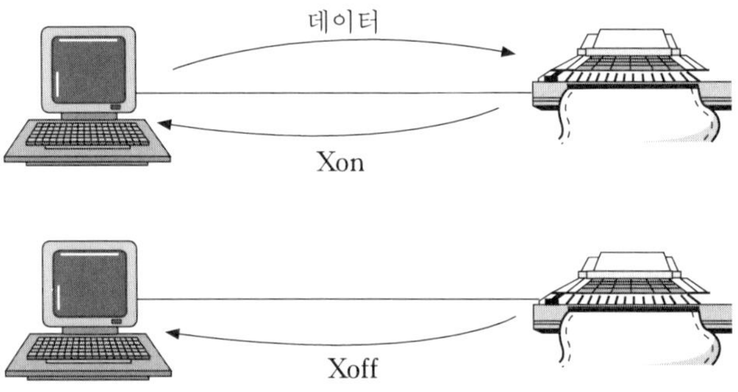

그림 6 Xon/Xoff 프로토콜

2. 프로토콜의 특성

컴퓨터네트워크에서는 서로 다른 시스템에 있는 엔티티(entity)들이 통신하는 것이다. 엔티티란 정보를 송수신할 수 있는 능력을 가진 실체를 의미한다. 엔티티는 사용자프로그램, 파일전송 패키지(file transfer package), 데이타베이스 관리 시스템, 전자우편설비(electronic mail facility) 등을 말하며 시스템은 컴퓨터, 터미널, 원격감지기 등이다. 일반적으로 엔티티란 정보를 보내거나 받을 수 있는 것이며 시스템은 하나 이상의 엔티티를 보유하는 물체이다.

2개의 엔티티가 성공적으로 통신하려면 서로 같은 언어로 말해야 한다. 무엇을 통신하고, 어떻게 통신하고, 언제 통신할 것인가는 관련된 엔티티들 사이에 정해진 규약에 따라야 하는데 이러한 규약이 프로토콜이다.

(1) 프로토콜의 구성 요소

프로토콜에는 전송하고자 하는 데이터의 일정 형식(구문)과 두 엔티티의 연결을 위한 여러 가지 기능(의미), 흐름제어를 위한 절차(타이밍) 등이 필요하다.

- 구문(syntax) : 데이터형식, 부호화, 신호레벨 등
- 의미(semantics) : 효과적이고 정확한 정보전송을 위한 두 엔티티의 협조 사항과 에러관리를 위한 제어정보
- 타이밍(timing) : 두 엔티티의 통신속도의 조정과 메시지의 순서 제어 등

(2) 프로토콜의 특성

프로토콜은 다음과 같은 특성을 갖는다.

○ 직접/간접

- 직접(direct) : 2 개의 엔티티 사이에 직접 정보를 교환
- 간접(indirect) : 교환망이나 다른 네트워크를 통해서 간접적으로 정보를 교환

○ 단일체/구조적

- 단일체(monolithic) : 엔티티 사이에 통신작업이 하나의 프로토콜로 처리
- 구조적(structured): 프로토콜 층을 이루는 구조

○ 대칭/비대칭

- 대칭(symmetric) : 상호 대응되는 엔티티 사이에 통신이 이루어 짐
- 비대칭(asymmetric) : 주로 주 스테이션만이 통신을 개시할 수 있는 권한이 부여 됨

○ 표준/비표준

- 표준(standard) : 컴퓨터 모델에 관계없이 프로토콜 공유
- 비표준(nonstandard): 특정한 통신 상황의 특정한 컴퓨터 모델에서 사용

4 컴퓨터 네트워크 아키텍쳐

아키텍쳐(architecture)는 본래 건축 양식을 뜻하는 용어이다. 건물에는 여러 가지 형태가 있어도 기초, 기둥, 벽 등의 몇 가지 공통된 요소가 있다. 예를 들어 조립식 건축에서는 건물이 몇 개의 부분으로 나누어져 있어서 이것을 조립하여 건물을 완성한다. 이런 분할방식을 사용하면 건물의 부분 규격화나 공장 생산이 가능하고 비교적 값싸고 품질 좋은 건물을 지을 수 있다. 이런 분할 규격화를 데이터 통신에 적용한 것이 네트워크 아키텍쳐이다.

컴퓨터가 널리 보급되고 데이터통신의 수요가 확대됨에 따라 네트워크의 형태도 복잡해지고 이용 방법도 고도화 되었으며, 더욱이 데이터통신 단말의 종류도 증가했다.

데이터통신 시스템에서 기능이 같거나 비슷한 것들을 하나로 묶는 통신 기능의 모듈(module)화가 실현되었고 모듈간의 상호작용을 적게 하는 것이 바람직하다. 이와 같이 서로 다른 모듈사이에 적용되는 규칙이나 절차를 최소화 하는데 바람직한 구조가 바로 계층형구조(layered or hierarchical architecture)이다. 전체 집합을 수직적 상하관계의 계층으로 분할하고 각 계층의 기능은 바로 아래 계층이 제공하는 서비스를 통해서 수행한다.

1. 컴퓨터 네트워크 아키텍쳐의 표준화

컴퓨터 네트워크 아키텍쳐란 컴퓨터 네트워크를 구성할 때의 통신프로토콜 및 컴퓨터 연결방식 등 세부적인 사항에 관한 규정을 말한다. 최초의 컴퓨터 네트워크 아키텍쳐는 1974년 IBM의 SNA(System Network Architecture)와 1975년의 DEC의 DNA(Digital Network Architecture)이다. 이렇게 세계 각국의 컴퓨터 및 통신회사에서 자사제품에

독자적인 컴퓨터 네트워크 아키텍쳐을 사용하였다. 따라서 같은 회사 제품 간에만 네트워크가 가능하고 다른 회사 제품은 사용할 수가 없었다. 그래서 제조원이 다른 제품 간에 호환성이 요구되었고 표준 컴퓨터 네트워크 아키텍쳐의 필요성이 대두되어 1977년 국제표준화기구 ISO와 ITU-T(International Telecommunication Union - Telecommunication) 에서 OSI(Open Systems Interconnection : 개방형 시스템 상호 접속) 기준모델을 제안했다.

표 1 ISO와 ITU-T의 비교

항목 \ 기구	ISO	ITU-T
명칭	국제표준화기구	국제전기통신연합
조직의 성격	민간단체	국제연합산하기구
참가자격	국가를 대표하는 표준 기관	정부
대상	공기업제품전반(전기일반은 제외)	통신관련
제정에 요하는 시일	5~10년	1~4년
설립연도	1947년	1865년

OSI 는 네트워크 아키텍쳐의 국제헌장이라고 할 수 있는 것으로 제조업자가 기종이 다른 컴퓨터나 단말을 서로 접속하여 응용프로그램 사이에 통신을 원할하게 하고 여러 가지 업무를 처리하기 위한 표준적인 규칙을 제공한다. 이 표준화에 따라 시스템과 네트워크가 자유롭게 접속되고 그 결과로 정보통신 분야에서 자유로운 경쟁이 유지되고 있으며 세계적인 규모로 네트워크화가 진행되었다.

2. OSI 기준모델

OSI에서 사용되는 구조기법은 계층형구조(layered architecture) 기법인데 이 기법에서는 통신기능을 수직적인 층으로 나누어 각 층마다 다른 시스템과 통신하는데 필요한 기능들을 수행하도록 하며 각 층은 바로 아래의 층의 원시적인 기능을 그대로 받아 사용한다. 즉, 각 층은 바로 위의 층에 서비스를 제공한다. 각 층은 다른 층에 변화가 생기더라도 영향을 전혀 받지 않는다.

ISO에서는 층을 정의하고 각 층의 기능을 정의할 때 각 층이 충분히 작아서 관리가 쉽도록 하며 또한 층의 수를 너무 많이 하면 오버헤드가 커지므로 7개의 계층구조를 만들었다. 두 시스템 간에 통신이 이루어지기 위해서는 두 시스템의 층구조와 그 기능이 같아야 하고, 두 시스템의 같은 층에서 대응되는 엔티티끼리 프로토콜을 통하여 통신이 이루어진다.

그림 7은 OSI의 모델을 나타낸다.

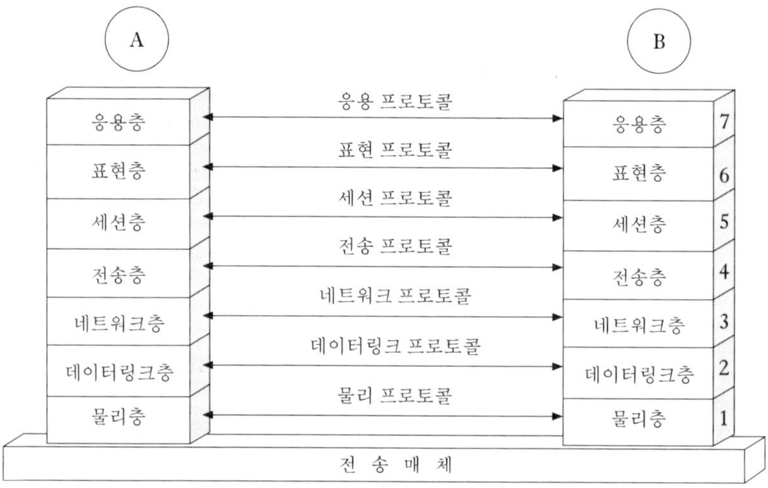

그림 7 OSI모델

각 시스템은 7개 층으로 구성되어 있고 통신은 응용A, 응용B로 표시된 응용프로그램 사이에서 이루어진다. 만일 응용A에서 응용B로 메시지를 보내려면 A응용층에 요구한다. 그러면 계층7은 계층7 프로토콜을 사용하여 상대 시스템의 계층7과 대응되는 관계를 가지게 된다. 이 프로토콜은 계층6의 서비스를 필요로 하게 되고 계층6은 계층6의 프로토콜을 사용하며 이 프로토콜은 아래층인 계층5의 서비스를 필요로 하게 되고 계층5는 계층5의 프로토콜을 사용하며, 이와 같이 하여 계층1에서는 전송매체를 통하여 실제로 비트를 내보낸다.

그런데 계층1 이외에는 대응되는 층간에 실제적인 통신이 없다. 즉, 각 프로토콜은 데이터를 하위층으로 보내는 일을 하면서 상대의 대응되는 엔티티에 전달될 수 있도록 한다. 계층1 조차도 두 시스템 간에 직접 연결이 되지 않는 경우가 있는데 통신링크로 패킷 교환망 또는 회선교환망을 사용하는 경우이다.

OSI모델을 사용하면 기종이 다른 컴퓨터 간에도 통신이 가능하다. 즉, 두 시스템은 다음의 조건을 만족하면 통신이 가능하다.

- 같은 통신 기능을 구현한다.
- 대응되는 층은 같은 기능을 제공해야 한다. 그러나 똑같은 방법으로 제공할 필요는 없다.
- 대응하는 층은 같은 프로토콜을 공유한다.

이와 같이 OSI로 정의한 프로토콜에 따라 서로 통신할 수 있는 시스템을 개방형시스템이라고 한다. 컴퓨터 A의 사용자 프로그램 데이터는 OSI환경으로 들어가고 응용층부터 순서대로 물리층으로 넘어가서 전송로로 송출된다. 이때 데이터는 HDLC절차에 의하여 전송된다. 이 데이터는 데이터 교환망을 지나서 수신처 컴퓨터 B에 도착한다. 여기서 데이터는 물리층에서부터 응용층까지 전달되고 응용프로세스B를 진행한다.

(1) OSI기준모델 계층

OSI 기준모델에서는 전송로에 가까운 하위층부터 이용자의 응용프로그램에 이르는 상위층까지 시스템이 갖는 통신기능을 7계층으로 나누고 프로토콜과 인터페이스를 정의한다.

이러한 데이터흐름이 원활하고 정확하기 위해서 개방형시스템의 동일층 사이에서 프로토콜을 실행한다. 예를 들어 개방형시스템A 와 B의 세션층 사이에는 세션프로토콜이 정해져 있다.

OSI 기준모델은 기능에 따라서 7계층으로 나뉜다. 각 계층은 고유의 프로토콜을 갖고 상위층은 하위층으로부터 서비스를 제공 받으며 하위층은 상위층으로부터 서비스 수익을 받는다. 상대방 동일 계층간에는 동일 프로토콜로 통신을 수행한다.

1) 물리층(physical layer)

- 장치간의 물리적인 접속과 비트 정보를 다른 시스템으로 전송하는데 필요한 규칙을 정의
- 비트 단위의 정보를 장치들 사이의 전송 매체로 전자기적 신호나 광신호로 전달하는 역할수행
- 기계적, 전기적, 기능적, 절차적 특성을 가진다.

2) 데이터링크층(datalink layer)

- 물리적 링크를 통하여 신뢰성 있는 정보를 전송할 수 있게 하는 기능
- 링크의 에러제어
- 동기화
- 데이터의 흐름제어
- 패킷에 헤더와 꼬리를 추가하여 프레임 생성
- 대표적 프로토콜 : HDLC

3) 네트워크층(network layer)

- 상위의 층에게 시스템을 연결하는데 필요한 데이터 전송과 교환기능을 제공
- 연결을 성립, 관리, 해제하는 역할

4) 전송층(transport layer)

- 상위계층에서 확립된 응용프로그램간의 논리적 연결과 데이터 전송을 직접 담당하는 하위 계층을 연결하는 가교 역할 수행
- 종단간에 신뢰성 있고 투명한 데이터 전송- 종단간의 흐름제어, 에러복구

5) 세션층(session layer)

- 응용 프로그램 간의 논리적 연결을 확립. 관리, 해제
- 사용자 지향적인 연결서비스를 제공

• 전송계층은 통신 당사자 사이에 연결을 생성ㆍ유지하는 책임이 있지만, 세션계층은 기본적인 연결 서비스에 부가가치를 덧붙임으로써 사용자 접속 장치를 제공

6) 표현층(presentation layer)

• 응용 엔티티 간에 사용되는 구문을 정의하고, 사용되는 표현을 선택하거나 교정하는 역할

• 보안을 위한 암호화와 해독, 효율적인 전송을 위한 데이터 압축 등의 기능을 수행

7) 응용층(application layer)

• 네트워크를 통한 응용 프로그램 간의 정보 교환을 담당

• 사용자가 직접 접하는 응용 프로그램을 의미

OSI 모형의 이해를 위하여 서울에 있는 어느 초등학교 어린이들과 전남 목포의 어느 초등학교 어린이들과의 편지 교환을 예로 들어 두 학교 어린이들 사이의 의사소통이 이루어지는 과정을 살펴보면 다음과 같다.

서울에 있는 어느 초등학교의 선생님은 어린이들이 쓴 편지를 모아서 그것을 큰 봉투에 넣어서 봉한다. 이 큰 봉투를 우체국으로 가져가서 부친다. 우체국에서는 우편물을 행낭에 넣고 이것을 화물 열차에 실어 전남 목포로 보낸다. 목포 우체국에서는 이 큰 봉투를 목포의 어느 초등학교로 배달하고 선생님은 안의 봉투를 꺼내어 어린이들에게 나눠준다.

이러한 편지교환 과정을 OSI 7계층에 대응시키면 그림 8과 같다.

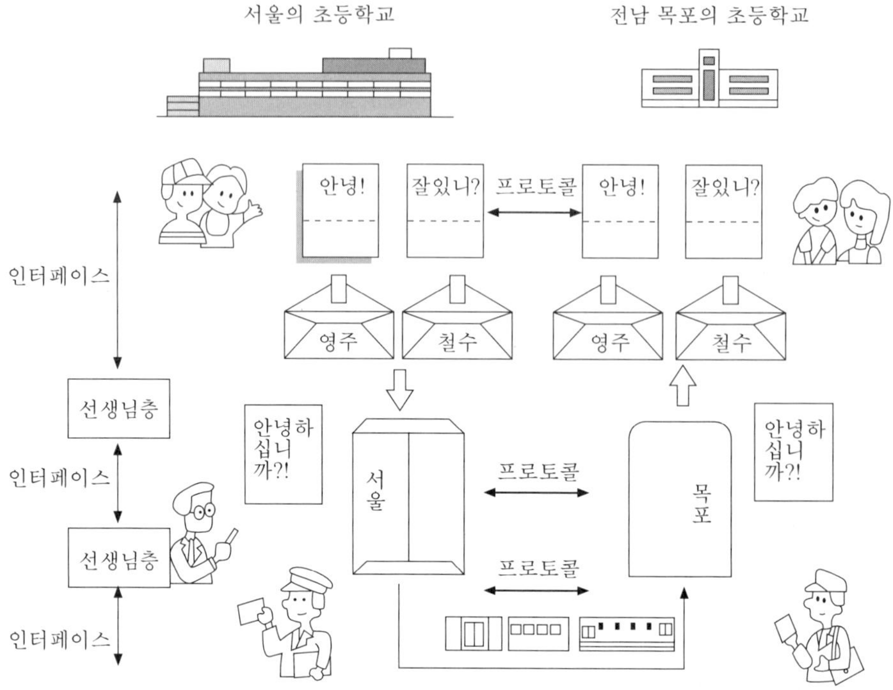

대응하는 OSI층		대응하는 OSI층
응용층	← 어린이 사이의 왕래 →	응용층
표현층	← 서울과 목포의 사투리 통역 →	표현층
세션층	← 선생님에 의한 어린이 편지 수집·분배 →	세션층
전송층	← 선생님간의 의사 소통 →	전송층
네트워크층	← 우체국에 의한 우편 서비스 →	네트워크층
데이타링크층	← 철도로 우편 서비스 →	데이타링크층
물리층	← 철도 레일, 우편 열차 등의 규격 →	물리층

그림 8 초등학교 어린이들의 편지교환과 OSI모델의 대응

5 LAN

빌딩, 학교, 병원 등과 같이 제한된 지역 내에서 컴퓨터, PC, 워크스테이션, 프린터 및 기타 주변기기들을 연결하여 고속의 통신채널을 제공하는 네트워크를 근거리통신망(LAN : Local Area Network)이라고 한다. 하나의 전송매체에 여러 개의 단말이 접속되어 임의의 단말이 임의의 시간에 다른 단말에 정보를 전송한다. 공중통신망에서는 중심에 교환기가 있어 모든 단말의 접속을 제어하지만 LAN은 규모가 작고 경제적으로 구성이 가능하여 교환기를 설치하지 않아도 단말이 자기 자신의 판단으로 전송매체에 접속한다.

LAN은 보통 패킷통신망이고 값싼 전송매체를 이용하여 광대역통신을 수행한다. 보통 LAN의 적용구역은 0.1~10Km정도이고 전송속도는 0.1~100Mbps이다.

LAN의 장점은 다음과 같다.

- 프린터 등의 주변기기와 소프트웨어를 공유할 수 있다.
- 분산처리가 가능하므로 전체시스템의 성능 향상을 가져온다.
- 시스템 확장이 용이하다.
- 데이터의 통일된 관리가 가능하다.

1. LAN의 종류

LAN은 크게 유선 LAN과 무선 LAN으로 구분할 수 있다. 유선 LAN은 1Mbps~16Mbps정도의 속도를 가진 일반 LAN과 100Mbps급 이상의 고속 LAN으로 나눌 수 있다. 유선 LAN은 네트워크 형상, 액세스 방식, 전송매체에 따라서 분류할 수 있다.

(1) 네트워크 형상에 의한 분류

1) 스타형(star type)

LAN의 초기형으로 중앙의 컴퓨터가 모든 단말을 제어하므로 중앙컴퓨터가 고장이면 네트워크 전체가 영향을 받는다. 따라서 중앙 설비를 2중으로 할 필요가 있다.

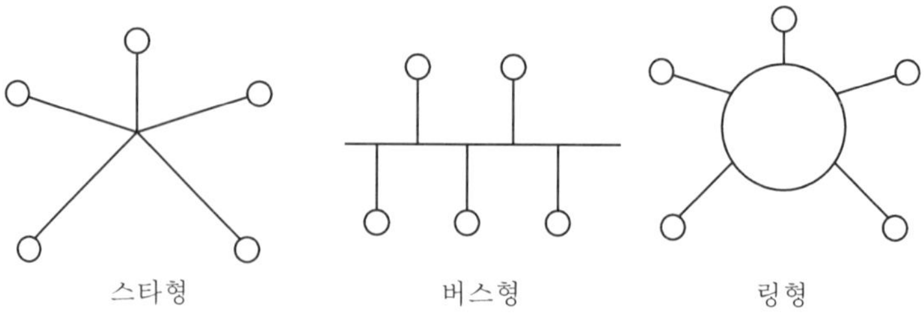

그림 9 LAN 의 종류

2) 링형(ring type, loop type)

링형은 각 노드를 서로 직렬로 접속하여 고리 모양의 네트워크로 만들고 컴퓨터와 단말장치를 노드에 접속함으로써 임의의 상대방과 통신할 수 있다. 링형에서는 한 방향으로만 정보가 전달되는 단방향링(unidirectional ring) 과 양방향으로 정보를 전달할 수 있는 양방향링(bidirectional ring)이 있고 양방향링은 노드에 이상이 생겼을 경우에 다른 방향으로 돌아서 정보를 전달함으로써 노드 사이의 정보 전달에는 영향을 미치지 않도록 되어 있다.

대부분의 링형 네트워크에서는 패킷교환과 관리를 각 노드에서 담당하는데, 이러한 관리를 특별한 제어 노드가 담당하는 수도 있다. 이를 루프(loop) 라고 한다.

링형은 소규모 네트워크에 많이 사용되며 단말사이의 고속 통신을 실현할 수 있다. 또 링형은 전송 중에 각 노드에서 재생 과정을 거치므로 전송 에러가 줄어든다. 탭을 통하여 케이블에 접속되어 있는 버스형에 비해 유지 및 보수가 용이하다.

① 링형의 구조와 동작

링형은 많은 리피터(repeater)로 구성되어 있다. 이 리피터는 한방향의 링크를 통해서 다른 리피터와 연결되며 전체적으로 하나의 링구조를 갖는다.

링형의 동작은 3가지로 구분할 수 있는데 즉, 데이터의 삽입, 데이터의 수신, 그리고 데이터의 제거이다. 이 기능은 리피터에서 수행되는데 리피터는 능동적으로 동작하기도 하고 단순히 장치를 연결하는 수동적인 역할을 하기도 한다. 데이터는 패킷의 형태로 전송되는데 각 패킷마다 목적지의 주소를 가지고 있다. 패킷이 리피터를 통과할 때 리피터는 이 패킷의 주소를 복사하며 연결된 종단의 주소와 같을 때는 데이터를 복사한다.

리피터는 데이터 삽입과 데이터 수신의 기능을 할 때 버스구조에서 탭(tap)과 같이 단순히 종단의 연결점 역할을 한다. 그러나 데이터를 제거할 때는 버스에서 양끝의 종단기(terminator)에서 제거되는 것과는 달리 링형에서는 원의 형태이므로 제거시키지 않으면 없어지지 않는다. 패킷을 제거하는 방법은 목적지의 리피터에서 제거하는 방법과 전송한 리피터에서 제거하는 방법이 있으나 후자의 경우가 주로 사용된다.

링형은 몇 가지 문제점을 가지고 있다. 첫째, 한 링크가 파괴되거나 리피터에 문제가 발생하면 전체 네트워크의 기능이 마비되며 둘째, 타이밍지터(timing jitter)에 대한 주의가 필요하고 셋째, 링은 폐쇄된 원이기 때문에 패킷을 제거하는 시스템이 필요하고 에러가 있을 경우를 대비해서 회복시키는 시스템이 필요하다.

② 버스와 링형의 비교

많은 장치를 연결하고 큰 용량이 필요한 시스템은 버스구조가 적당하고, 그렇지 않은 경우에는 링형을 사용한다.

링형의 가장 큰 장점은 점대점(point-to-point) 전송으로 각 노드에서 신호가 재생되므로 전송 에러가 적고 버스보다 먼 거리에 사용할 수 있다. 또, 데이터 전송률이 크고 EMI(ElectroMagnetic Interference:전자기방해잡음) 특징을 갖는 광섬유의 사용을 도모할 수 있고 점대점 회선의 구성 및 유지가 멀티포인트 회선의 경우보다 간단하다.

3) 버스형(bus type)

버스형은 모든 노드들이 탭을 통하여 버스라고 하는 하나의 모선에 연결되어 있는 구조를 이룬다. 어떤 노드에서 송신하고자 하는 패킷이 있으면 이것은 버스에 보내지고 모든 노드로 전달된다. 각 노드에서는 패킷의 수신측 주소를 확인하여 자기 주소와 맞으면 받아들인다.

버스형의 장점은 다음과 같다.

- 노드에 고장이 발생하여도 전체 시스템은 여전히 동작한다.

• 네트워크구축 및 확장이 용이하다.

또한, 단점으로는 트래픽이 많아 버스의 혼잡도가 높아지면 충돌의 가능성이 높아지므로 재전송이 빈번해지고 따라서 단말에서 송신 대기 상태가 발생하여 통신이 늦어진다.

2. LAN의 전송매체

유선 LAN에서 사용되는 전송매체로는 연선쌍(twisted pair), 동축케이블(coaxial cable), 광섬유(optical fiber) 등이 있다.

(1) 연선쌍

버스형의 네트워크를 구성하는 경우 단말의 접속이 간단하고 1.5Mbps정도까지 전송이 가능하다.

(2) 동축케이블

동축케이블은 대역폭이 넓고 비교적 가격이 싸기 때문에 가장 많이 사용되고 있다. LAN에서는 동축케이블의 장점을 이용하여 기저대역전송을 주로 한다. 기저대역전송은 변조가 필요 없으므로 트랜시버(tranceiver)의 비용이 적게 든다. 기저대역 동축케이블에서는 1~2Km의 거리에 10Mbps정도의 전송이 가능하다. 또한 LAN에 쓰이는 광대역 동축케이블을 이용하면 150Mbps정도까지의 전송이 가능하다. 이 경우는 변조를 하기 때문에 음성이나 데이터 외에 동영상까지를 동시에 전송할 수 있다.

(3) 광섬유

광섬유는 광대역, 저손실이고 잡음에 강하다는 특징이 있다. 잡음에 강하다는 이점을 살려 공장에서 자동제어 시스템의 통신매체로서 사용되었고 현재는 화상처리나 동영상통신에 사용되고 있다. 또 광섬유의 저손실성은 LAN의 물리적 확장을 증대시키고 더 나아가 적용영역을 확대시킬 것이다.

3. LAN의 액세스 방식

LAN은 다수의 단말이 하나의 케이블에 연결되어 공용하는 구조를 가진다. 2개 이상의 단말이 동시에 데이터를 보내려고 한다면 서로 혼신 되기 때문에 단말이 데이터를 송신할 수 있는 제어 방법이 필요한데 이것을 액세스(access)라 하며 이에는 몇 가지 방법이 있다.

(1) 토큰링 액세스(token ring access) 방식

그림 10에서 종단A에서 종단C로 데이터를 보낸다고 하면 자유 토큰(free token)이 돌고 있다가 종단 A에서 송신측 주소와 수신측 주소가 부착된 데이터를 받아서 종단C로 간다. 이렇게 데이터가 더해진 토큰을 비지토큰(busy token)이라고 한다. 비지토큰은 계속 진행하여 종단 C를 지날 때 종단C에서는 데이터를 복사하고 '복사끝' 이라고 하는 마크를 데이터 끝에 부착한다. 비지토큰(busy token)은 계속 돌아 종단A를 지날 때 종단A에서 데이터를 받아들여 제거하고 비지 토큰은 자유 토큰이 되어 링을 계속 돌게 된다.

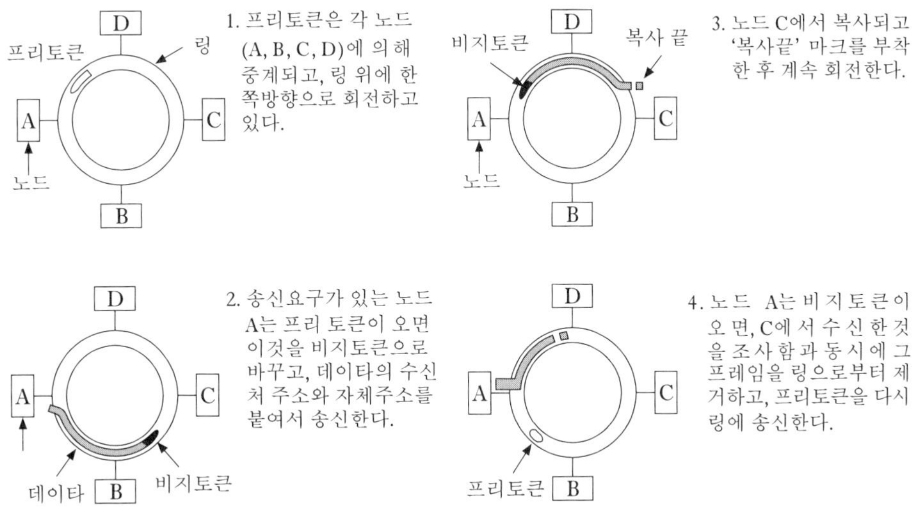

그림 10 토큰링 액세스 방식의 동작

(2) CSMA/CD(Carrier Sense Multiple Access with Collision Detection)

데이터(패킷)를 보내려고 하는 단말은 전송로에 캐리어(다른 단말이 보낸 데이터)가 흐르고 있는지를 감시하고 캐리어가 검출되면 다른 단말이 데이터를 보내고 있는 것으로 판단하여 데이터 송출을 잠시 기다린다. 캐리어가 검출되지 않으면 전송로는 비어있는 것으로 판단하여 데이터를 송출한다. 송출된 데이터 신호는 공중전파 방송형태로 전송로(버스) 좌우 양방향으로 전파한다. 그러면 각 단말은 데이터의 수신측 주소를 확인하여 일치하면 받아 들인다. 그러나 데이터를 보낸 후 아직 데이터 신호가 전송로 속을 전파하고 있는 중에 다른 단말이 데이터를 송출하면 데이터 신호가 충돌해 버린다. 그래서 단말은 데이터 송출 후에도 충돌 유무를 감시하고 충돌이 검출되면 일정한 시간이 지난 후에 데이터를 재전송 한다. 이러한 재전송은 16회(최초의 1회 + 재시행 15회)로 제한된다.

요약하면 다음과 같다.

1. 매체가 사용 중이 아니면 전송하고 그렇지 않으면 2단계로 넘어간다.
2. 매체가 사용 중이면 채널의 사용이 끝날 때까지 조사한 후 사용이 끝나면 즉시 전송한다.
3. 전송하는 도중에 충돌이 일어난 것을 감지하면 짧은 신호를 보내서 모든 종단에 충돌이 일어난 것을 알린다.
4. 충돌신호를 보낸 다음 임의의 시간을 기다린 다음 재전송 시도를 한다.

CSMA/CD방식의 특징은 다음과 같다.

1. 채널로 송출된 패킷은 모든 노드의 콘트롤러에서 수신 가능하다(일제 동보)
2. 각 콘트롤러는 액세스 제어에 관하여 캐리어 감지와 충돌 검출 이외의 정보를 필요로 하지 않는다.(독립)
3. 콘트롤러가 상위 계층으로부터 패킷을 받고 나서 전송을 완료할 때까지의 시간은 확률적으로 변화한다.(확률적)
4. 위 3. 의 분포는 네트워크 전체의 혼잡도에 따라 변화한다.(동적)
5. 모든 콘트롤러는 대등한 액세스 권리를 갖는다.(평등)

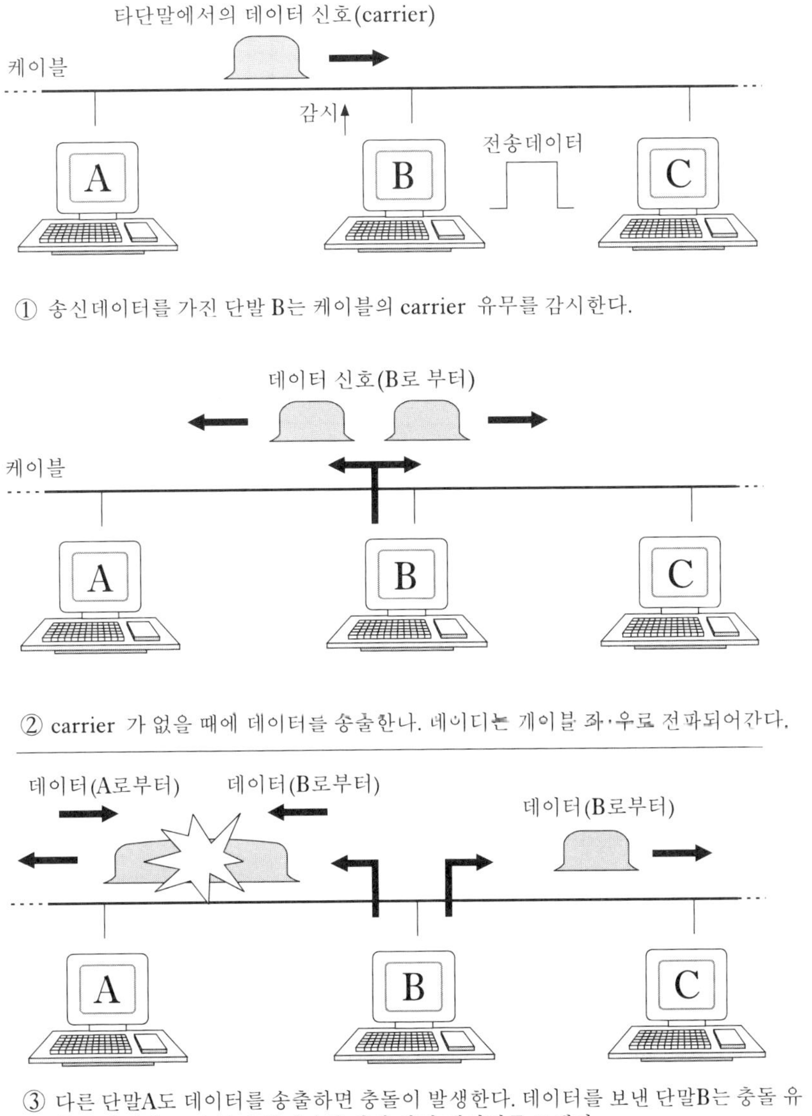

① 송신데이터를 가진 단말 B는 케이블의 carrier 유무를 감시한다.

② carrier 가 없을 때에 데이터를 송출한다. 데이터는 케이블 좌·우로 전파되어간다.

③ 다른 단말A도 데이터를 송출하면 충돌이 발생한다. 데이터를 보낸 단말B는 충돌 유무를 감시하고, 충돌이 일어나면 다시 한번 데이터를 보낸다.

그림 11 CSMA/CD방식

(3) 토큰버스

토큰버스 방식에서는 버스구조의 종단이 논리적인 링구조을 구성하게 되며 따라서 논리적인 순서가 정해지게 된다. 각 종단은 자기 바로 앞뒤의 종단을 알고 그 순서를 따른다.

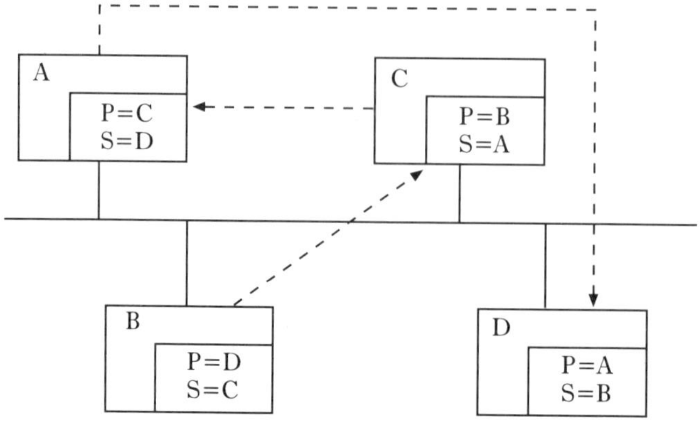

그림 12 토큰버스

토큰이라고 하는 제어패킷이 이 논리적인 링 구조를 따라 돌게 되는데 이 토큰을 소유하게 되는 종단은 특정시간 동안 매체를 제어하게 된다. 즉, 그 종단은 하나 이상의 패킷을 송신할 수도 있고 다른 종단에 폴(poll)신호를 보내고 응답을 받을 수도 있다. 그 종단의 작업이 끝나거나 시간이 경과되면 토큰은 논리적으로 다음 순서의 종단에 전달된다. 토큰을 전달받은 종단은 이제 매체를 제어하게 된다.

토큰버스의 장점은 다음과 같다.

- 여러 가지 방법으로 통신량을 조절하는 것이 가능하다. 여러 개의 우선순위 등급이 사용될 수 있고 종단들은 각기 다른 시간동안 토큰을 보유할 수 있다. 이런 종류의 구별은 CSMA/CD에서는 수행되기 어렵다.
- CSMA/CD와는 달리 토큰버스에서는 최소 패킷길이의 제한이 없다.
- CSMA/CD시스템에서는 말하기와 청취(listening)가 동시에 수행될 때 물리적, 전기적 제약이 필요하지만 토큰버스 시스템에서는 말하기와 청취가 동시에 수행되는 경우가 없기 때문에 이러한 제약이 필요치 않다.
- 부하가 큰 경우에 토큰버스가 CSMA/CD보다 우수한 성능을 보인다.

한편, 토큰버스의 단점은

- 복잡하다는 점이다. 각 종단은 CSMA/CD에서 필요한 것보다도 훨씬 복잡한 논리를 갖고 있다.
- 오버헤드(overhead)가 발생한다는 점이다. 즉, 전송을 원하는 종단이 자기 하나 밖에 없을지라도 토큰이 여러 종단을 거쳐 차례로 자신에게 도착할 때까지 기다려야 한다는 점이다.

4. 고속랜

고속랜으로 FDDI(Fiber Distributed Data Interface)와 DQDB (Distributed - Queue Dual Bus)가 있다. FDDI는 100Mbps의 전송속도를 제공하는 2개의 링으로 구성되어 있으며 토큰링알고리즘을 사용하지만 IEEE802 표준과 몇 가지 다른 점이 있다. IEEE 토큰링에서는 자신이 전송한 프레임이 되돌아온 후에야 새로운 토큰을 송신하는데 반해 FDDI에서는 각 종단이 프레임을 전송한 다음 즉시 토큰을 전송한다. 이런 점에서 보면 FDDI가 규모가 큰 링에서 더 효율적이다.

또 통신용량 배당에 관련된 것인데 FDDI는 넓은 범위의 고속 전송의 요구에 대해서도 효율적이고 유연하게 대처할 수 있도록 설계 되어 있다.

DQDB는 IEEE802.6에서 규정한 MAN 표준의 일부분이며 이중버스 구성으로 되어 있다.

문 제 QUESTION

1. 컴퓨터네트워크의 정의를 설명하시오.
2. 최초의 컴퓨터네트워크에 대해서 설명하시오.
3. DTE,DCE에 대해서 설명하시오.
4. X.25에 대해서 설명하시오.
5. 프로토콜의 정의를 설명하시오.
6. 프로토콜의 구성요소에 대해서 설명하시오.
7. 컴퓨터네트워크 아키텍쳐에 대해서 설명하시오.
8. OSI모델의 각층의 역할에 대해서 설명하시오.
9. LAN의 정의를 설명하시오.
10. 링형의 장점과 단점을 설명하시오.
11. 버스형의 장 · 단점을 설명하시오.
12. CSMA/CD의 동작원리를 설명하시오.
13. FDDI에 대해서 설명하시오.

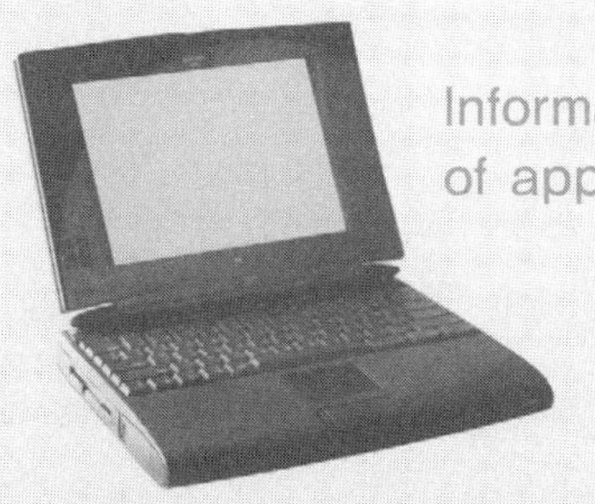

Information & Communication
of appreciation

5

CHAPTER

위성통신

1 개요

1957년 10월 소련은 최초의 인공위성 Sputnik 를 발사하여 텔리메트리(telemetry) 정보를 전송하였으며 그 뒤를 이어 미국도 1958년 초 Explorer-1을 발사하여 텔리메트리 정보의 전송에 성공하였다. 1958년말에는 미국에서 Score 위성을 발사하여 위성에 탑재된 테이프로서 미국 아이젠하워 대통령의 성탄절 메시지 테이프 기록을 방송하였고, 1960년 이후 미국을 중심으로 통신위성 개발이 활발히 전개되었다. 즉, 1960년 세계 최초로 음성 및 TV신호를 중계한 수동형 위성인 Echo, 1962년 세계최초의 4/6GHz대 동시 송수신 위성인 Telstar, 1963년 세계최초의 정지궤도 위성인 Syncom, 1965년 국제간 첫 상용위성인 INTELSAT I(Early Bird)이 차례로 개발 · 실용화 되었다.

1970년대 초반에는 통신위성 기술의 발달로 국제 상용위성이 대용량, 대형화되고 상대적으로 가격이 저렴화됨으로써 미국, 캐나다, 소련 등은 국내통신에서 위성통신방식이 본격적으로 이용되기 시작하였다.

1970년대 후반에는 국제해사위성기구(INMARSAT)가 등장하였으며 개발도상국에서도 위성통신의 필요성을 절감하게 되어 인도네시아가 중심이 되어 지역통신위성

(PALAPA)을 발사하기에 이르렀다.

위성은 궤도 배치상황에 따라 정지궤도위성과 비정지 궤도위성, 업무에 따라 통신위성과 방송위성으로 나눌 수 있다. 정지궤도위성은 INTELSAT, INMARSAT, 무궁화위성 등이고 비정지궤도위성은 이동통신용 위성, GPS위성, 우리별이나 아리랑 같은 과학위성, 실용위성 등이다.

통신위성(CS:Communication Satellite)과 방송위성(BS:Broadcasting Satellite)은 정지위성이 지상으로부터 전파를 받아 트랜스폰더(위성의 중계기)에서 증폭시킨 후 서비스 지역을 향하여 전파를 발사한다는 점에서 같다. 다만, 방송위성은 지상의 수신장치가 일반가정의 소형안테나이므로 위성의 송신전력이 100W이상으로 높고 통신위성은 송신전력이 20~40W정도로 낮다.

지상통신에 비해서 위성통신의 장점은 다음과 같다.

1. 광역성

정지위성의 경우 하나의 위성이 커버할 수 있는 영역은 최대 지구의 1/3 이 될 만큼 통신할 수 있는 범위가 넓다.

2. 고속 · 대용량

위성의 트랜스폰더(위성탑재용 중계기)의 주파수 대역이 27~72MHz이므로 고속 전송이 가능하고, 많은 양의 정보를 전송할 수 있다.

3. 내재해성

지진, 화재, 홍수 등 지상의 재해시 지상의 통신회선이 끊어진 경우에도 이동형 지구국을 이용하여 신속하게 위성회선을 설정해서 통신할 수 있다.

4. 전송비용은 거리에 관계없다.

하나의 위성이 커버할 수 있는 범위 내에서는 지상의 거리에 관계없이 전송비용이 일정하기 때문에 장거리 전송에 경제적이다.

5. 동보성

같은 내용을 여러 지역에 동시에 전송할 수 있다.

6. 이동성

지구국을 이동시키면 어디서도 자유롭고 신속하게 회선을 설정할 수 있다.

한편, 단점은 다음과 같다.

1. 전파지연

정지위성의 경우 지구에서 위성을 거쳐 지구로 되돌아오는 거리는 72,000Km로서 전파의 전파시간(propagation time) 만 0.24초 걸린다.

2. 암호화 필요

위성이 커버하는 지역 내에서는 누구나 수신이 가능하므로 비밀유지를 위해서는 암호화가 필요하다.

2 통신 위성의 종류

위성은 궤도 배치 상황에 따라 정지궤도위성과 비정지 궤도위성으로 구분된다. 정지궤도위성은 적도상공 약 36,000Km에 쏘아 올려져 지구자전과 같은 방향으로 24시간에 지구를 한 바퀴 회전하므로 지구에서 보면 마치 정지해 있는 것처럼 보인다. 정지궤도위성은 하나의 위성이 지구 표면의 1/3을 커버할 수 있기 때문에 3개의 위성을 정지 궤도(Geostationary Satellite Orbit, GSO)상에 120° 간격으로 배치하면 극 지역을 제외한 지구 전체를 커버할 수 있다.

비정지궤도위성은 위성의 고도가 1000Km~20000km로 정지궤도위성보다 낮다(저궤도 위성). 여러 개의 궤도를 가지며 하나의 궤도에 여러 개의 위성이 놓인다. 주로 이동통신에 사용된다.

1. 정지궤도 위성

(1) INTELSAT

1964년에 발족된 국제 전기통신 위성기구(International Telecommunication Satellite Organization)의 명칭인 동시에 위성체의 명이다.

1965년 최초의 상용 통신위성인 INTELSAT I (Early Bird)를 시작으로 지금까지 수십기의 위성을 쏘아 올렸다.

INTELSAT은 국제 전화와 TV위성중계에 사용된다. 1980년대 초까지만 해도 주 수입원은 국제전화서비스였지만 1990년대 접어들면서 사설망 서비스, TV서비스 등으로 다양화 되었고, 1996년 6월 기준 가맹국수는 136개국에 이르고 있다.

INTELSAT시스템은 세계에서 가장 확장성이 뛰어나고 신뢰성이 높은 시스템으로 평가 받고 있다.

(2) INMARSAT

1979년에 발족된 국제 해사 위성기구(International Maritime Satellite Organization)로서 항해중인 선박과 육지 또는 선박간의 이동통신 서비스의 제공을 목적으로 1982년 처음 서비스 시작하였으나 현재는 선박뿐만 아니라 항공기 및 육상 이동체에 대해서도 서비스를 제공하고 있고, 더 나아가 범세계적인 개인 휴대 통신서비스를 제공하는 것을 목표로 하는 INMARSAT-P 시스템을 개발하였다.

해상위성통신서비스는 1976년 COMSAT에 의해 MARISAT위성을 이용하여 처음 시작 되었으며 1979년 INMARSAT이 설립되면서 1982년부터 MARISAT위성을 인수하여 서비스를 개시 하였다.

해상위성통신시스템은 주로 인공위성, 선박지구국, 해안지구국 및 통신망관리국으로 구성된다. 현재 INMARSAT시스템에서는 3대양의 적도 상에 발사한 4기의 정지위성을 이용하여 해상통신서비스를 제공하고 있다. 선박지구국과는 선박, 시추선 등에 설치한 지구국을 위성과 해안 지구국을 중계로 하여 지상의 가입자와 전화, 팩시밀리, 텔렉스, 데이터전송 및 조난, 긴급, 안전통신 등을 행한다.

우리나라는 1985년 44번째로 가입하였다.

INMARSAT 의 특징은 다음과 같다.

1. C밴드(4/6GHz)와 L밴드(1.5/1.6GHz)라는 10GHz이하의 주파수대를 이용함으로써 강우에 의한 신호 전력의 감쇠가 거의 없다.

2. 전리층의 상황에 거의 좌우되지 않아 안전한 통신회선의 확보가 가능하다. 그러나 위성의 앙각이 낮은 해안지역에서는 위성에서 직접 수신되는 전파와 해면에서 반사되는 전파의 양쪽을 수신하기 때문에 페이닝(fading)이라고 하는 수신신호전력의 변동이 발생한다.

(3) 무궁화 위성

무궁화 위성은 정지궤도 위성으로 통신과 방송 겸용이다. 우리나라는 난시청 지역의 해소와 정보의 고속화사업의 일환으로 1990년 한국통신에서 위성사업단이 발족되어 무궁화 위성 사업을 추진하였다. 그 결과 1995년 8월5일 무궁화 위성1호가 발사 되었으나 실패하여 당초 수명이 10년 이었으나 절반이상이 줄어든 4년 6개월 정도가 되었다. 그 후 1996년 1월14일 무궁화 위성2호가 성공적으로 발사되었다.

무궁화 위성1, 2호의 탑재중계기는 통신용이 12개, 방송용이 3개인 복합 상용 위성으로 사용주파수는 표 1과 같다.

표 1 무궁화 위성1, 2호의 궤도 및 주파수

구분	궤도위치	운용주파수
통신용	동경 116˚,113˚	14.0~14.5GHz(지구국송신) 12.25~12.75GHz(지구국수신)
방송용	동경 116˚,113˚	14.5~14.8GHz 11.7~12.0GHz

무궁화 위성1, 2호의 주요 제원은 표 2와 같다.

표 2 무궁화 위성1, 2호의 주요 제원

치수	위성체 본체	1.63m×1.42m×1.74m
	태양전지판 펼친상태	15.4m
	높 이	3.4m
무 게		1459Kg(이륙시)
신뢰도	버 스	0.830144
	방송용 중계기(3개)	0.969294
	통신용 중계기(12개)	0.928774
연료수명	1호	10년
	2호	2년(저장)+10년
궤도	정지궤도 위치	적도상공 동경 116도
	자세제어 정확도	±0.05˚ (EW,NS)
발사체	발사체	델타 II 7925
	발사장소	케이프캐나베랄

1999년 남미의 프랑스령 기아나 쿠루기지에서 발사된 무궁화 위성3호는 1, 2호 위성 서비스의 연계뿐 아니라, 신규서비스 및 수요증가에 대처할 수 있도록 1, 2호 위성보다 용량이 크고 출력이 높게 설계되었다. 따라서 통신량이 그 만큼 많고 품질이 우수하다. 또 고속 중계기가 들어 있어 위성을 통한 초고속망서비스가 가능하다.

무궁화 위성3호에는 서비스 도중 안테나의 위치를 조정해 동남아 지역에 위성통신서비스를 할 수 있는 가변빔 안테나가 장착되어 있다. 또 1, 2호 위성이 한반도만 서비스가 가능한 국내용인데 비해 3호 위성은 아시아 지역까지 통신을 할 수 있는 국제용이다.

무궁화 위성3호는 다양한 발사체를 이용해 우주에 올릴 수 있도록 되어 있다. 이는 발사시점에 가장 알맞은 로켓을 선택할 수 있다는 의미이다. 중량을 3t 이하로 줄인 것도 무궁화 위성3호의 장점이다.

정지궤도 위를 날아가면서 위성은 끊임없이 자세를 고쳐 잡아야 하는데 무궁화 위성3호는 위치제어를 위해 보다 안정감 있는 3축 제어 방식을 쓰고 있다. 무궁화 위성3호의 주요 제원은 표 3과 같다.

표 3 무궁화 위성3호의 주요 제원

구분	내용
개발 및 제작비	980억원
제작기간	1997.3~1999.6
발사시기	1999.9.5
중량	2,564~2,678Kg
수명	15년 이상
궤도	동경 116도
중계기	33기(통신용24기,방송용6기,예비3기)

무궁화 위성5호는 2006년 8월 22일 남태평양 공해상의 해상기지에서 발사 되었다. 원래 동경 116도에 위치하였으나 무궁화 위성3호의 발사로 인하여 이동하여 현재 동경 113도에 위치한 무궁화 위성2호는 무궁화 위성3호의 예비위성으로 사용하게 되며 무궁화 위성2호의 서비스(통신용12기, 방송용3기)는 모두 무궁화 위성5호에 수용된다.

표 4 무궁화위성5호 제원

구분	내용
총사업비	약3000억원(KT1500억원,국방과학연구소1500억원)
중계기 규모	민간용24기, 군용12기
용도	민간 : 통신 · 방송용 군 : 통합지휘체계를 위한 전략 · 전술통신망
서비스 개시일	2006년 11월
위성 수명	15년 정도
궤도 위치	동경 113도
서비스지역	한국. 일본. 대만. 필리핀. 중국동부
위성체	스페이스버스4100C1(대형급4470kg)
발사 용역사	시 론치(미국)

무궁화 위성5호는 2008년 2월 26일 뉴욕 필모닉의 북한 공연을 중계하는데 사용되었으며 2008년 8월 베이징올림픽을 중계하는데 사용될 예정이다.

무궁화 위성6호는 2010년 6월 발사 예정이며 2011년 수명이 다하는 무궁화 위성 3호를 대체하게 된다.

(4) VSAT

VSAT(Very Small Aperture Terminal)는 초소형 안테나(직경 1.2~2.4m)를 사용하는 지상의 소형 지구국을 의미한다. 즉, VSAT통신이란 지구국의 초소형안테나로 정지궤도위성을 통하여 하는 통신을 말한다.

소형지구국은 TV수신 전용국(TV Receive Only Station : TVRO국), 데이터 수신전용 단말기(data receive only terminal) 그리고 구내장비에 설치된 송수신 소형단말기로 분류된다.

대부분의 VSAT는 마스터지구국(MES:Master Earth Station)이나 망허브를 통하여 통신하기 때문에 그림 1과 같은 구조를 갖고 있다. 그러나 최근 지구국 기술의 발전으로 허브를 사용하지 않고 위성과 직접 통신할 수 있는 고출력 VSAT가 등장하였다.

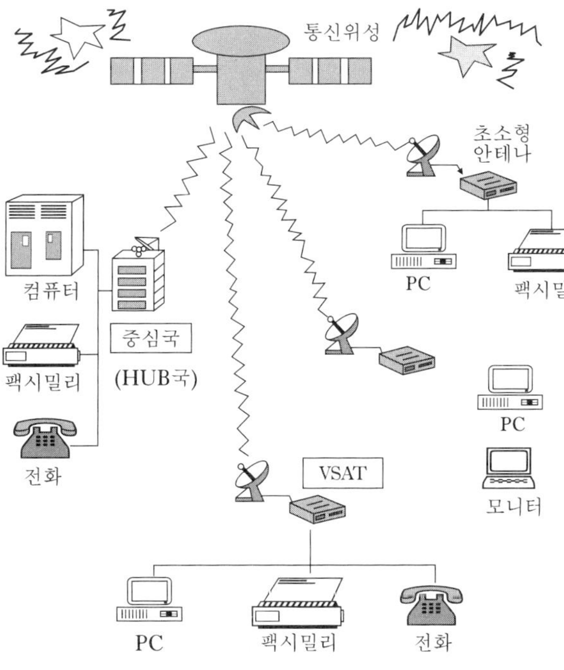

그림 1 VSAT

VSAT는 사무실의 옥상, 벽면, 주차장 등에 간단히 설치할 수 있고, 저렴한 비용으로 광역성, 동보성, 내재해성 등 위성통신의 장점을 가지고 있다. 은행, 보험사, 신문사, 여행사, 운수회사 등 기업의 사설통신망으로 이용된다.

(5)이동통신용 정지위성

정지위성을 사용하는 위성휴대폰 서비스가 국내에 선보인다. 아태위성산업은 아랍에미리트 투라야사의 3호 위성이 2008년 1월 15일 저녁 성공적으로 발사됨에 따라 이르면 3월부터 이 위성을 이용한 위성휴대폰 상용서비스에 나설 예정이다. 투라야사의 3호 위성은 우리나라를 포함, 아시아 전역과 호주지역에 위성통신서비스 제공을 목적으로 만들어졌으며 적도 상공 3만 6000km에 떠있는 정지위성으로 시험동작을 거쳐 3월부터 12년간 아시아 · 태평양 지역에 위성휴대폰 상용서비스를 제공하게 된다. 앞서 발사된 2호 위성과 연계, 미국을 제외한 유럽 중동 아프리카 등 세계 모든 지역을 커버한다. 투라야사는 중동지역에 기반을 둔 다국적 위성통신사업자로 전 세계에서 수십만 명이 서비스를 이용하고 있다.

아태위성산업은 독자기술로 개발한 위성휴대폰을 2003년부터 투라야사에 100% 독점공급(21만대)하면서 기술력을 인정받아 아시아지역 위성통신사업자로 선정됐다.

아태위성산업은 2008년 1월 정보통신부에 위성통신사업자 허가신청서를 제출하였으며, 서울 구로 디지털단지 본사에 요금청구시스템과 위성 송수신장비 등을 갖춘 관문국을 설치 중이다.

2008년 5월 16일 방송통신위원회는 아태위성산업이 신청한 위성휴대통신사업자 기간통신 사업 허가와 관련 위성휴대통신(GMPCS)용 주파수 할당을 공고했다.

할당대상 주파수는 위성이동통신 서비스용으로 국제적으로 공통 분배된 1.5~1.6GHz 주파수 대역중 625KHz이며, 해당주파수의 경제적 가치와 경쟁적 수요가 높지 않다고 보아 심사방식에 의해 할당하기로 했다.

아태위성산업이 국내에서 판매할 위성전용휴대폰은 일반 휴대폰 크기로 가격은 약 70만원 선이다. 요금은 기본요금 없이 가입비와 보증금에 정액제(1개월 100분 사용기준 12만원)로 운영할 예정이다.

아태위성산업은 우리나라 첫 다목적 실용위성인 아리랑1호 개발 주역인 류장수 대표가 2000년 설립했다. 직원이 150명으로 위성휴대폰, 중계기 등 위성을 이용한 멀티미디어 서비스 제공을 위한 토털솔루션을 개발하고 있다.

2. 비정지 궤도 위성

(1) 이동통신 위성

이동통신에 사용되는 비정지 위성시스템은 여러 개의 궤도와 여러 개의 위성으로 구성된다.

현재 국내에서는 LG데이콤이 저궤도위성 (지상 500~1500km)를 사용하는 글로벌스타(Globalstar)를 통해 위성휴대폰서비스를 하고 있다. 저궤도위성은 위성을 여러 개 사용하므로 비용이 많이 들어 통화료도 상대적으로 비싼편이다. 현재 통화료는 기본요금과 분당 999원의 사용요금에 국제요금이 추가된다. 국내 글로벌스타의 가입자는 2007년말 기준 3595명이다. 또한 코리아오브콤(Orbcomm)의 가입자는 817명이다.

(2) 과학위성, 실용위성

우리나라는 1992년 8월 11일 우리나라 최초의 인공위성인 우리별1호를 시작으로 우리별3호까지 그리고 다목적 실용위성으로 아리랑1호를 1999년12월 21일, 아리랑2호를 2006년에 발사하였다.

우리별1호의 제원은 표 5와 같다.

표 5 우리별1호의 제원

항목	제원
중량	50kg
크기	30.5×34.5×60㎤
수명	5년
주파수대	VHF대(100MHz, 30MHz)
출력	100W
궤도	1300km
용도	과학실험위성
제공서비스	음성데이터 화상정보교신, 지구표면촬영, 우주방사선 측정

아리랑1호의 제원은 표 6과 같다.

표 6 아리랑1호의 제원

항목	제원
발사시기	1999.12.21
수명	3년
궤도	685km
주기	98분
용도	실용위성
제공서비스	전자지도 제작, 해양관측, 우주환경관측

지금까지 발사된 우리나라 위성의 발사시기와 용도를 표 7에 나타내었다.

표 7 우리나라의 위성

위성명	발사시기	용도
우리별1호	1992.8	과학위성
우리별2호	1993.9	과학위성
우리별3호	1999.5	과학위성
아리랑1호	1999.12	다목적실용위성
아리랑2호	2006.7	다목적실용위성
무궁화1호	1995.8	통신방송위성
무궁화2호	1996.1	통신위성
무궁화3호	1999.9	통신방송위성
한별위성	2004.3	DMB위성
과학기술위성1호	2003.9	천문관측위성
무궁화5호	2006.8	민 · 군공용 통신위성

(3) 위성항법시스템

1) GPS

GPS(Global Positioning System)는 미 국방성에서 개발한 위성을 이용한 범세계적인 무선항법시스템으로서 GPS 위성의 위치 및 속도를 제공함으로써 사용자가 위치, 속도 및 시간을 정확하게 계산할 수 있도록 해준다. GPS는 1993년도에 처음 운용되기 시작하여 1995년부터 정식운용이 시작되었다.

GPS는 민간용으로 개방되어 있지만 출발은 군사용이다. 따라서 신호의 품질과 서비스의 지속성은 미국의 손에 달려 있다는 한계가 있다. 군사용으로 개발된 GPS가 민간용으로 개방된 계기는 1983년 구소련에 의해 한국 항공기 KAL007 기의 격추사건이 일어난 이후 1984년 미국 레이건 대통령의 선언에 따른 것이다.

① 시스템구성

GPS는 위성을 이용한 위치, 속도 및 시간측정 서비스를 제공하는 시스템으로서 세 가지 부분, 즉 위성부분, 지상관제 부분, 그리고 사용자부분으로 구성되어 있다.

ⓐ 위성부분

GPS위성은 6개의 궤도면에 24기의 위성으로 구성되며, 고도 20,200Km, 경사각55° 로 12시간의 주기를 지닌다. 위성은 사용자가 최소한 5기의 위성으로부터 신호를 수신할 수 있도록 배치되어 있다. 최소한 4기의 위성으로부터 신호를 수신해야 정확한 위치측정이 가능하다. 각 위성은 2개의 L밴드 주파수, 즉 L1(1575.42MHz)과 L2(1227.6MHz)를 송신한다.

ⓑ 지상관제부분

5개의 감시국으로 이루어져 있으며 이들 중 3개는 업링크로 전송하는 기능이 있다. 감시국은 GPS수신기를 이용하여 보이는 모든 위성을 수동적으로 추적하며 거리 측정 데이터를 축적한다. 감시국에서 수집된 정보는 주관제소에서 처리되어 GPS위성의 궤도결정 및 제어에 사용된다.

ⓒ 사용자부분

안테나와 수신기로 구성되어 있으며 위성신호를 수신하여 위치, 속도 및 시간을 계산

한다.

② 작동원리

근본적으로 GPS는 삼각측량의 원리를 사용하는데 전형적인 삼각측량에서는 알려지지 않은 지점의 위치가 그 점을 제외한 두 각의 크기와 그 사이 변의 길이를 측정함으로써 결정되는데 반해 GPS에서는 알고 싶은 점을 사이에 두고 있는 두 변의 길이를 측정함으로써 미지의 점의 위치를 결정한다는 것이 고전적인 삼각측량과 차이점이라 할 수 있다.

지구 궤도를 돌고 있는 GPS위성들은 현재 위치와 시간이 담긴 전파신호를 지상에 쏘아준다. 지상수신기는 GPS신호를 받아 전파가 도달하기까지 걸린 시간을 계산해 자신의 현재위치를 파악하게 된다. 경도와 위도, 높이를 동시에 파악하기 위해서는 3개의 위성신호가 필요하며, 위성간 시간 오차를 제거하여 위치 측정의 정확도를 높이기 위한 신호용 위성이 필요하기 때문에 4개의 위성이 사용된다. 즉 정확한 위치 계산을 하기 위해서는 4개의 위성이 필요한 것이다.

③ 제공서비스

ⓐ 표준측위서비스(SPS)

SPS는 전세계에 연속적인 표준의 측위 및 시간측정서비스를 자격요건 혹은 제한없이 제공한다. 정확도는 미국의 안보를 고려하여 미 국방성에 의하여 설정되었으며 수평측위 정확도가 100m이다.

ⓑ 정밀측위서비스(PPS)

PPS는 위치, 속도 및 시간정보를 가장 정확하게 전세계에 연속적으로 제공하는 서비스이다. 이 서비스는 공인된 미 정부기관, 군사용도 및 자격요건을 갖춘 민간 사용자에게만 제한적으로 제공된다. 비공인된 사용자는 PPS에 접근할 수 없도록 P코드(Precise Pseudorandom Tracking Code)라 불리우는 암호를 사용한다. P코드 해독이 가능한 군용수신기는 22m의 수평측위 정확도를 갖는다.

④ DGPS(Differential GPS : 보정GPS)

DGPS는 위치가 알려진 고정된 장소에 GPS기준국을 설치하여 이곳에 수신된 신호로부터 계산된 위치와 정확한 위치와의 차이를 주변의 사용자들이 수신하도록 하여 정밀도를 향상시킬 수 있는 시스템이다. GPS기준국에서는 보이는 모든 위성을 추적하며 이들 위성의 위치 데이터를 수신하여 위치 보정량를 계산한다. 기준국에서는 계산된 위치 보정량을 GPS사용자들에게 송신한다. 민간용인 GPS의 경우 DGPS를 사용함으로써 정확도를 100m에서 10m이내로 향상시킬 수 있다.

2) 유럽

유럽연합(EU) 27개 회원국들이 2008년 4월 7일 독자적 위성항법시스템 구축계획인 '갈릴레오 프로젝트' 를 최종 승인했다. 53억5000만달러(약 5조 2000억원)의 예산이 투입된다.

갈릴레오 프로젝트는 미국의 GPS에 대응하기 위해 유럽과 한국, 중국, 일본, 이스라엘, 인도 등 30여 개국이 공동으로 참여하고 있다. 한국은 2006년 9월9일 EU와 갈릴레오 프로젝트에 참여하는 공동협정을 체결했다.

2008년 4월 27일 갈릴레오 프로젝트의 2005년 12월에 발사된 '지오베 1호' 에 이어 두 번째 인공위성인 '지오베(Giove) B' 가 카자흐스탄 바이코누르 우주기지에서 러시아 소유즈 로켓에 실려 발사되었다.

지오베(Giove : Galileo In Orbit Validation Element)는 목성을 뜻하며 무게가 602kg으로 23,222km 고도에 30기(운용27기, 예비3기)의 위성으로 이루어져 있다.

지오베B는 위성항법시스템의 필수요건인 최신 원자시계를 비롯한 갈릴레오 프로젝트의 여러 핵심기술을 시험하게 된다.

갈릴레오 프로젝트는 정밀도 1m급의 위치 정보를 보장하고 북유럽 등 고위도 지역과 고층 빌딩들로 인해 수신이 잘 되지 않는 대도시까지 커버하는 등 미국의 GPS보다 2배 이상 적용범위가 넓고 5배 이상 정확한 것으로 알려져 있다. 또 미군이 통제하는 GPS와는 달리 민간기업이 사업적 목적으로 운영하기 때문에 서비스가 안정적이다.

당초 2010년 가동예정이었으나 예산문제와 상용화 가능성에 대한 회원국들의 충돌로

2013년으로 늦춰졌다.

한편, 러시아는 독자 개발한 글로나스(GLONASS : global navigation satellite system)를 2009년부터 전 세계를 대상으로 서비스할 계획이다.

문 제 QUESTION

1. 정지궤도위성의 정의를 설명하시오.
2. 위성통신의 장 · 단점을 설명하시오.
3. INMARSAT이 제공하는 서비스에 대해서 설명하시오.
4. 무궁화 위성(1,2,3,5호)의 발사시기와 특징에 대해서 설명하시오.
5. VSAT에 대해서 설명하시오.
6. GPS 시스템에 대해서 설명하시오.
7. 유럽연합이 추진하고 있는 위성항법시스템 '갈릴레오 프로젝트'의 장점에 대해서 설명하시오.

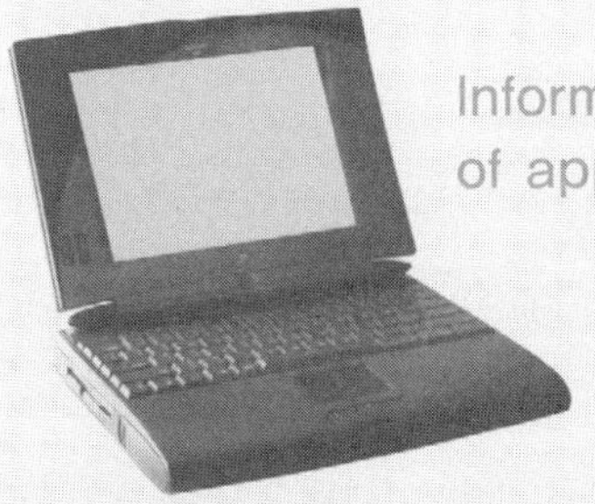

Information & Communication
of appreciation

6
CHAPTER

TV(방송)

1 CATV

CATV란 일반적으로 동축 케이블과 광케이블 등의 넓은 대역을 전송할 수 있는 전송매체 케이블을 이용하여 음성, 영상 등의 정보를 가입자에게 전송하는 시스템을 지칭하는 것으로서 공동 수신 안테나에 의해 수신되는 텔레비젼 방송을 재송신하는 의미의 Community Antenna TV의 약어로 사용되어 왔으나, 최근에는 공중선 전파에 의한 텔레비젼 방송에 대응하여 케이블을 이용한 텔레비젼 방송이라는 의미로서의 Cable TV의 약어로서 사용되고 있다.

이러한 CATV의 최대 특징은 네트워크 자체가 갖는 광대역 전송 능력이다. 기존의 공중선 전파 텔레비젼 방송은 한 개의 주파수로 1개의 채널만을 방송하지만, CATV는 하나의 케이블로 동시에 수십 채널의 텔레비젼 방송을 할 수 있음은 물론이고 위성방송 수신, 초고속인터넷, IPTV 등 쌍방향 통신을 통해 다양한 서비스를 제공할 수 있다.

국내 유선방송(CATV)은 1960년대 초 지상파방송의 난시청 해소를 위해 '중계유선방송' 이라는 이름으로 도입되었고, 이후 1991년 종합유선방송법 제정으로 '종합유선방송' 이 탄생하였다. 종합유선방송은 프로그램 공급업자(PP : Program Provider), 전송망사업자(NO : Network Operator), 방송국운영자(SO : System Operator)의 3가지 사업 형태로 분할되어 있다. 1993년에 PP에 대한 1차 허가 및 NO지정을 하였고 1994년에 SO를 허가하였다. 이후 1995년 1월에 시험방송을 거쳐 같은 해 3월 1일 본방송이 시작되고 5월1일에 유료방송이 개시되었다.

국내 유선방송 관련업계의 현황을 살펴보면 2002년 1월 기준 방송위원회에 등록한 방송채널 사용사업자는 167개 사업자에 채널수는 187개였다. 종합유선방송국은 2002년 1월 기준 총 77개 방송지역에 110개의 종합유선방송국(MSO)이 전국 가입자를 대상으로 유선방송을 송출하였고, 2004년 3월 기준 종합유선방송국(MSO)은 119개이고 중계유선방송국은 800여개 이다. 2007년 8월 기준 MSO 100개, PP 47개, NO 2개 이다.

유선방송 서비스에 대한 유료가입자수는 지속적인 증가를 보여서 종합유선방송/중계유선방송의 유료 가입자수는 1998년 각 83만/654만여 명에서 2000년 6월 225만/662만여 명으로 증가하였으나, 2005년 1197/30만 가구, 2006년 1208/30만 가구로 증가폭이 둔화되었다(1998년,2000년은 단자수 기준, 2005,2006년은 가구수 기준). 2008년 3월 CATV 가입자수는 1486만이며 이 중 디지털CATV 가입자수는 130만이다.

1. CATV의 발전단계

(1) 재방송 CATV

TV방송 전파가 잘 도달되지 않는 지역의 난시청을 해소하기 위하여 전파가 잘 잡히는 곳에 공동안테나를 설치하여 여러 세대가 공동으로 수신하였다.

(2) 자체방송 CATV

동축케이블이 각 가정까지 연결되어 큰 전송능력을 갖게 되었고, 따라서 다채널화가 가능하게 되어 공중파TV방송의 재송신 외에 CATV방송국에서 자체 프로그램을 제작 · 방송할 수 있게 되었다.

(3) 양방향 CATV

CATV에서 상향 주파수를 이용하여 각 가정에서 센터로, 방송과는 역 방향으로 정보를 보내는 것이 가능하고 방송 응답 서비스, 전기, 가스, 수도의 자동검침, 방재, 방범, 중앙감시 시스템, 홈쇼핑 등 각종서비스에 응용이 가능하다.

표 1 CATV의 발전 단계

항목 / 단계	1 단계	2 단계	3 단계
연 대	1950~	1990~	2000~
사용목적	난시청해소	자체방송	정보센터
전송방식	단방향	단방향	양방향
전송로	동축케이블	동축케이블	동축,광케이블
공급범위	국지적	지역사회	전국
적용기술	재송신시스템	방송(제작,편집)	방송,통신,컴퓨터

2. CATV 시스템 구성

케이블방송망은 분배센터(headend), 전송구간, 가입자구간 으로 구분된다. 전송구간은 광전송구간과 동축케이블 전송구간으로 나뉜다. 케이블 방송망은 성형구조를 갖는 광케이블망과 수지형구조의 동축케이블망의 혼합된 형태이다. 디지털 혹은 아날로그신호를 헤드엔드로부터 광송수신기(ONU)까지는 광케이블을 이용하여 전송하고 ONU로부터 가입자까지는 동축케이블를 이용하여 전송하는 HFC(hybrid fiber coaxial)형태의 망구조를 가지고 있다.

상대적으로 하향대역폭에 비하여 상향대역폭이 좁은 관계로 그림 1과 같이 셀(cell)이란 개념을 도입하여 하나의 ONU로부터 분기되어 나오는 가입자들을 하나의 셀로 구분하여 간편한 셀 분할과 업그레이드를 통하여 전송속도 향상이 용이하여 경제적으로 적기에 서비스제공이 가능하다.

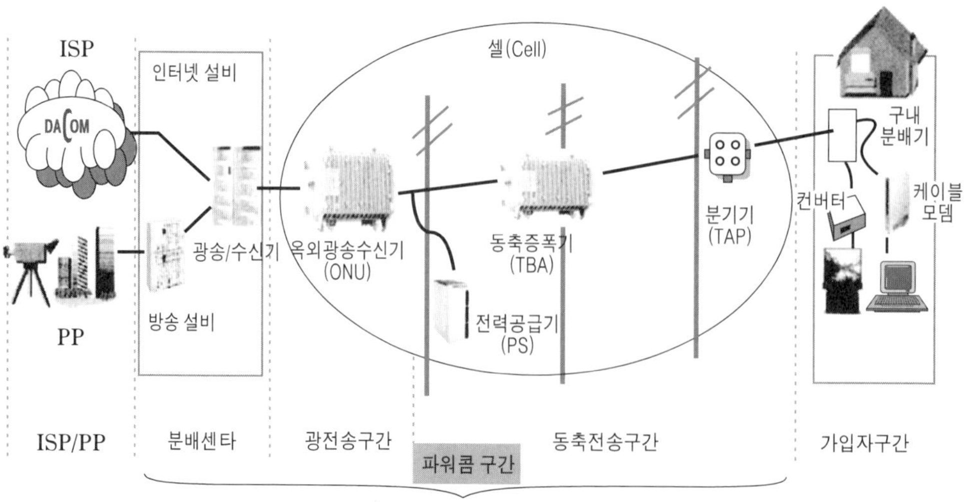

그림 1 CATV망 개념도

3. 디지털CATV

(1) 방식의 종류

디지털 케이블TV 방식에는 미국의 오픈케이블방식, 유럽의 DVB-C (Digital Video Broadcasting-Cable)방식, 일본의 ISDB-C(Integrated Services Digital Broadcasting-Cable)방식 등이 있다.

오픈케이블 방식은 북미에 도입된 케이블TV시스템과 상호동작 가능한 차세대 터미널 장치를 개발하기 위하여 케이블랩스사(CableLabs)의 주도 하에 수행된 프로젝트이다. 케이블설비와 오픈케이블 터미널장치 간의 인터페이스를 정의하고 있다. 1999년 하반기부터 케이블랩스사 주관으로 상호 운용성 시험을 여러 차례 실시하였다.

오픈케이블방식과 DVB-C의 비교를 표 2에 나타내었다.

표 2 오픈케이블 방식과 DVB-C방식의 비교

종류	Open Cable	DVB-C
다중화방식	MPEG-2 TS	MPEG-2 TS
비디오압축방식	MPEG-2	MPEG-2

오디오압축방식			돌비(AC-3)	MPEG-2 오디오
변조방식	대역내(in band)	down	64,256QAM	16,32,64,128,256QAM
	대역외	down	QPSK	QPSK
	(out of band)	up	QPSK	QPSK
전송속도	대역내	down	27Mbps(64QAM) 39Mbps(256QAM)	25Mbps(16QAM 38Mbps(64QAM) 52Mbps(256QAM)
	대역외	down	1.544/2.048/3.088Mbps	1.544/3.088Mbps
		up	0.256/1.544/3.088Mbps	0.256/1.544/3.088Mbps
주파수대역	대역내	down	54~864MHz	70~862MHz
	대역외	down	70~130MHz	70~130/300~862MHz
		up	5~42MHz	5~65MHz
주파수간격	대역내	down	6MHz/CH	8MHz/CH
	대역외	down	1.0/1.8/2.0MHz	1.0/2.0MHz
		up	0.192/1.0/2.0MHz	0.2/1.0/2.0 MHz

(2) 망구조

현재 국내 케이블망의 주파수는 상향이 5MHz~42MHz, 하향이 54MHz~750MHz로 운용되고 있으며 특히 대다수의 SO들이 자체 구축한 케이블TV망은 80~90%가 86MHz 대역의 디지털전송망으로 업그레이드된 상태이다.

HFC망은 LAN환경과 같이 컴퓨터를 켬과 동시에 인터넷을 바로 사용할 수 있게 되므로 별도의 접속과정이 필요 없으며 광대역 케이블망을 이용하기 때문에 인터넷, TV시청은 물론 디지털TV 전환시 양방향서비스나 IP기반의 다양한 서비스를 이용하여 TPS구현이 용이하다. 또한 서비스구역이 여러 개의 셀로 구분되어 시설되며 셀별 독립망으로 구성되어 있기 때문에 가입자 증가시 셀분할 등으로 즉각 대응이 가능하여 망의 운용이 용이하다. 한편 단점은 동축구간이 옥외에 설치되어 있으므로 기후 등 외부의 환경적 영향을 많이 받을 가능성과 상향잡음의 유입으로 어려움이 있을 수 있으나 현재는 망관리시스템 등의 발달로 안정적인 양방향 부가서비스가 가능하다.

(3) 케이블모뎀

케이블 방송망을 통해 인터넷 서비스를 실시하기 위해서는 DOCSIS(data over cable interface specification)라는 표준이 필요하다. DOCSIS는 SO와 개인 또는 회사의 컴퓨터나 TV수상기 간의 데이터입출력을 처리하는 장치인 케이블모뎀의 표준인터페이스를 말한다.

케이블모뎀 기술표준화는 DOCSIS, IEEE802.14, DAVIC 등에서 표준을 제정하고 있지만 실질적으로 DOCSIS로 단일화가 이루어져 있다.

DOCSIS 1.0은 케이블모뎀을 이용하여 초고속인터넷을 사용할 수 있도록 한 계기가 되었으며, DOCSIS 1.0 표준이 1995년 케이블랩스에서 시작하여 1997년 7월 발표되었고, 1998년 3월 ITU-T에 의해 표준으로 제정되었다. 이어 DOCSIS 2.0에선 잡음에 대한 강인성이 요구됨에 따라 물리계층의 변복조방식을 개선하였고, 6MHz당 최대 하향 42Mbps, 상향 30Mbps급의 서비스지원이 가능하다. 또한 현재 개발 중인 DOCSIS 3.0인 경우는 하향 200Mbps, 상향 100Mbps 의 전송속도가 가능하다. DOCSIS 3.0은 당초 2007년 표준화가 될 예정이었으나 2008년 2분기 이후로 연기된 상태이다. 이와 같이 DOCSIS표준이 진화됨에 따라 전송속도가 획기적으로 개선될 뿐 아니라 TPS와 같은 다양한 방송/통신융합 서비스가 가능해 지고 있다.

표 3 DOCSIS1.0, 1.1과 2.0 기술 비교

	DOCSIS 1.0	DOCSIS 1.1	DOCSIS 2.0
특징	best-effort 서비스를 위해 제정	-DOCSIS 1.0과 호환 -VoIP지원 -QoS보장(SLA가능) -DOCSIS1.0에서 S/W교체로 가능	-DOCSIS 1.0/1.1과 호환 -상향 전송속도 증가 -잡음에 강한 구조 -DOCSIS1.1에서 H/W칩셋 교체로 가능
표준/인증	1997/1998년	1999/2001년	2001/2002년
상용화	기 운용중	본격적인 단계	적용시간 단계
전송속도	상향 : 5Mbps 하향 : 30Mbps	상향 : 10Mbps 하향 : 30Mbps	상향 : 30Mbps 하향 : 30Mbps
ITU표준	ITU J.112	ITU J.112	ITU J.122

(4) 디지털 전환에 따른 서비스

① 디지털방송서비스

현재의 아날로그방송을 고해상, 고음질, 다채널 디지털 방송으로 전환하여 서비스하는 것으로서 방송과 데이터의 통합전송으로 서비스질의 향상이 가능한 서비스이다. 기본형(Basic), 티어형(Tier), 프리미엄형(Premium)의 다양한 형태의 서비스로 구성된다.

② 프로그램가이드(EPG)

프로그램가이드서비스는 채널별 프로그램 편성표와 상세한 프로그램 정보를 TV화면에서 직접 검색해 볼 수 있으며 리모컨을 이용하여 바로 해당 채널로 이동할 수 있는 서비스이다.

③ VOD

VOD서비스는 각종 영상 콘텐츠(영화, 교육, 세미나자료, 게임, 스포츠 등)들을 풀-모션(Full-Motion) TV화질로 제공하는 서비스이다.

④ Internet TV

인터넷TV서비스는 TV의 전용 브라우저를 이용한 인터넷서비스이다. 데이터방송 및 초고속 인터넷 접속서비스, 방송과 동기적 인터페이스를 가능하게 하여 인터넷을 이용한 뉴스, 일기, 증권, 쇼핑 등 다양한 컨텐츠를 제공할 예정이다.

⑤ 지역정보서비스

지역정보서비스는 지역뉴스, 기상정보, 부동산정보 등의 지역 고유의 정보 제공하는 서비스이며, 메일, 채팅, 전화서비스, 화상회의, 화상전화 등 지역 커뮤니티를 형성하여 지역 활성화를 증대시킬 수 있는 서비스이다.

⑥ 인터넷 전화 서비스

인터넷전화는 VoIP기술을 이용하여 음성을 데이터신호로 변조하여 인터넷회선을 통하여 전화를 가능하게 하는 서비스로서 회선사용 방식보다 효율적인 회선사용이 가능하고 사용 요금이 저렴한 서비스이다.

인터넷전화 방식은 H.323을 기반으로 하고 G.711(64kbps), G.726 (16,24, 32,40kbps), G.728(16kbps)급의 전송 품질을 가질 것으로 권고하고 있으며 인터넷전화 방식의 품질은 일반의 유선전화의 품질 요구조건을 가지도록 권고되고 있다.

⑦ 양방향 서비스

디지털CATV에서 양방향서비스는 데이터방송이라고도 한다. 이와 같은 데이터방송을 디지털CATV에서 보다 쉽게 도입하기 위해서는 미들웨어라는 도구를 사용하는 것이 핵심이다. 미들웨어는 양방향서비스로 제공되는 데이터의 유기적인 연결과 단말기에서 서비스를 이용하기 쉬운 형태로 구현하는 역할을 한다. 특히, Navigation, 쉬운 조작법, 빠른 응답 및 화려한 그래픽을 제공할 수 있게 해주는 핵심역할을 수행한다.

디지털 케이블TV의 OpenCable방식 내 상향서비스를 위한 방식으로 대역외채널(OOB:Out of Band)방식과 DSG(DOCSIS Settop Gateway)방식이 있는데 CATV사업자가 상향대역 전송방식으로 DSG방식를 사용할 경우 디지털방송, 양방향 데이터방송, 초고속인터넷서비스를 기본적으로 하나의 단말기(set-top box)에서 제공할 수 있다.

(5) 국내 현황

2008년 5월 현재 국내 디지털 케이블TV 가입자는 132만 가구이다.

1) 디지털 유선방송(CATV) 추진일정

1999년 디지털방송정책 연구협의회 설립

1999.8. 연구협의회 산하 연구반으로 디지털 유선방송 연구반 구성

2000년 디지털 유선방송 추진반 구성

2001.4. 디지털 유선방송 추진위원회 발족

국내 디지털유선방송 표준으로 미국방식인 오픈케이블 방식 도입

2001.11. 디지털유선방송 추진위원회 산하 실험방송추진반 1차테스트 실시

2002.2. 디지털유선방송 추진위원회 산하 실험방송추진반 2차테스트 실시
데이터방송추진반의 전원 합의로 데이터방송 표준을 미국의 OCAP방식으로 결정

2002.4. 디지털 유선방송 추진위원회는 국내 기술기준 제정

2005.초 디지털미디어센터(DMC)구축

2005.2. CJ케이블넷(2008년 CJ헬로비전으로 사명 변경)이 국내 최초의 디지털 유선방송 서비스 제공

DMC(Digital Media Center)

케이블TV의 디지털 전환 과정에서 각각의 SO가 개별적으로 H/E (Headend)를 구축하기 위해서는 큰 투자비용이 들기 때문에, 비용의 절감을 위해 공통적으로 사용할 수 있는 H/E장비, 부가서비스 시스템을 하나의 센터에 구축하여 운용하는 사업을 디지털유선방송 송출사업이라고 한다.

즉, DMC는 자체적으로 디지털 H/E 장비(디지털수신기, 엔코더, MUX, 디지털변조기)를 구축하여, PP들의 송출 프로그램과 각종 부가서비스(EPG, VOD, NVOD)를 함께 묶어 채널을 구성하고, 광케이블망을 통하여 SO들에게 방송서비스를 제공해주고, 기타 VoIP 등의 통신서비스도 함께 제공해 주는 것이다.

2) 국내 디지털 유선방송 표준

디지털 유선방송의 표준은 미국의 오픈케이블 방식이며, 데이터방송(양방향 방송 서비스)을 위한 표준으로 OCAP(OpenCable Application Platform)을 적용하고 있다. 국내 유선방송의 데이터방송 표준으로서 오픈케이블의 OCAP 1.0이 결정되었으며 OCAP스펙은 1999년 9월 개발이 시작되어 2002년7월 OCAP 1.0 스펙이 발표되었고, OCAP 2.0 스펙이 개발 진행 중이다.

국내에서 채택된 OpenCable방식은 고속 인터넷서비스를 제공하는 DOCSIS를 대역외

채널로 이용하는 DSG(DOCSIS Set-top Gateway)방식을 적용하였다.

OCAP은 케이블TV방송에서의 양방향서비스를 위한 어플리케이션 제작 기반이 되는 표준이다. OCAP 1.0 스펙은 DVB-MHP(multimedia home platform)1.0.1 스펙을 기반으로 하여 북미 케이블TV 방식에서 요구되는 사항들을 보강하는 형식으로 개발되었다. OCAP 스펙은 로열티 프리(royalty free)이며, 개방된 소매구조를 가진다는데 특징이 있는데, 이는 OCAP개발을 위해서 선마이크로시스템사의 라이선스를 받아야 했으나 선마이크로시스템사에서 Java API(application program interface)를 케이블랩스사에 제공하여 누구나 선마이크로시스템사의 동의 없이도 JAVA API를 통해 OCAP을 구현할 수 있음을 의미한다.

3) 국내 디지털 유선방송 가입 현황

표 4 연도별 CATV 가입자(단자수 기준) (단위:만)

연도	총 가입자	디지털CATV가입자
1996	50	
1998	83	
1999	140	
2000	250	
2001	520	
2002	740	
2003	1140	
2005	1412	2(2005.9)
2006	1413	20(2006.9.)
2008.3	1486	130

표 5 사업자별 디지털CATV가입자 (2008.5)

사업자(SO)	가입자
CJ헬로비전	552,875
씨앤엠	376,406
티브로드	91,619
큐릭스	80,500
GS계열	81,803
HCN	62,410
온미디어	16,826
CMB	480
개별SO	55,936
계	1,318,855

(6) 국외 현황

1) 미국

미국은 1998년 디지털방송을 시작한 후, 2005년 7월 전국방송사업자연합(NAB: National Association of Broadcasters)에서도 정부의 디지털 전환계획에 맞추어 2009년부터 아날로그 방송을 전면 중단하고 모든 텔레비전 방송을 디지털로 전송하기로 결정했다. 이를 위해 FCC는 디지털방송의 원활한 진행을 위해 케이블법(1992)과 개정통신법(1996)에서 유료방송시장의 개방 및 경쟁 활성화 정책을 내놓았다.

그 결과로 1999년에는 미국 내 케이블 사업자의 34%만이 디지털 서비스를 제공하였으나 2004년에는 91%가 아날로그 서비스와 디지털 서비스를 제공할 수 있게 되었다.

따라서 디지털 케이블 가입자의 증가 역시 가속도가 붙었다. 1999년 말 490만 가구에서 2004년 9월에는 케이블 가입자 6610만 가운데 2,430만 가구가 디지털 서비스를 이용하였다. 그리고 NCTA 발표에 따르면 2006년 기준 2,960만 가구가 가입하였으며 이는 미국의 케이블 가입자가 전체 가구의 58.9%임을 고려하였을 때, 디지털 케이블 가입자는 전체 가구의 28%정도 된다고 볼 수 있다.

표 6 미국의 CATV 가입자 현황 (단위:만명)

연도	총 가입자	디지털가입자
1999	6669	490
2000	6625	970
2001	6673	1520
2001	6647	1920
2003	6605	2220
2004	6610	2430
2006	6226	2960

출처 : NCTA

2) 프랑스

프랑스 케이블TV의 디지털 전환은 트리플(TV, 인터넷, 전화) 플레이를 목표로 추진되고 있다. 3대 케이블 방송 SO인 프랑스 텔레컴 케이블(France Telecom Cable), UPC-누스(UPC-Noos) 및 뉴메리캬블르(Numericable)의 총 가입가구는 2004년 12월말 기준 약 255만 8천 가구로, 이 가운데 디지털 케이블 가입자는 약 104만 8천 가구로 전체 가입자의 41%에 이른다. UPC-누스가 2005년 5월부터 파리지역 65만 가구에 TPS 서비스를 제공하고 있으며, 뉴메리캬블르는 2006년 11월부터 리용 및 주변 지역에 서비스를 제공하고 있다. 2006년말 현재 프랑스의 케이블TV는 디지털 전환에 필요한 설비투자는 마친 상태이며, 가입자의 확보와 수익성 창출에 주력하고 있는 상황이다

3) 일본

일본의 케이블TV 가입 가구 수는 2006년 3월 말 기준으로 약 1,913만으로 전국 가구의 약 38.0%에 이르고 있다.

그리고 케이블TV를 통한 지상파 방송의 재전송이 의무화 되어 있기 때문에 지상파 디

지털방송의 전국적 확산을 위해서는 케이블TV의 디지털방송 보급과 시설의 정비가 필요하다고 보고 있다. 따라서 '제6차 디지털방송 추진을 위한 행동계획' 에서는 2011년까지 최대 약 2,300만 가구가 케이블TV를 통해 지상파 디지털방송의 보급을 확산시키는 방안을 제시하며, 이를 추진하는 케이블TV 사업자에게 재정, 금융, 세제 등의 지원책을 주는 제도를 마련하였다

표 7 일본의 지상파 디지털TV 수신 가능 가구 전망(단위:가구)

	2003년	2004년	2005년	2006년	2008년	2011년
지상파	1200	1800만	2700만	3700만	–	4800만
CATV	700만	860만	–	1100만	1750만	2300만

출처:일본 총무성

기가급 케이블 시스템

국외 특히 미국에서는 상당히 활발하게 연구가 진행되고 있으며 구체적인 방법이나 장치들도 이미 개발을 완료하고 있는 곳이 있다. 표 8은 대표적인 기가급 케이블 시스템 기술 비교를 나타내고 있다.

표 8 기가급 케이블 시스템 특성 비교

시스템 / 항목	Pulse Link Physics	Broadband Networks	Xtend Networks	Narad
주파수대역	기존 사용대역	기존사용대역	확장대역 (~3GHz)	확장대역 (~2.4GHz)
전송기술	UWB	Wavelet	주파수대역확장	주파수대역확장
전송용량	상향:48Mbps 하향;1.2Gbps	채널당 200Mbps	상향:1GHz 하향:3GHz	상향:1GHz 하향:1GHz
상호간섭	간섭 없음	간섭 없음	간섭 없음	간섭 없음
기존장비사용	사용가능	사용가능	부분적사용가능	부분적사용가능
관련장비 개발	완료	완료	완료	완료
적용비용	적은비용	적은 비용	많은 비용	많은 비용

Broadband Physics 사는 RF스펙트럼을 같은 사이즈의 Multiple Sub-Band 로 만들어서 전송속도를 크게 증가시키는 SDM(Sub-band Division Multiplexing)기술을 케이블망에 적용하였다.

SDM은 주파수도메인에서 직교하는 푸리에변환을 이용하여 다중 Sub-Band통신을 하는 OFDM 방식과 달리 주파수와 시간도메인에서 함께 직교하는 웨이블렛변환을 이용하여 다중 sub-band통신을 한다. 주파수와 시간에 대해서 직교하는 통신이 가능하면 동일 주파수 간격 내에서 통신의 효율이 증가하게 되어 다른 통신방식들 보다 우수한 전송효율을 나타낼 수 있다.

표 9 통신방식별 특성 비교

	주파수대역독립	주파수대역 직교	시간 대역 직교	Cyclic prefix	가드밴드
QAM	-	-	-	-	필요
DMT	×	o	×	필요	-
OFDM	×	o	×	필요	-
SDM	o	o	o	필요없음	필요없음

2 디지털TV

1. 개요

디지털TV는 제작 · 편집 · 전송 · 수신 등 방송의 모든 단계를 디지털신호로 처리하는 TV방송시스템이라고 정의한다. 이는 데이터의 종류(비디오, 오디오, 텍스트, 멀티미디어 등)에 따라 서로 다른 신호를 처리하는 아날로그TV와 대비되는 개념이다.

디지털 TV의 특징은 다음과 같다.

① 방송의 고품질화

SD급은 아날로그와 화질이 비슷하나 HD급은 주사선수가 아날로그의 2배이므로 고화질이다.

5.1채널의 다채널 오디오에 의한 입체음향과 CD급의 음질을 가지며 화면비는 9:16이다. 또한 아날로그 TV에 비해 잡음과 화면겹침(ghost)을 줄일 수 있고 전송과정에서 발생한 신호오류를 자동으로 교정할 수 있기 때문에 화질과 음질을 향상시켜 방송서비스의 고품질화 실현이 가능하다.

② 방송의 다채널화

디지털 압축기술의 활용을 통해 동일 주파수 대역에서 아날로그 방송 보다 더 많은 정보와 채널을 공유할 수 있다.

예로 국내 디지털 위성방송의 경우 채널당 3~4개 이상의 디지털 채널 수용이 가능해졌다. 지상파방송의 경우에도 SD급은 동일 주파수 대역에서 아날로그에 비해 4배(채널당 6MHz 대역)에서 6배(8MHz주파수대역)에 이르는 채널을 제공할 수 있다. 특히 케이블 TV는 전송과정에서 에러율이 적기 때문에 더 많은 채널을 제공한다.

③ 방송의 다기능화

단방향 특성의 방송망과 양방향특성의 통신망의 결합으로 기존의 영상프로그램의 시청 이외에도 데이터방송, 홈쇼핑, 홈뱅킹, VOD 등 다양한 양방향 방송서비스가 제공된다. PVR을 이용해 방송프로그램 시청 중에 화면을 정지하거나 되돌리는 기능을 이용할 수 있다.

④ 제작 · 송출 과정에서 디지털비디오, 오디오, 데이터 등의 다양한 콘텐츠 처리가 가능하다.

제작 분야에서는 디지털신호처리의 장점을 살린 영상장비들이 70년대부터 개발되기 시작하여 80년대 들어서는 FS, TBC, DVE 등 디지털처리에 의한 각종 방송장비가 실용화되기에 이르렀다.

아날로그신호는 녹화, 편집과정에서 가장 취약하며, 이를 혁신적으로 개선한 디지털 VTR이 실용화되기 시작한 1987년은 본격적인 디지털제작기술의 분기점이 되었으며 1992년경에는 Tapeless 시대를 예고하는 장비의 등장이 주목받기 시작했다. 이에 비해 전송분야는 1990년대에 비로소 디지털전송의 실용화 가능성을 판단하였다.

표 10 국내 디지털TV와 아날로그TV의 주요 특징 비교

구분	아날로그TV	디지털TV
화질	SDTV수준	SDTV, HDTV
주사선수	525개	480개(SD), 1080개(HD) 등
음질	2채널 FM스테레오	5.1멀티채널
화면비	4:3	4:3 또는 16:9
부가기능	문자다중방송, VBI(수직귀선시간)를 이용한 데이터방송	홈쇼핑, 홈뱅킹, 인터넷접속, 전자투표 등 양방향전송 가능
채널수	1	HD : 1 , SD : 3~4
화소	40만	HD : 200만 SD : 40만

2. 디지털TV 시스템

그림 2는 디지털TV 시스템의 송·수신기 계통도이다.

그림 2에서 송신기는 생성부와 송출부로, 수신기는 수신부 및 화면표시부로 구분된다.

여기서 각 송·수신기의 두 파트는 서로 완전히 분리·처리되며, 표준화된 정보(비디오, 오디오, 데이터)를 그림 2에 표시된 바와 같이 MPEG-2 TS(transport stream)로 정보를 전달하면 된다. 이와 같은 신호의 전달은 미국방식, 유럽방식, 일본방식 등 모든 방식이 동일하게 적용된다. 다만 디지털변조방식이 다를 뿐이다.

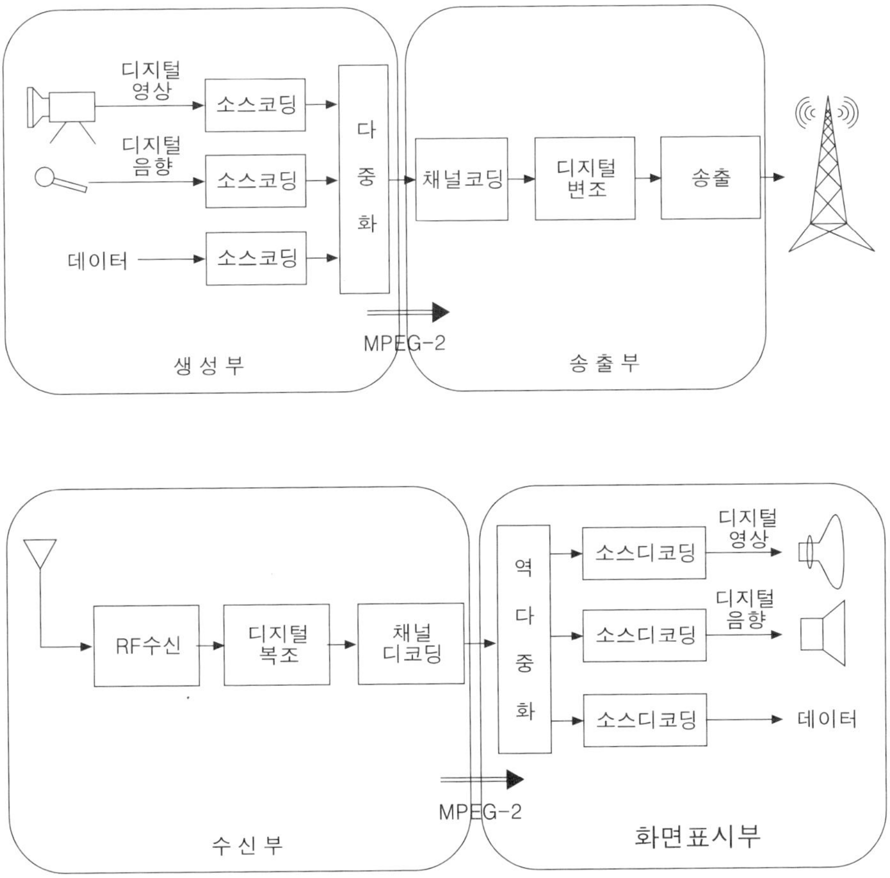

그림 2 디지털TV 송 · 수신기 계통도

3. 디지털TV 기술

(1) 디지털신호 원천부호화

비디오, 오디오, 데이터 등 아날로그 신호의 디지털 신호 부호화에 PCM방식이 많이 사용된다.

PCM변환 과정은 다음과 같다.

① 표본화

어떤 신호의 최대주파수의 2배 이상으로 표본화하면 원래의 신호를 손상 없이 재생할 수 있다는 표본화정리에 따라 표본화 한다.

표 11 입력신호의 주파수대역과 표본화주파수

입력신호		주파수대역	표본화주파수
오디오신호	FM품질	15kHz	32kHz
	CD품질	20kHz	44.1kHz, 48kH
비디오신호	SDI컴포지트 NTSC	4.2MHz	14.318MHz
	SDI컴포넌트 4:3	4.2MHz	Y : 13.5MHz Cr, Cb : 6.75MHz
	HD-SDI@29.97	30MHz	Y : 74.1758MHz Cr, Cb : 37.0879MHz

오디오신호의 경우에는 신호의 최대주파수의 2배정도로 표본화하지만 비디오신호의 경우에는 컴포지트 영상신호는 색반송파주파수(3.58MHz)의 4배로 표본화한다.

② 양자화

표본화된 신호값을 일정한 단계의 정수값으로 표현하는 것을 말한다. 즉, 연속적인 아날로그 값을 이산적인 디지털값으로 표현하는 과정이다. 즉, 표본화된 신호의 크기를 표현하는 방법이다. 예를 들어 8비트로 양자화할 경우 하나의 표본화된 신호는 단계의 디지털값으로 표현된다.

③ 부호화 (coding)

이상과 같이 시간축 방향으로 표본화하고 진폭방향으로 양자화한 결과로 얻어진 값을 '0'과 '1'만으로 구성되는 이진 표현으로 정해진 형태의 디지털부호로 변환시키는 과정이다.

(2) 디지털 비디오신호 압축

일반적으로 영상신호를 아날로그에서 디지털신호로 변환하면 정보량(대역)이 크게 증가하여 그대로는 전송할 수 없기 때문에 신호의 압축이 필요하게 된다.

디지털동영상 압축방식으로는 MPEG과 H.261 등이 국제표준으로 제정되어 있으므로 이에 대해서 살펴본다.

1) MPEG

MPEG은 국제 표준화기구인 ISO(international standardization organization)와 국제전기기술위원회 IEC(international electricity committee)가 공동 구성한 협력기술위원회 JTC1산하의 소위원회인 SC29인 워킹그룹으로서 종래 통신 분야에 한정되어 있던 압축부호화 분야에 저장장치를 대상으로 한 동영상 및 오디오 부호화에 대한 표준을 제정하기 위해 1988년 세계의 디지털 영상기술자들이 모여 결성한 동영상 압축 표준화 전문가 그룹이다.

MPEG의 진화과정은 다음과 같다.

1992년	MPEG-1(ISO/IEC 11172) 국제표준
1995년	MPEG-2(ISO/IEC 13818) 국제표준
1999년 5월	MPEG-4(ISO/IEC 14498) 버전1 국제표준
1999년 12월	MPEG-4(ISO/IEC 14498) 버전2 국제표준
2000년 12월	MPEG-4(ISO/IEC 14498) 버전3 국제표준
2002년	MPEG-7(ISO/IEC 15938) 국제표준
	MPEG-4 Part10 AVC 국제표준

2) H.261

H.261은 1984년 표준화작업이 시작되어 'RM(reference model)8'까지 방식이 개정된 끝에 1988년 기술적 내용이 완성되었고, 마침내 1990년 ITU-T의 최종 승인을 얻어 권고로서 확정되었다. 이것은 ISDN을 이용한 영상전화 및 영상회의를 위한 동영상 압축 방식이다(통신미디어).

H.261은 효과적인 동영상압축을 위하여 여러 가지 손실·무손실 압축 기법들을 결합하고 있다.

H.261에서는 방송 방식간의 호환을 위해 CIF(common intermediate format)라는 공통양식을 코덱의 영상 입출력 포맷으로 사용한다. CIF포맷은 방송용의 1/4크기를 취해 288360 의 화면구성에 초당 30장의 순차주사로 이루어진다.(이는 휘도의 경우이고 두 색 신호는 수평 수직 각각 2:1 로 하여 전체적으로 4:2:0 형식임). CIF의 1/4 크기인 QCIF(Quaternary CIF)가 쓰이기도 한다.

H.263은 1996년에 발표되었고 H.264는 2003년 5월 ITU-T에서 승인되었다.

표 12는 대표적인 영상 압축방식을 정리한 것이다.

표 12 영상압축 권고안 비교

압축 방식	응용분야 (픽셀×라인)	해상도	비트율(bps)	전송수단	관련 권고안
H.261	화상전화, 통신미디어	180×144~360×288	56/64k	2M ISDN	H320,321, 322,323
MPEG-1	저장매체	360×240/288	1.1M~1.5M	CD-ROM	-
MPEG-2/ H.262	저장, 통신, 방송	352×288~1920×1152	3M~80M	ATM,DVD, SDTV,HDTV	H.310
H.263	이동용 단말기	12×896~1408×1152	10k~2M	IP네트워크	H.323,
MPEG-4	이동용단말기, 스트리밍 미디어	180×144~720×480	5k~5M	IP네트워크	-
H.264 (MPEG-4AVC)	저장,방송	-	-	HD-DVD, DMB,IPTV	-
MPEG-7	멀티미디어 정보 검색	-	-	-	-
MPEG-21	멀티미디어 프레임워크	-	-	-	-

3) 비디오신호 압축 방법

비디오압축을 위해서는 다양한 원리들이 적용되는데 영상신호 자체의 특성을 이용한 방법, 시각적 특성을 이용한 방법, 디지털신호의 통계적 특성을 이용한 방법 등이 사용되고 있다.

① 영상신호의 통계적 특성을 이용한 압축방법

TV는 매초 30프레임으로 구성되는데 프레임 내에서 하나의 화소의 진폭(밝기)은 상하좌우에 인접한 화소의 진폭과 매우 유사하며, 또한 연속된 프레임에서도 동일 위치의 화소의 진폭은 매우 유사하다. 이러한 성질을 이용하는 것이 대역압축의 기본이다. 한 화면 내에서 인접한 화소간의 휘도나 색상은 급격히 변화하지 않고 완만히 변화하는데 이와 같은 인접한 화소간의 상관성 또는 중복성을 '공간적 중복성(spatial redundancy)' 이라고 한다. 이것은 DCT 및 양자화라는 기법을 이용해 중복성을 제거함으로써 압축을 수행하는 것으로 화면 내에서 처리하므로 프레임내(infraframe)부호화 또는 압축이라고 한다.

그리고 화면과 화면 사이의 움직임에 변화가 급격하지 않아 많은 상관성이 존재할 수 있다. 이를 '시간적 중복성(temporal redundancy)' 라고 하며 움직임 추정 및 움직임 보상기법을 이용해서 중복성을 제거한다. 프레임과 프레임 사이를 처리하므로 프레임간(interframe)부호화 또는 압축이라고 한다. 동영상의 경우 움직임의 크기와 방향(이것을 움직임 벡터라고 함)을 검출하여 한 프레임 전의 신호를 움직임 벡터 만큼 위치 이동시키면 2개의 영상은 정지하고 있는 것으로 취급할 수 있게 된다. 이러한 기술을 '움직임 벡터 보정' 이라고 하는데 디지털 대역압축의 근간기술이 되고 있다.

② 사람의 시각적인 특성을 이용한 압축방법

예를 들어 경사방향의 해상도에 대한 시감도는 수평, 수직 방향에 비해 낮으므로, 경사방향의 고주파성분을 삭감해도 영향이 적다. 그리고 높은 주파수 성분에 대한 시감도는 낮으므로 어느 정도 삭감하더라도 영향이 적고, 움직이고 있는 물체에 대한 시감도는 정지물체에 비해 낮으므로 움직임 부분의 정보를 줄여도 영향이 적다. 높은 주파수의 잡음은 눈에 잘 띄지 않으므로 양자화비트수를 줄일 수 있고 색신호에 대한 시감도는 휘도신호에 비해 낮으므로 색신호는 수평,수직방향 모두 대역을 줄일 수 있다.

③ 디지털신호의 통계적 특성을 이용한 방법

압축을 처리하는 과정의 후단에서 압축된 신호가 2진 비트열로 생성되게 되는데 다시 이들을 통계적인 방법으로 분석해서 '통계적 중복성'을 제거한다. 예를 들어 반복되는 0은 일일이 보내지 않고 그 개수 만을 부호화한다거나 통계적으로 자주 발생하는 데이터는 이를 짧은 부호로 바꾸고 드물게 발생하는 것은 긴부호로 바꾸면 상당한 압축효과를 볼 수 있다. 이 방법을 가변길이 부호화(variable length coding) 및 Huffman부호화라고 한다.

4) 중복성 제거 방법

① DCT변환

1974년 미국 텍사스대학의 라오 교수가 발표한 DCT는 영상신호의 처리기법중 직교변환부호화의 하나로서 특히 영상의 압축에 탁월한 성능을 가지며 오늘날 멀티미디어관련 국제표준인 H.261, JPEG, MPEG의 핵심요소로서 영상데이터를 효과적으로 압축하기 위한 목적으로 가장 널리 쓰이는 손실부호화기법의 변환부호화이다.

② 움직임 보상 압축

1980년대 초반, 오늘날 MPEG이나 H.261 등에까지 널리 쓰이고 있는 블록별 움직임 추정 및 보상방법이 소개되었다. 즉 화면을 일정한 크기의(보통16×16으로 매크로블록이라 부르며 DCT의 단위인 8×8의 블록이 4개 모인 것이다.)단위로 나누어 단위마다 앞화면의 어느 곳으로부터 움직여 왔는지 움직임 벡터를 구하고 이를 이용하여 움직임 보상을 한다. 현 매크로블록과 움직임 보상에 의해 얻어진 이전화면의 매크로 블록간 차이만을 부호화함으로써 데이터양을 크게 줄일 수 있다. 수신측에서 영상재생에 쓸 수 있도록 움직임 벡터도 전송해야 하는데 이때 DPCM과 호프만부호를 이용한 무손실 압축이 이용된다. 이 움직임 보상압축기법에 의해 MPEG 등 동영상압축기술의 효율이 JPEG 등의 정지영상압축 기술 보다 크게 높아지게 되는 것이다.

③ 가변길이 부호화 및 호프만 부호화

DCT,양자화,scaling,그리고 zig-zag주사로 만들어진 데이터는 RL부호화(Run length coding) 와 가변길이 부호화(variable length coding)로 다시 압축된다. TV영상 데이터를 분석하면 작은 계수값과 적은 수의 연속된 0이, 큰 계수 값과 많은 연속된 0보다 더 빈번하게 일어남을 알 수 있다. 가장 널리 알려진 가변길이부호는 영문자를 전송할 때 가장 빈도가 높은 e에 가장 짧은 비트를 사용하는 모오스 부호이다. 마찬가지로 빈도가 가장 높은 문자에 가장 짧은 코드를 지정하는 가변길이 부호화가 MPEG의 소스 데이터를 전송하는데 있어서도 평균비트수를 줄이는 효과적인 방법으로 알려져 있다. 이 방법으로 MPEG시스템은 전체 출력신호 데이터율을 상당히 줄일 수 있다.

(3) 디지털 오디오 신호 압축

1) 디지털 오디오 압축 기법

기본적으로 디지털오디오는 아날로그오디오 신호에 비하여 잡음에 강하고 복사시에 열화가 적으나 정보량이 많아서 저장이나 긴 구간의 전송 시에 속도문제가 생기는 단점이 있다.

이러한 단점을 보완하는 방법은 압축하는 것으로 두 가지 방식이 있다.

하나는 손실 없이 압축하는 방식(무손실 방식)이고, 다른 하나는 데이터 손실을 주고 신호를 압축하는 방식(손실방식)이다. 손실방식이 최근 많이 사용되며 이는 인간의 심리음향(psychoacoustic)특성을 이용하여 청감상의 품질 손상 없이 압축하는 기술이다. MPEG오디오의 심리음향은 주로 최소가청한계(minimum audible field)와 마스킹(masking)효과를 이용한다. 최소가청한계란 잡음이 없는 상태에서 청각을 감지할 수 있는 최소의 한계를 말한다. 또 마스킹효과는 어떤 소리가 다른 소리에 가려서 들리지 않는 현상을 말한다. 예를 들어 조용한 환경에서는 흐르는 물소리를 들을 수 있지만 천둥칠 때는 들을 수 없다. 마스킹효과는 시간마스킹과 주파수마스킹으로 나뉘는데 시간마스킹은 아주 큰 소리가 발생했을 때 전후의 작은 소리는 감지할 수 없다는 것이고 주파수마스킹은 큰소리를 갖는 주파수 전후의 작은 성분의 주파수의 소리는 듣지 못하는 현상이다.

2) 디지털 오디오 원천부호화

오디오는 PCM으로 부호화 한다.

① 표본화

나이키스트 이론에 따라서 신호의 최대주파수의 2배 이상으로 표본화하면 원래의 신호를 손상 없이 재생할 수 있다. 예를 들어 CD의 경우는 최대 오디오주파수를 20kHz로 해서 표본화주파수를 44,100샘플/초로 한다.

일반적으로 오디오 포맷 표준의 샘플링 주파수는 44.1kHz, 48kHz 이고, 고급형 기기에서는 96kHz이다.

② 양자화

CD/DAT(digital audio tape)표준의 경우 16비트를 사용하므로 양자화 단계는 2^{16}=65536레벨이고 재생시스템에서의 다이나믹 레인지가 약 96dB이다. 오디오가 비디오보다 많은 비트를 할당하는 것은 기본적으로 청각이 시각보다 발달하였고 신호 전체 주파수 대역이 적기 때문이다.

(4) 디지털 오디오 압축 방식

디지털오디오 압축 방식에는 MPEG오디오와 Dolby 디지털 오디오가 있다.

1) MPEG오디오

MPEG오디오는 고품질, 고능률 스테레오 부호화를 위한 ISO/IEC의 표준방식으로, ISO/IEC SC 29/WG-11에 설치된 MPEG내에서 동영상 부호화와 병행하여 표준화되었다. MPEG 오디오는 통칭이고 정식 표준 이름은 MPEG-1오디오가 ISO/IEC 11172-3인데 1992년 국제 표준이 되었고, MPEG-2오디오는 ISO/IEC 13818-3으로 1994년에 국제표준이 되었다.

MPEG-1오디오는 Layer-1, Layer-2, Layer-3라는 세부 규격으로 나뉘는데 MPEG-1 Layer-2는 MUSICAM(Masking pattern adapted Universal Subband

Integrated Coding And Multiplexing)이라 하고 Layer-3는 MP3라고도 한다.

압축에는 서브밴드코딩(대역 분할 부호화)과 MDCT를 사용하는데 심리음향 특성을 이용해서 고능률의 압축이 실현되고 있다.

MPEG-1오디오와 비교한 MPEG-2 오디오의 특징은 다음과 같다.

① 다채널화

MPEG-1오디오의 스테레오 기능이 MPEG-2오디오에서는 6채널까지 확장되어 영화관에서의 입체음향을 그대로 민끽할 수 있게 되었다. 6채널의 성분을 살펴보면 C(center), L(left), R(right), LS(left surround), RS(right sorround)의 5개 광대역신호(20kHz)와 저주파성분(100Hz)만을 별도로 제공하는 LFE(low frequency effect)신호로 이루어져 있다. 통상 이를 5.1채널이라고 부른다.

② 다국어 기능이 강화되었다.

MPEG-2오디오는 5.1채널 외에 별노로 7개 국어까지의 부가 음성을 보낼 수 있다.

③ MPEG-2오디오는 MPEG-1오디오에서 사용된 표본화주파수의 반인 16kHz, 22.05kHz, 24kHz 의 표본화 주파수를 사용한다.

이는 한정된 비트율에서 멀티채널 및 다국어의 많은 데이터를 효과적으로 압축하기 위해서는 입력신호의 대역이 좁을 경우 표본화주파수를 줄이는 것이 유리하기 때문이다.

④ MPEG-1오디오와의 역방향 호환성이 있다.

5.1채널의 MPEG-2오디오가 MPEG-1 오디오 수신기에서는 스테레오로 재생된다(단,MPEG-2 AAC는 호환성이 없다.)

MPEG-2 AAC(advanced audio coding)는 샘플링주파수가 8~96kHz, 채널수가 1~48이고 1997년 표준완성 되었다. 일본의 디지털방송, 단파를 이용한 디지털방송인 DRM, 국내에서 DMB용으로 사용되고 있다.

AT&T, 톰슨, 프라우호퍼 등의 업체가 공동으로 만든 이 규격은 MP3에 비해 음질이 우수하고 압축률이 높다. MP3의 데이터구조가 고정적인 반면 AAC의 데이터는 유동적인 구조를 갖는다. MP3에 비교하여 AAC는 TNS(temporal noise shaping)와 예측이라는 두 가지 기법을 통해 음질을 향상한다. 그러나 MP3에 비해 인코딩 시간이 최대 10배 이상 느리다. AAC는 일명 MP4라고도 한다.

MPEG-4오디오는 매우 낮은 비트율의 오디오코딩과 다양한 첨단기능을 제공하며, 향후 무선과 유선네트워크 응용분야에서 사용될 수 있는 차세대 오디오 압축방식이다.

표 13 MPEG-1,2,4 오디오의 샘플링주파수, 채널 및 전송률

MPEG	계층	표본화주파수	채널	전송률
MPEG-1	계층 I	32,44.1,48kHz	2	384kbps
	계층 II			256kbps
	계층 III			128kbps
MPEG-2	계층 I	16,22.05,24,32, 44.1,48 kHz	5.1	-2채널인 경우 : MPEG-1과 같음 -5.1채널의 경우 : 640kbps
	계층 II			
	계층 III			
	AAC	8~96kHz	48	-2채널인 경우 : 96kbps -5.1채널의 경우 : 320kbps
MPEG-4	AAC	8~96kHz	48	

2) Dolby 디지털 오디오

① AC-1

AC-1 스테레오 부호화기는 '인식 부호화기(Perceptual Coder)' 기법을 사용하지는 않았지만 아날로그 압신(companding)기법을 이용한 ADM (adaptive delta modulation)을 사용하여 20kHz대역의 스테레오 오디오 신호를 512kbps 신호열로 거의 1/3가량 압축시킨다.

AC-1의 주된 응용부분은 텔레비전의 위성중계나 케이블 TV에 주로 사용되었다. AC-1은 1985년 호주의 ABC사에서 DSB위성방송용으로 처음 사용되었다. 복호화기의 가격이 매우 저렴했기 때문에 AC-1은 다른 DSB서비스나 위성통신 네트워크나 케이블 라디오 시스템에서도 사용되었다. 적용분야에 따라 약간씩 차이는 있지만 채널당 220~325kbps비트율을 가진다.

② AC-2

AC-2 부호화기는 압축비가 6.1:1, 5.6:1, 5.4:1 이고, 샘플주파수는 48, 44.1, 32 KHz에서 256kbps, 또는 120, 192kbps의 데이터율로 높은 오디오 품질을 제공한다.

AC-2는 WAV타입으로 등록되어있기 때문에 컴퓨터 플랫폼과 상호교환이 가능하다. AC-2 부호화기는 PC사운드 카드나 녹음 스튜디오에서의 ISDN링크에 응용될 수 있다.

③ AC-3

ⓐ AC-3 오디오의 압축원리

AC-3는 기본적으로 Princen-Bradly의 TDAC(time domain aliasing cancellation) 기술에 기초한 필터뱅크를 사용한 적응형 변환 기반 부호화기이다. 필터뱅크 기반의 부호화를 사용하는 기본적인 이유는 신호성분과 해당 양자화잡음성분(마스킹되는)이 서로 동일한 임계대역에 보존되기 때문인데, 인간 청각의 마스킹 특징을 가장 잘 이용할 수 있고 '인지 부호화'에 요구되는 데이터율을 최소화할 수 있다.

ⓑ AC-3의 진행과정

1989년 SMPTE서브그룹은 5.1채널(좌, 중앙, 우, 좌서라운드, 우서라운드, 서라운드)을 제시하였고 1991년 표준으로 완성되었다. 1995년 FCC는 AC-3을 승인하였다.

오디오 압축 기술 비교를 표 14에 나타내었다.

표 14 오디오 압축 기술 비교

항목	AC-3	MPEG-2 계층II	MPEG-2 AAC
표준완성 연도	1991	1994	1997
참여 기업	Dolby	AT&T,BBC, CCETT,Phillips Thomson,Sony 등	AT&T,BBC, Phillips,NHK 등
채택 국가	북미,한국,싱가폴, 뉴질랜드 지상파	유럽위성 및 지상파, 한국위성	일본
표본화 주파수	32,44.1,48kHz	16,22.05,24,32,44.1, 48kHz	8,16,22.05,32,44.,1 48,64,88.2,96kHz
비트율	32~640kbps	3~1066kbps	8~576kbps
채널당최대비트율	128kbps	192kbps	288kbps
지원 채널	5.1	5.1	1~48
음성다중	2	7	16
주파수변환	MDCT	대역필터뱅크	MDCT
심리음향모델	단순화된 방법	mode 1	mode 2
부호화기법	가수/지수 부호화, 동적영역 압축	선형양자화, 스케일팩터, 동적비트할당	비선형양자화, 호프만부호화 등
음질	상	상	최상
MPEG-1과 호환	안됨	호환	안됨
오류정정	CRC	CRC	CRC

4. 디스플레이 기술

브라운관에서 벗어나 평면형 디스플레이에 관한 연구가 활발하게 이루어지고 있는데 액정의 과학적 굴절현상을 이용한 LCD(Liquid Crystal Display)와 기체의 방전 현상을 이용한 PDP(Plasma Display Panel) 등의 평면형 디스플레이가 실용화 되었다.

(1) LCD

LCD는 액정이라고 하며 액체의 성질을 가진 고체라는 뜻이다. 액정은 1888년 오스트리아의 F.Reinitzer가 처음으로 발견했는데 1968년 미국의 RSA사가 디스플레이에 최초로 응용하였다. 액정은 전자계산기, 시계, 게임기 등 문자와 도형을 표시하는 소형전자제품은 물론 노트북, TV, 자동차 · 항공기의 속도표시판, 운행 시스템 등에 이용되고 있다.

액정은 가늘고 긴 분자가 거의 일정한 방향으로만 나란히 있는 고체와 액체의 중간물질인데 이 액정에 전기를 걸면 그 방향이 변하는 성질을 가지고 있다. 즉, 두 개의 얇은 유리판 사이에 액정을 주입해 상하 유리판에 전압을 가하면 액정분자의 배열을 변화시킴으로써 명암을 발생시켜 숫자나 문자, 영상 등을 나타낸다.

LCD TV는 스스로 빛을 발할 수 있는 능력이 없어 광원이 필요하다. 화면을 내보내기 위해 액정에 빛을 쪼여줘야 하기 때문에 전파를 받아 영상으로 만드는데 들어가는 응답속도가 느리다. 그래서 스포츠 경기를 볼 땐 화면이 뭉개지기도 한다(잔영이 남는다). 그러나 LCD는 밝은 화면을 잘 표현할 수 있어 선명한 색상 재현이 가능하다.

(2) PDP(plazma display panel)

기체분자가 특정 상황에서 이온화되어 선기적으로 중성을 띠는 상태 또는 이런 상태의 물질을 플라즈마라고 한다. 예를 들면, 코로나방전, 글로우방전, 형광등 등이 있다.

유리 사이에 가스를 넣고 전기를 걸어주면 가스 이온화로 플라즈마 상태가 되고 이때 발광하는 빛을 이용한 것이 PDP이다.

빛을 스스로 낼 수 있어 응답속도가 빠르다. 영화나 스포츠 경기에 알맞다.

PDP는 어두운 화면 표현을 잘해 눈부심이 덜하다. 장시간 TV시청할 때 유리하다.

(3) OLED(organic LED: 유기 발광 다이오드))

OLED는 형광성 유기화합물에 전류가 흐르면 빛을 내는 전계발광현상을 이용하여 스스로 빛을 내는 자체 발광형 유기물질이다.

낮은 전압에서 구동이 가능하고 얇은 박막으로 만들 수 있다. 넓은 시야각과 빠른 응답속도를 갖고 있어 일반 LCD와 달리 바로 옆에서 보아도 화질이 변하지 않으며 화면에 잔영이 남지 않는다. 또한 소형 화면에서는 LCD 이상의 화질과 단순한 제조공정으로 인하여 유리한 가격 경쟁력을 갖는다.

구동방식에 따라 수동형 구동방식(passive matrix)과 능동형 구동방식(active matrix : AM OLED)으로 구분한다.

OLED는 LCD의 뒤를 잇는 차세대 꿈의 디스플레이로 화질, 소비전력 등에서 LCD를 앞서지만 제품의 대형화가 어려워 휴대폰 등 소형 제품에만 주로 사용되고 있다. 현재 31인치 TV용 AM OLED가 최대 크기이다.

같은 크기의 LCD와 비교하면 패널 두께는 10분의 1 수준이며 소비전력은 평균의 절반도 되지 않는다.

5. 지상파 디지털TV

(1) 지상파 디지털TV 방식

지상파 디지털TV 방식에는 미국의 ATSC, 유럽의 DVB-T, 일본의 ISDB-T 등 3가지 방식이 있다.

1) ATSC 방식

1982년 미국은 ATSC를 설립하였다. 1986년 FCC는 지상파 방송서비스의 향상 방안을 모색하였다. 1994년 3월 ATSC에 의해 8-VSB가 전송 규격으로 결정되었다. 1996년 12월 FCC는 ATSC방식을 표준으로 승인하였다.

2) DVB 방식

1993년 유럽방송연맹(EBU)은 디지털 방송 규격을 제정하기 위하여 DVB(digital video broadcasting)프로젝트를 만들었다. DVB가 제안하고 유럽의 전기통신분야 표준기구인 ETSI에서 심의 후 표준으로 승인하는 절차를 거친다.

1994년 12월에 DVB위성표준 DVB-S(ETSI EN 300 421)와 케이블방송표준인 DVB-C(ETSI EN 300 429)가 제정되었다. 한편 DVB-T에 대한 작업은 큰 진전을 보지 못했다. 그 이유는 당시 지상파 TV의 디지털화 요구가 높지 않았으며, 유럽에서 지상파가 사용하는 UHF대역의 여유 채널이 더 이상 없어 같은 대역으로 디지털방송을 시작하는 것이 어려울 것으로 생각했기 때문이다. TV지상파 전파 환경이 다른 매체에 비하여 기술적으로 가장 복잡한 것도 하나의 이유로 분석된다.

DVB-T(ETSI EN 300 744)는 1997년 2월 완성하여 ETSI에서 승인되었다.

DVB-T는 유럽 내의 모든 국가가 채택하고 있으며 유럽 이외의 지역에서도 호주, 뉴질랜드, 싱가포르, 인도, 홍콩 등이 채택하였다.

3) ISDB-T방식

일본은 1970년대부터 HDTV 개발을 가장 활발하게 추진해 왔으며, 1980년대 들어서는 방송위성을 이용한 아날로그 HDTV인 'hi-Vision' 시험서비스를 실시하였다.

1997년 9월 ARIB(association of radio industries and businesses)는 ISDB-T규격을 만들었다. 지상파 디지털 TV규격인 ISDB-T는 HDTV와 Mobile-Multimedia 서비스 제공이라는 두 가지 목표를 가지고 개발되었다. ISDB-T는 유럽 DVB-T의 COFDM처럼 OFDM에 기초한 BST-OFDM이라는 전송방식을 사용한다.

표 15 지상파 디지털TV방식 비교

방송방식	ATSC	DVB-T	ISDB-T
비디오 압축	MPEG-2	MPEG-2	MPEG-2
오디오 압축	AC-3	MPEG-2	MPEG-2 AAC
전송방식	8-VSB	COFDM	BST-OFDM
변조방식	8-VSB	QPSK, 16QAM, 64QAM	DQPSK,QPSK 16QAM,64QAM
데이터전송률 (6MHz기준)	19.39Mbps	3.74~23.75Mbps	3.65~23.23Mbps
데이터방송규격	ACAP	DVB-MHP	ARIB BML
가능주파수대역	6,(7,8) MHz *	(6),7,8 MHz	6,(7,8) MHz
반송파	단일 반송파	다중반송파 [2k(1705개), 8k(6817개)]	다중반송파 [세그먼트수(13)]
보호구간	-	각 모드에서 1/4,1/8, 1/16, 1/32	각 모드에서 1/4,1/8,1/16, 1/32

오류정정	리드 솔로몬 + Trellis 코딩	리드 솔로몬 + 컨벌루션 코딩 (1/2,2/3,3/4,5/6,7/8)	리드 솔로몬 + 컨벌루션 코딩 (1/2,2/3,3/4,5/6,7/8)
C/N임계(dB)	14.9(20kHz에서)	3.1~22.9	-
리드 솔로몬(FEC)	T=10,RS(207,187)	T=8, RS(204,188)	T=8, RS(204,188)
채택 국가	한국,미국,카나다	유럽	일본

*6MHz에서 7혹은 8MHz로 변경가능하나 채널필터와 중간주파수블록 그리고 시스템클럭주파수를 변경해야 한다. 그리고 6MHz 시스템의 혼신 성분 제거를 위한 Comb Filter의 설계 등을 그 특성에 맞게 재설계해야 함.

(2) 지상파 디지털TV 전송방식

1) 8-VSB

미국의 제니스(Zenith)사가 개발한 기술로 지금은 LG전자가 소유하고 있다. 우리나라와 마찬가지로 TV 1개 채널에 6MHz가 할당되어 있는 미국에서 고화질 TV구현을 목표로 개발한 전송방식이다. 단일 반송파의 변조방식으로 이동수신에서 상대적으로 열위에 있다.

2) COFDM(Coded OFDM)

OFDM성질을 가지면서 전송데이터가 FEC코딩에 의해 보호되는 방식으로 다중반송파 방식이며 다중경로페이딩에 강하고, 따라서 이동수신에 강하다. 또한 단일망(SFN)구성도 가능하다.

3) BST-OFDM

고정수신과 이동수신의 동시 제공이 가능하다. TV 한개 채널에 할당된 주파수(6MHz)를 13개의 조각(세그먼트)으로 쪼갠 뒤 이중 1개 세그먼트를 이동수신용으로 활용하는 기술방식이다. 이를 테면 12개 세그먼트(16.9Mbps)는 비디오에만 14.3Mbps가 필요한 고화질 TV프로그램을 송출하는데 사용하고, 나머지 한 개 세그먼트(630kbps)는 이동수신을 구현하는데 이용한다.

6. HDTV

(1) 개요

TV는 1940년대의 흑백 TV, 1950년대의 컬러TV, IDTV(Improved Definition TV), EDTV(Enhanced Definition TV)로 발전되어 왔다.

현재 전 세계적으로 사용되고 있는 아날로그 TV방식에는 한국, 미국, 일본 등에서 사용하고 있는 NTSC(National Television System Committee), 유럽에서 사용하는 PAL(Phase Alternation by Lines), 프랑스에서 사용하는 SECAM(Sequentiol Color Memories)방식 등이 있다.

IDTV는 일반 TV보다 좀 더 선명한 TV로서 기존 TV에서 사용하는 비월주사(interlace scan)를 순차주사(progressive scan)로 바꾸거나, 또는 잔상(ghost)을 제거할 수 있는 기능을 갖춘 TV이다. 또 EDTV는 기존 컬러 TV를 기본으로 하여 화면의 종횡비를 9:16으로 크게 하여 현장감을 높인 TV이다.

그러나 위의 두 가지 TV는 모두 기존 TV의 근본적인 한계를 벗어나지 못했다. 그래서 기존 TV방식의 한계를 벗어나서 보다 선명하고 크고 현장감 넘치는 화면을 원하게 되었고 이에 부응하여 나온 것이 HDTV(High Definition TV)이다. HDTV는 기존 TV보다 2배 이상의 수직 · 수평 해상도를 가지며 크로스 컬러와 같은 기존 TV의 문제점을 개선하고 기존 TV 보다 넓은 화면 종횡비를 가지며 CD음질 수준의 디지털 오디오 성능을 갖는다.

HDTV는 일본의 MUSE, 유럽의 HD-MAC과 같은 아날로그 방식에서 시작하여 지금은 디지털방식이 사용되고 있다.

(2) HDTV의 역사

1) 일본

1960년 　컬러TV방송 시작

1964년　동경올림픽을 세계 최초로 컬러TV로 중계

1970년　HDTV 시작품 개발 시작

1981년　HDTV 첫 시작품 출시

1989년　세계 최초로 HDTV(아날로그방식)시험방송 시작

1997년　디지털방식 ISDB-T규격 제정

1999.11.　지상파 디지털TV 시험방송 실시

2003.12.1. 도쿄, 오사카, 나고야 등 3대 광역권에서 지상파 디지털TV 방송 시작

2) 미국

1987년　FCC에서 HDTV를 도입할 목적으로 차세대TV방송 ATV(advanced TV)방식의 규격화 검토

1993.2.　여러 방식들 중에서 네 가지 방식의 규격을 통일한 Grand Alliance (GA)규격에 기본적으로 합의

1996.12. FCC는 ATV표준 규격(ATSC방식) 공포

1998.11. 디지털 TV방송 시작

3) 유럽

유럽은 1995년 방송을 목표로 필립스와 톰슨사를 주축으로 HD-MAC방식(아날로그방식)의 HDTV개발을 시작하였으나 포기하고 디지털방식을 포함한 새로운 개발 계획으로 전환하여 영국에서 1998년 디지털 TV 방송을 개시하였다.

4) 한국

1996년　디지털HDTV 개발 및 규격 마련

1999년　KBS, 지상파 디지털HDTV 실험방송 시작

2000.9.　디지털TV 시험방송 개시(KBS, MBC, SBS)

2001.10.　수도권 일부지역을 대상으로 본방송 실시

(3) HDTV의 특징

① 화면의 종횡비가 9:16이다.

인간의 시각특성은 화면크기가 40인치 이하일 경우에는 화면의 종횡비가 3:4 일 때 눈에 자연스럽게 보이나 화면이 그 이상 커질 경우 3:4로 하면 정사각형인 것 같은 느낌을 준다. 따라서 화면이 커질수록 9:16으로 하는 것이 눈에 자연스럽다.

9:16으로 하면 3:4의 SDTV와의 상호변환이 편한 점도 고려되었다.

② 화각과 시청거리

정지화상일 경우 적당한 시청거리는 2~3H(H: 화면의 높이, 화각 20~30)이고 동영상일 경우에 시청거리는 4H(화각 19)가 좋은 것으로 나타나 이 둘을 절충한 3H(수직화각 20)가 표준이다.

③ 주사선수

시청거리가 3H이고 수직화각이 20일 때 소요되는 주사선수는 1200개가 된다.

미국에서는 525의 2배인 1050개의 주사선을, 유럽에서는 625의 2배인 1250개의 주사선을 권장하였다.

표 16 아날로그TV와 HDTV방식의 비교(HDTV의 조건)

특징 \ TV방식	아날로그 TV	HDTV
주사선수	525/625	1050/1250
시청거리	7H(H:화면의 높이)	3H
화면종횡비	3:4	9:16
대역폭	4.3MHz	20MHz이상
음성및 영상신호처리방식	아날로그	디지털
음성품질	FM방송급	CD급
신호전송방식	아날로그	디지털

(4) SDTV와 HDTV의 비교

DTV(digital TV)는 선명도에 따라 HDTV(high definition TV)와 SDTV(standard definition TV)로 구분된다. SDTV란 기존 NTSC급 해상도를 갖는 디지털TV를 말한다. 어느 방식을 기본서비스로 하느냐는 국가마다 다르며 국내에서는 HDTV가 기본서비스이다.

현재 국내 HDTV는 1080i 방식을 사용하나 차후 MMS가 도입되면 720p 방식을 사용할 예정이다. 1080i는 1920×1080 화면을 초당 30번 보여주는 방식(비월주사방식)이고 720p는 1280×720 화면을 초당 60번 보여주는 방식(순차주사방식)이다. SDTV의 해상도는 704×480이다.

표 17 국내 SDTV와 HDTV 비교

	SDTV	HDTV
화소	40만	200만
주사선	480	1080i, 720p, 1080p(풀HD)
화면비	4:3 , 16:9	16:9
화질	아날로그TV와 유사한 화질이나 잡음이 없어 더 선명함	아날로그TV나 SDTV에 비해 4~5배의 화질
음질	5.1채널	5.1채널

SDTV는 아날로그TV와 유사한 화질을 갖는다. NTSC 컬러텔레비젼은 흑백TV와의 호환을 위하여 기존 신호 기록방식에 색상신호를 별도 캐리어를 사용하여 삽입한 형태이므로 색상의 구현에 한계가 있었다. 그러나 HDTV는 구현할 수 있는 색상(chroma)의 스펙트럼이 크게 개선되어 더 다양한 색상의 구현이 가능하다.

DTV는 고음질로 구현되는 다채널 오디오가 큰 특징이다. 우리나라에서 SDTV와 HDTV의 음향 표준으로 채택한 돌비 AC-3 방식은 5.1채널로 녹음하고 송출 · 재생할 수 있다.

(5) 풀HDTV

풀HDTV는 해상도가 1920×1080 으로 200만 화소를 가지며 1080p(1920×1080 화면을 초당 60번 보여주는 방식)의 순차주사방식이다. 따라서 화질은 HDTV의 2배이다.

120Hz 풀HD 기술은 1초에 120장의 풀HD영상을 전송하는 기술로 기존 LCD의 잔영을 감소시킨다(동화상 번짐 현상 개선).

(6) UDTV(ultra definition TV)

1993년부터 개발한 일본의 디지털TV 표준이며 우정성 전기통신기술심의회가 제안한 개념으로 차세대 디지털TV이다.

UD급 해상도(3840×2160)는 일명 4k×2k 라고도 불리는 해상도로 풀HD보다 4배 선명한 화질을 제공하는 차세대 초고해상도를 말한다. UD는 풀HD에서 표현 가능한 약 200만화소의 4배인 800만 화소를 표현한다.

삼성전자는 2008년 5월 120Hz UD급 82인치 TV용 LCD패널 개발하였다.

7. 국내외 동향

컬러TV 방송은 기존의 흑백TV방송 규격을 근본적으로 변경하지 않고 컬러TV 특성만을 추가하여 표준으로 정하였으며, 1954년 미국에서 처음으로 방송되었다. 시간이 지나면서 TV화면이 대형화되고 이에 따라 기존의 방송 규격으로는 구현할 수 없는 선명한 화질에 대한 욕구가 일기 시작하면서 새로운 방송방식에 대한 논의가 시작되었다. 이러한 배경으로 HDTV는 1960년대부터 시작되었으나 실제로 처음 구현된 것은 일본에서 아날로그 방식의 HDTV를 1978년에 위성을 이용한 HDTV 중계실험을 마치고 1981년에 일반에 공개한 것이다.

일본의 HDTV에 자극받은 유럽과 미국은 각각 HDTV의 개발을 서두르게 되었고, 미국은 1982년 차세대 TV프로젝트를 착수하였고, 유럽은 1988년 HD-MAC을 개발하였다. 그러나 디지털 신호처리 및 전송기술과 컴퓨터 산업의 발전 속도가 빠르게 진전됨에 따라 아날로그 방식의 HDTV보다는 특성이 우수한 디지털방식의 HDTV개발이 추진되었다.

1998년 9월 영국은 세계 최초로 DVB방식의 디지털 지상파 TV방송을 실시하였고, 같은 해 11월 미국의 주요 도시에서 ATSC방식의 디지털지상파 TV방송이 시작되었다.

(1) 국내 동향

1997년 2월 정통부, 지상파DTV 방송 전환 기본 방침 잠정 결정
1997년 3월 DTV방송방식 선정을 위한 '디지털방송 추진협의회' 구성
1997년 11월 북미방식인 ATSC-8VSB 표준으로 채택
1998년 5월 국내 최초 지상파 DTV실험방송 실시(KBS)
2000년 7월 방송위원회, 디지털방송 추진 위원회 출범
지상파 DTV 전송방식 선정 재검토 요구(방식 논란 시작)
9월 디지털TV 시험방송 개시(KBS, MBC, SBS)
2001년 10월 수도권 일부지역을 대상으로 지상파 DTV 본방송 실시
2004년 7월 DTV방식 최종 결정(논란 해소), 미국방식 고수

(2) 국외 동향

1) 일본

1994년 6월 우정성은 지상파DTV의 기술적 조건과 관련하여 전기통신기술심의회에 자문을 요청하였으며 전기통신기술심의회는 방송사, 제조업체, 표준화단체 및 기술전문가로 위원회를 구성하여 논의(ISDB-T방식 독자 개발 시작)
1997년 9월 ARIB에서 ISDB-T 규격 제정
1999년 5월 전기통신기술심의회는 지상파DTV의 기술 규격안을 우정성에 보고(ISDB-T 확정)
2003년12월 1일 도쿄, 오사카, 나고야 등 3대광역권에서 지상파 DTV 방송 시작

2) 유럽

1993년 DVB포럼을 설립하였으며 1996년 전송방식을 OFDM으로 결정하였다. 1997년 2월 DVB-T가 표준으로 채택되었다.

영국에서 1998년 9월 23일 BBC가 세계 최초로 지상파 디지털 TV방송을 시작한 이래 스웨덴(1999), 스페인(1999)이 그 뒤를 이었고 프랑스, 핀란드, 노르웨이, 아일랜드, 이태리, 포르투갈, 네덜란드, 독일, 그리스, 덴마크 등도 디지털방송을 하고 있다.

3) 미국

1982년 ATSC를 설립하였다. 1986년 FCC는 지상파 방송서비스의 향상방안을 모색하였다. 1994년 3월 ATSC에 의해 8-VSB가 전송규격으로 결정되었다. 1996년 12월 FCC는 ATSC방식을 표준으로 승인하였다.

1998년 11월 미국의 주요 도시에서 ATSC방식의 지상파 디지털TV방송이 시작되었다.

3 IPTV

1. 개요

IPTV에 대한 정의는 세계 여러 나라 및 개인마다 다양하게 내리고 있지만, 최근 ITU-T FG IPTV에서 내린 정의는 다음과 같다.

"Multimedia services such as television/video/audio/text/graphics/data delivered over IP based networks managed to provide the required level of QoS/QoE,security,interactivity and reliability."

즉, "요구되는 수준의 QoS/QoE(체감품질), 보안, 양방향성 그리고 신뢰성을 제공하기 위해 제어되는 IP기반의 네트워크를 통해 전송되는 텔레비전/비디오/오디오/텍스트/그래픽/데이터 같은 멀티미디어 서비스"

기본적으로 IPTV는 인터넷이라고 하는 통신영역과 TV라는 방송의 영역이 공존하는 분야로서 기존 통신과 방송 관련 서비스를 모두 포함하는 새로운 형태의 융합서비스이다. 또한, 네트워크 측면에서는 서비스별 요구되는 수준의 QoS/QoE, 보안, 양방향성, 신뢰성 등이 보장되는 네트워크가 필요하다.

IPTV의 가장 두드러진 기술적 특성은 인터넷 프로토콜(IP)이 신호를 패킷단위로 쪼개 전송하고, 각 패킷에 목적지 주소를 지정하고 전송경로를 결정하는 데 있어 IP프로토콜을 사용한다는 것이다. 기존의 CATV가 주파수배정에 의한 RF방식, 즉 특정 주파수대역에서는 특정채널의 프로그램만 송출하는 선형(linear)구조인데 반해, IPTV는 모든 신호를 패킷으로 나누어 패킷의 한 부분인 목적지의 주소 데이터가 읽혀져 방송신호가 가입자의 셋톱박스에 도달하는 이른바 비선형구조를 띠고 있다.

케이블TV가 주파수대역의 제한으로 공급 가능한 채널수에 한계가 있다면 IPTV는 1천개, 1만개 등 채널수에 제한을 받지 않고 공급할 수 있다는 강점이 있다.

IPTV는 미래 유료 방송 체제의 근본적인 변화를 가져올 전망이다. 먼저 채널개념의 변화이다. 현재의 선형채널 외에 주문형 채널이 등장하면서 콘텐츠의 소비단위가 채널단위에서 프로그램 단위로 전환하는 계기를 제공하고 있다. 예컨대 기존 PPV나 NVOD외에 R-VOD, S-VOD, Free On Demand 등과 같은 다양한 주문형 채널의 등장이 가능하여 궁극적으로는 주파수로부터 해방됨으로써 선형채널의 해체 가능성을 제기하고 있다. 다음으로 TV단말을 이용한 다양한 양방향 데이터서비스를 들 수 있다.

2. 서비스 종류

IPTV서비스는 그림 3과 같이 비디오/오디오 채널서비스, VOD서비스, 양방향서비스, IP호스팅서비스로 분류할 수 있다. 채널서비스는 일반적인 지상파나, PP(Program provider)채널과 VoD형태의 선택형 채널서비스가 있다.

양방향서비스에는 뉴스, 날씨 같은 정보형서비스와 유아, 초중고, 수능 및 성인 대상의 교육 서비스, 은행, 증권 홈쇼핑 등의 커머스서비스, 게임, 오락 등의 엔터테인먼트 서비스 그리고 채널프로그램과 연동되는 연동형 데이터 방송 서비스가 있다. IP채널 호스팅서비스는 종교단체나 기업 사내 채널로 활용될 수 있으며 IPTV서비스가 다른 방송매체와 차별화될 수 있는 서비스이다. 그 외 IPTV 컨버전스 서비스로 유무선 연동서비스가 있는데, PC,모바일폰, IPTV 등의 단말로 장소와 시간에 상관없는 UCC서비스가 가능하다.

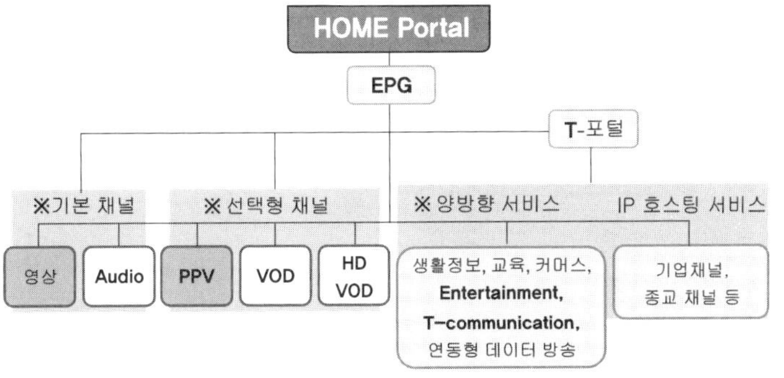

그림 3 IPTV서비스의 예

3. IPTV 요소 기술

IPTV시스템 구조는 그림 4와 같이 콘텐츠를 수신, 가공(압축/암호화)하여 송출하는 플랫폼, 전달하는 네트워크, 콘텐츠를 역변환하여 수신하고 송신하는 터미널(셋톱박스)로 구성된다.

(1) IPTV 플랫폼

IPTV서비스는 지상파 방송사, 위성방송사, 방송채널 사용사업자(PP) 등 콘텐츠 제공사업자들에게서 제공되는 콘텐츠를 방송센터에서 입력받아 IPTV서비스 기술표준에 적합하도록 디지털 신호처리하고 방송 스케줄에 맞게 편성한 후 방송프로그램을 xDSL, FTTP, HFC, FTTH 등의 유선망을 통해 가입자의 셋톱박스로 신호를 IP방식으로 전송한다.

이때, 콘텐츠 제공사업자들이 제공한 콘텐츠를 입력받아 네트워크로 전송할 수 있도록 입력된 신호를 MPEG-2, H.264 등의 압축방식에 의해 압축하고 이러한 정보와 다양한 데이터들을 다중화하고, 전송네트워크에 적합하도록 다중화된 신호들을 디지털 신호처리 기법에 의해 처리하는 부분을 플랫폼이라 한다.

IPTV플랫폼은 수신, 가공, 송출, 관리, 보안, 부가서비스 부분으로 구분되며 표 18에 나타내었다. 이러한 기능들은 디지털 CATV방송시스템과 동일한 요소 기능들이다.

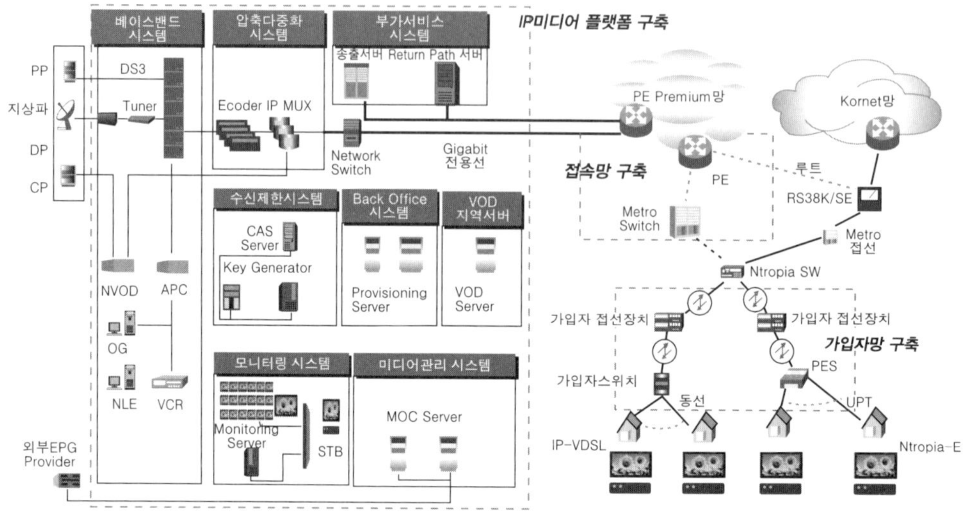

▪ 그림 4 ▪ IPTV시스템 구조

SK브로드밴드(하나로텔레콤)의 경우는 신호압축을 MPEG-2방식에 의해 설계하고, H.264방식의 상용화가 입증될 경우, 2008년경 MPEG-2방식을 H.264 방식으로 전환하는 것을 고려하고 있다.

표 18 IPTV플랫폼의 구분

플랫폼	시스템	기능
수신	베이스밴드	-지상파,PP,위성 등의 신호를 수신함. -Routine Switch를 통해 방송 신호들의 분배를 조작하며 관제시스템을 통해 모니터링 함.
가공 송출	압축다중화	-수신된 영상 신호를 H.264로 압축하고 데이터 신호와 다중화한 후 암호화(스크램블링) 및 IP패킷화하여 전송함.

보안	수신제한시스템(CAS)	-실시간 채널에 대한 암호화 및 VoD컨텐츠의 사전 암호화를 수행하며 시청 권한을 제어함으로서 인증된 사용자에 한해 채널 및 컨텐츠를 이용할 수 있도록 하는 시스템
관리	Media Operation Core(MOC)	-방송센터의 중앙에서 각 시스템들과 유기적인 결합을 통해 정보 흐름을 통합 관리하는 coordinator 역할을 수행함 -프로그램 편성, 컨텐츠 및 미디어 관리, PP 및 CP와의 계약관리
부가서비스	부가서비스 시스템	T-internet, T-commerce, T-communication, T-game 등의 각종 부가 서비스를 구현함.

(2) IPTV 네트워크

IPTV네트워크는 그림 5와 같이 백본(backbone)망과 액세스망으로 구성되며, 네트워크 요소기술로는 Multicast와 QoS기능이 필수적으로 요구된다. Multicast protocol로는 백본과 가입자 스위치간에는 PIM-SM, 가입자스위치와 가입자 집전장치(SDLAM,ONU) 간에는 IGMP, IGMP Snooping Protocol을 적용하며, QoS기술로는 백본망은 MPLS-TE, 액세스망은 DiffServ기술을 적용한다.

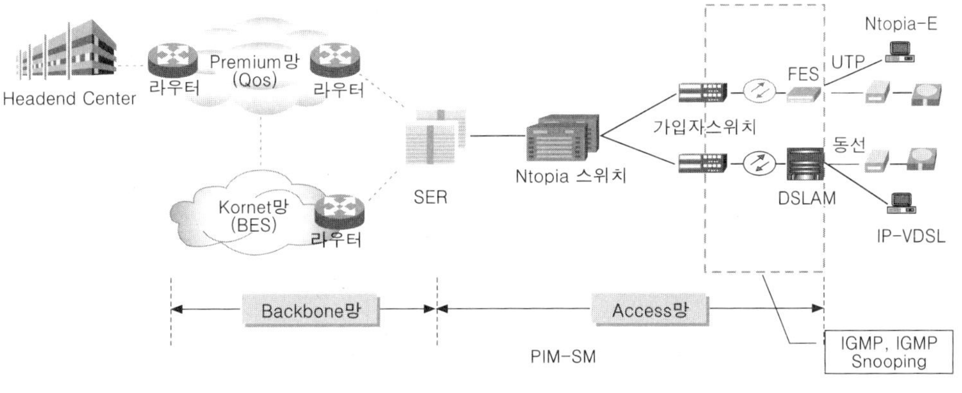

그림 5 IPTV 네트워크

1) 전달망(backbone망)

IPTV서비스를 위한 전국 네트워크 구성은 콘텐츠 수급이 용이한 지역에 중앙 헤드엔드 시스템을 구축하고 전국 주요 지역에는 지역 헤드엔드 시스템을 구축하여 중앙 헤드엔드 시스템과 지역 헤드엔드 시스템을 광망으로 연결한다.

IPTV 중앙 헤드엔드에서는 외부 콘텐츠를 정해진 인코딩방식(MPEG-2, H. 264)으로 변환한 후 IP스트리머를 통해 헤드엔드 라우터로 전송하고 VOD, 데이터, CG 등의 정보들과 헤드엔드 라우터에서 결합하여 지역에 위치한 시외 집중국을 거쳐 지역 헤드엔드 시스템까지 광케이블을 통해 전송한다. 지역 헤드엔드 시스템에서는 중앙 헤드엔드에서와 같이 지역방송 콘텐츠들을 신호 처리하여 중앙 헤드엔드에서 보내온 신호정보들과 결합해 정보 집전장치인 DSLAM까지 전달한다. 집전장치인 DSLAM에서는 가입자의 셋톱박스까지 연결되는 가입자선로의 전송채널 용량문제로 가입자가 요청한 채널만 DSLAM에서 가입자망으로 전송하여 가입자 셋톱박스에서 TV형식으로 디코딩해서 정보를 화면에 표시한다.

2) 가입자망(access망)

국내에 포설된 가입자 네트워크의 종류는 구리-ADSL, 광-ADSL, IP-VDSL, Ntopia-E, HFC, FTTP(fiber to the premise), FTTH, Netspot 등 다양하다.

이러한 다양한 네트워크 중에서 IPTV서비스를 위해서 사용 가능한 네트워크는 네트워크가 갖고 있는 신호전송대역폭, 서비스종류 및 신호압축방식에 따라 달라질 수 있다.

예를 들어 MPEG-2압축방식으로 HD급 방송 2채널(40Mbps대역폭), 초고속인터넷(10Mbps)을 서비스하면 요구되는 대역폭은 50Mbps이상이며, H.264방식으로 같은 서비스를 할 경우에는 요구되는 대역폭은 약 30Mbps이다. 2007년말 기준 국내 초고속인터넷 가입자수는 1470만이고 이 가운데 50Mbps이상의 속도인 가입자는 700만이다. 따라서 IPTV서비스를 위해서는 기존 네트워크 중 약 50%를 업그레이드 해야 한다.

KT나 SK브로드밴드가 전국적으로 IPTV서비스를 실시하기 위해서는 KT의 경우 현재 포설되어 있는 네트워크 중 약 60%에 해당하는 ADSL네트워크를 업그레이드해야 하고 SK브로드밴드의 경우는 현재 포설되어 있는 네트워크 중 약 10% 정도의 ADSL네트워크를 업그레이드해야 한다.

가입자망 측면에서 디지털 CATV와 IPTV를 비교하면, 디지털CATV서비스와 IPTV서비스는 TPS서비스를 제공하는 측면에서는 거의 동일하나, 서비스가 제공되는 가입자단 측면에서는 현저한 차이가 있다.

디지털CATV는 방송국에서 제공하는 모든 콘텐츠가 HFC를 통해 가정내에 설치된 셋톱박스까지 모두 전달되고 가입자가 시청하고자 하는 채널을 선택하기 위해 리모컨을 작동하면 셋톱박스에서 채널이 변경되어 선택채널의 프로그램이 TV화면에 즉시 나타난다. 그러나 IPTV는 방송국에서 제공하는 모든 콘텐츠가 가정 내에 설치되어 있는 셋톱박스까지 전달되지 못한다. 왜냐하면 가입자단의 전송네트워크가 xDSL 계통의 경우 신호 대역폭이 작기 때문에 모든 콘텐츠가 셋톱박스까지 전달되지 못하고 광망이 설치되어 있는 집전장치까지만 전달되기 때문이다. 따라서 가입자가 채널을 선택하기 위해 리모콘을 작동하면 선택 명령신호가 셋톱박스를 통해 신호 집전장치까지 전달되며 집전장치에서 선택된 채널이 셋톱박스로 전달되고 전달된 신호가 신호처리를 거쳐 TV화면에 나타난다.

(3) IPTV 셋탑

IPTV STB는 그림 6과 같이 4개 계층으로 구성되며, 어플리케이션 계층에의 다양한 서비스 구현을 통해 디지털 컨버전스를 완성할 수 있다.

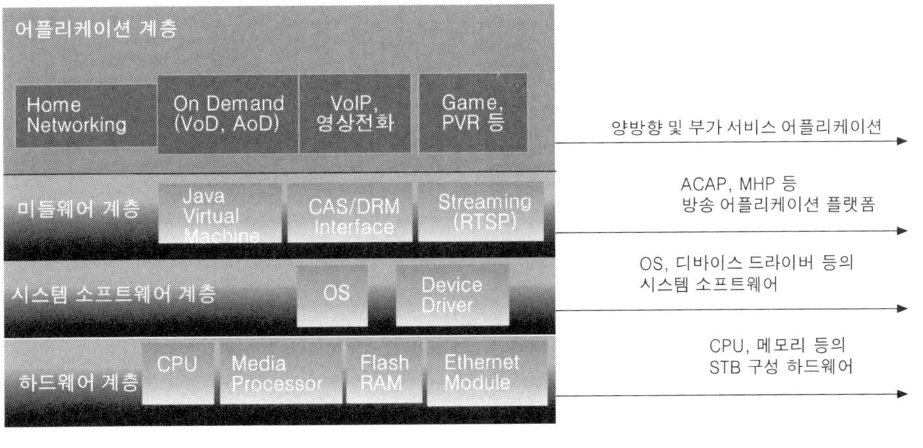

그림 6 IPTV 셋탑구조

셋톱박스에 포함되는 기능들은 그림 6과 같은데 IPTV서비스 사업자가 제공예정인 서비스 기능에 따라 물리적 기능이 달라질 수밖에 없고 이에 따라 셋톱박스의 단가 및 유통모델이 달라질 것으로 예상된다.

(4) 디지털CATV(DCATV)와 IPTV의 차이

① 플랫폼 측면에서

디지털CATV는 OpenCable 표준방식에 따라 RF방식으로 전송하고, IPTV는 IP방식신호를 전송한다.

② 가입자망에서 디지털CATV는 셋톱박스에서 채널선택이 이루어지나 IPTV에서는 리모컨신호가 셋톱박스를 지나 집전장치에서 채널을 선택한다.

표 19 IPTV와 DCATV의 비교

항목	IPTV	DCATV
전송선로	FTTH, xDSL, HFC	HFC망
전송방식	IP멀티캐스팅	브로드캐스팅
콘텐츠	VOD, 다채널 방송	지상파포함 다채널방송
단말기	셋톱박스, TV	셋톱박스, TV
서비스영역	전국서비스	지역서비스

4. IPTV 국내 동향

(1) 추진일정

2006년 11월~12월 KT와 다음 커뮤니케이션이 IPTV시범사업 수도권에서 실시

2007년 1월 31일 정통부, 방송위, 제4차 IPTV시범사업 공동 추진협의회

2007년 3월 2일 국회, 방송통신융합특별위원회 첫 회의

2007년 3월 27일 방송위, 전체회의를 열고 IPTV도입을 위한 정책방안과

방송법 개정 의견안을 의결(방송위 정책방안 최종 확정).

2007년 4월 6일 방송통신융합추진위원회는 IPTV를 방송사업으로 규정

표 20 방송통신융합추진위원회의 IPTV 정책안 (2007.4.6)

구분	내용
서비스성격	방송으로 규정
	실시간방송과 VOD에 대해 허가면허 받도록 규정
서비스권역	개개 사업자가 전국서비스 가능
사업진입	대기업,지배적 기간통신사업자 참여 가능
	일간신문, 뉴스통신 49% 지분 범위 내에서 가능
	외국인 지분 49%로 제한
기타	인터넷망 보유 사업자의 경우 망 개방(망 공동접근 의무)
	콘텐츠 활성화 의무 부과

2007년 7월 9일 홍창선의원(열린우리당,과학기술정보통신위원),서상기의원(한나라당,과학기술정보통신위원),손봉숙(통합민주당,문화관광위원회)의원의 IPTV법안이 국회 방송통신특별위원회에 상정

2007년 9월 11일 국회 방통특위는 제11차 전체 회의를 열어 지금까지 발의된 7가지 IPTV법안을 모두 법안심사소위에 회부

2007년11월 20일 국회 방통특위 법안심사소위는 IPTV법안(인터넷 멀티미디어 방송 사업법안) 의결

표 21 IPTV법안 국회 방통특위 법안심사소위 결정 내용(2007.11.20)

쟁점	방송위원회/케이블TV업계	KT등 통신업계	국회방송특위 법안소위 결정
IPTV개념	방송	통신/신규서비스	사실상통신/신규서비스

권역	케이블TV권역과 같게 해야(현77개권역/1SO전체 5분의1 초과 못해)	1개사업자가 전국권역에서 사업실시	전국권역(77개)으로 확정 (점유율 3분의 1제한)
자회사분리	시장지배적 사업자 직접 사업 반대	신규 서비스 투자 위해 모회사가 직접 사업 해야	'자회사 분리 강제' 법에 명문화 못해
규제방식	'동일서비스 동일 규제' 케이블TV와 동일하게 방송법(개정)으로 규제해야	새로운 서비스이므로 특별(별도)법 도입해야	미정(현재 방송법 개정안 및 IPTV법안 7개 상정)

2007년 12월 28일 '인터넷 멀티미디어 방송 사업법(IPTV법)' 이 국회 통과

위의 법 2조 1항은 다음과 같다.

"인터넷 멀티미디어 방송이란 광대역 통합정보통신망 등(자가 소유 또는 임차 여부를 불문하고 「전파법」제10조 제1항 제1호에 따라 기간통신 사업을 영위하기 위하여 할당받은 주파수를 이용하는 서비스에 사용되는 전기통신회선설비는 제외한다.)을 이용하여 양방향성을 가진 인터넷 프로토콜 방식으로 일정한 서비스 품질이 보장되는 가운데 텔레비전 수상기 등을 통하여 이용자에게 실시간 방송프로그램을 포함하여 데이터 · 영상 · 음성 · 음향 및 전자상거래 등의 콘텐츠를 복합적으로 제공하는 방송을 말한다."

2008년 2월 26일 방송통신위원회 설립법안 국회 통과
2008년 4월 21일 방통위, 인터넷 멀티미디어 방송사업법 시행령 제정을 위한 주요 내용 확정
2008년 8월 29일 방통위, IPTV사업자 신청 접수
KT, SK브로드밴드, LG데이콤, 오픈IPTV 등 4개사 신청
2008년 9월 8일 방통위, IPTV사업자로 KT, SK브로드밴드, LG데이콤 선정

(2) 업계 동향

1) KT

KT는 2007년 7월4일부터 서울 전 지역과 경기 과천, 동탄 등에서 HD영상을 주문형동영상(VOD)형태로 제공하는 스트리밍(실시간전송)방식의 '메가TV' 서비스를 개시했다. 50Mbps 이상의 초고속 인터넷 이용자라면 대용량 동영상파일을 메가TV용 셋톱박스로 받아 HDTV를 통해 고화질로 감상할 수 있다.

KT는 2007년 9월 5일 메가TV서비스를 전국으로 확대하였다. 메가TV서비스는 초고속인터넷 '메가패스' 전국가입자를 대상으로한 '다운로드 & 플레이' 방식이다. '다운로드 & 플레이' 방식은 콘텐츠를 내려 받은 뒤 재생하기 때문에 저속 인터넷 가입자도 안정적으로 이용할 수 있다.

메가TV

- 메가TV는 양방향 TV이다. 즉 원하는 프로그램을 언제든지 골라보고 TV로 뉴스검색과 쇼핑, 금융서비스까지 이용할 수 있다.
- 메가TV는 기존 '메가패스TV' 에 IPTV의 장점인 양방향서비스를 강화한게 특징이다. 주문형 비디오 외에도 교육, 엔터테인먼트, 금융, TV신문, 날씨 등 양방향서비스를 고화질(HD)로 이용할 수 있다.
- IPTV 전단계인 프리(pre)IPTV이다.
  지상파방송만 실시간으로 볼 수 없을 뿐 사실상 IPTV나 마찬가지다.
  기술방식이 IPTV와 같고 셋톱박스 등 장비도 같기 때문에 법제화만 되면 즉시 IPTV로 전환할 수 있다.
- 신한, 우리은행, 대신, 동양종금, 우리투자증권 등의 금융서비스를 제공한다.
- TV신문 서비스를 이용하면 30여개 일간신문에서 관심있는 기사를 찾아 볼 수 있다.
- 종교활동 등을 위해 고객이 원하면 커뮤니티 CUG(폐쇄이용자그룹), 서비스도 제공한다.
- VOD는 영화, 스포츠, 여성문화, 에니메이션, 다큐멘터리 등의 콘텐츠와 KBS,

MBC, SBS 등 지상파 3사의 드라마, 연예오락, 시사교양 프로그램을 내보낸다. 특히 SBS의 경우 단순한 VOD가 아닌 양방향서비스를 추가한 TV포털방식의 콘텐츠를 제공한다.

- 가입자수는 2008년 3월말 기준 57만 명이다.

2) SK브로드밴드

SK브로드밴드는 2006년 7월 '하나TV' 서비스를 개시했다. 현재 가입자에서 메가TV에 앞서 있다. 제공 서비스는 KT의 메가TV와 유사하나 확보해둔 콘텐츠는 하나TV가 6만6000여 편으로 메가TV 2만여 편보다 많다. 하지만, 최신영화나 방송 드라마 등 인기 콘텐츠는 비슷하다.

하나TV의 가입자수는 2008년 3월 기준 90만 명이다.

표 22 메가TV와 하나TV의 비교 (2008.8.)

구분	메가TV	하나TV
서비스 개시	2007.7.4.	2006.7.24.
특징	VOD+양방향서비스	VOD+양방향
현재 가입자 (2008.3)	57만	90만
서비스 지역	전국	전국
화질	고화질(HD급)	고화질(HD급)
서비스 방식	스트리밍, 다운로드&플레이	다운로드&플레이
월이용료 (3년약정기준)	8000원	9900원(하나포스이용시) 11,000원(하나포스미이용시)
가입비	2만4000원	2만원
콘텐츠	2만여 편(영화,드라마,유아 등)	6만 6000여 편
부가서비스	TV뱅킹, 증권, 쇼핑, 신문, 노래방 등	게임, 스타화보집, 노래방 등

3) LG데이콤

2007년 12월 10일 마이LGtv 라는 서비스명으로 IPTV를 개시하였다.

마이LGtv

- 실시간 방송을 제외한 프리 IPTV
- 3000여 편의 콘텐츠를 확보, VOD형태로 서비스한다.
- 고화질(HD)영화와 문화 콘텐츠, 영화제 수상작, 어린이 교육용 콘텐츠, 골프 여행 등 레저, 취미 콘텐츠, 다큐멘터리 등을 제공
- 어학용으로 활용할 수 있는 한글 및 영어자막 제공, 미세 변속기능 등은 타사에선 찾아 보기 어렵다.
- 다운&플레이 방식으로 제공된다.
- LG데이콤은 IPTV를 자사의 인터넷전화 '마이LG070', LG파워콤의 초고속인터넷 '엑스피드'와 함께 묶은 트리플플레이(TPS)상품으로만 판매한다. 그 이유는 LG파워콤의 초고속인터넷 가입자가 대상이기 때문이다.
- 2008년 3월말 가입자수 1만 명이다.
- 2008년 말까지 20만 명 확보 계획이다.

표 23 통신회사 프리 IPTV서비스 비교 (2008.8)

	KT	SK브로드밴드	LG데이콤
서비스명	메가TV	하나TV	마이LGtv
출시	2007.7.	2006.7.	2007.12.
가입자(2008.3.)	57만	90만	1
콘텐츠	2만여 편	7만여 편	3천여 편
특징	양방향서비스	풍부한 콘텐츠	고화질서비스
월이용료(3년약정)	8,000원	9,900/11,000원	10,000원
전화, 인터넷 함께 이용 시	6,400~8,000원	8,800원	8,000원
2008년말 목표	150만명	150만명	20만명

5. IPTV 해외 동향

MRG(2005)에 따르면 전 세계적으로 총 33개 국가에서 211개 사업자가 IPTV서비스를 제공하고 있다. 지역별 현황을 보면 아시아가 6개국에서 21개 사업자, 유럽이 19개국에서 45개 사업자, 북미가 2개국에서 136개 사업자, 기타 지역이 6개국에서 9개 사업자의 분포를 나타내고 있다.

현재 IPTV에 대한 정확한 통계는 제시되지 못하는 실정이다. MRG의 2006년 통계에서는 490만 명이라고 하고, Strategy Analytic는 600만 명이라고 한다. 그것은 IPTV에 대한 개념 정의의 문제로부터 이 시장에 대한 초기의 미미한 추세 및 큰 기대가 상충하면서 차이가 심한 수치들이 난무하고 있기 때문이다. 전 세계 IPTV 가입 가구의 66%가 서유럽에 있고 아시아에는 26%가 있다. 북미, 동유럽, 중동, 북아프리카를 합해도 8%밖에 되지 않는다.

2007년 말 현재 전 세계의 IPTV 가입자 수는 1400여 만명, 이 가운데 프랑스가 전체의 30%인 400만 여명을 차지한다.

(1) 미국

SureWest가 2004년 IPTV서비스를 제공하는 등 독립적인 소규모 통신사업자들에 의해서 지역단위로 진행되다가 2005년 9월 Verison의 'FiOS TV' 출시 이후 AT&T를 비롯한 기존의 지역전화사업자들도 시장에 진입하면서 IPTV서비스가 본격화되고 있다.

2007년 현재 텍사스를 포함해 플로리다 등 5개주에서 서비스 중이며 향후 16개주로 확대할 계획이다.

FiOS TV 의 주요 서비스 특징은 20여개의 HD 채널을 포함해 350개 이상의 TV채널을 방송하고, 1800여개의 VOD프로그램을 제공하는 것이다.

AT&T(SBS와의 합병회사)는 'U-verse' 라는 상표로 서비스 중이며 200여개의 채널을 운영하고 있다.

2007년말 기준 미국의 가입자수는 190만 여명이다.

(2) 유럽

유럽에서는 프랑스와 이탈리아가 IPTV를 주도하고 있으며 영국, 스페인, 덴마크, 스웨덴, 네덜란드, 벨기에 등의 국가에서 IPTV서비스를 제공하고 있다.

가입자면에서 가장 큰 사업자는 프랑스의 Free Telecom으로 2006년 말 현재 총 158만 명의 가입자를 확보하고 있으며, France Telecom이 42만 명으로 그 뒤를 잇고 있다. 이탈리아에서는 FastWeb이 2006년 말 기준 19만 가구를 보유하고 있다.

1) 영국

영국의 유료방송시장은 위성방송사업자인 BskyB와 NTL이 전체 방송시장의 절반 가량을 지배하고 있어 IPTV의 진입장벽이 매우 높은 국가이다. 위성방송 BskyB의 시청 가구 수는 2006년 말 800만을 넘어 2010년 1천만을 바라보고 있다.

영국에서는 Video Networks의 HomeChoice가 2004년에 서비스를 시작했으나 아직 런던만을 대상으로 하고 있어 영향력이 미미한 수준이고, Kingston Comm의 KIT는 2001년에 서비스를 시작하였으나 2006년 4월 3일 중단하였다.

2) 프랑스

프랑스는 가입자 규모 면에서 유럽 최대이다. France Telecom과 Free Telecom, Neuf-Cegetel 3사가 보유한 IPTV 가입자들은 2006년 6월 말 기준 200만 명, 2007년 말 기준 400여 만명에 이른다.

Free Telecom은 2003년 12월에 전화, 인터넷, IPTV를 묶은 TPS를 실시한 프랑스의 첫 IPTV사업자이다.

2008년 현재 프랑스텔레콤과 프리텔레콤은 200개의 채널을, 네프세게텔은 무려 220개의 다양한 분야의 방송 채널을 가입자에게 제공하고 있다.

3) 이탈리아

이탈리아의 대표적인 사업자는 Fastweb으로 2003년 3월 VOD서비스를 시작해 같은 해 8월부터 IPTV를 본격 개시하였다. 기본서비스와 프리미엄서비스 외에 유료방송사의 축구, 스포츠, 영화 콘텐츠를 a-la-carte방식(원하는 채널만 선택해서 보는 상품)으로 제공하고 있어 소비자들이 원하는 채널을 마음대로 골라볼 수 있는 장점이 있다.

(3) 아시아

1) 홍콩

홍콩의 대표적 사업자 PCCW는 아시아뿐만 아니라 전 세계적으로 성공한 대표적인 IPTV사업자로 2003년 9월 서비스를 개시한 이래 2007년 말 기준 약 65만 가입자를 확보하였다. 크게 PCCW(telco), Netvigator(ISP), Now Broadband TV 등 3개의 브랜드로 분류해서 서비스를 제공하고 있는데 방송에서 제공하는 채널은 Disney, HBO, Discovery 등 110개 이상이다.

2) 일본

유선통신 이용 전기통신역무 이용사업자는 17개로 이 중 케이블방식의 다채널 방송서비스 사업자는 13개, IP멀티캐스팅 방식의 IPTV사업자는 4개이다. IP망을 통해 방송서비스를 하는 회사의 경우, 통신사업자의 자사망을 통한 직접적인 방송 콘텐츠 전송(BBTV 등)과 NTT와 같은 광대역인터넷망 사업자와의 제휴방식으로 서비스(4th Media Service 등)하는 두 가지 형태를 띠고 있다. 2007년 말 기준 일본의 가입자는 100만 여명이다.

표 24 일본 IPTV사업자 현황

사업자	서비스명	제공서비스	등록일	서비스개시일
BB Cable	BBTV	실시간TV,VOD	2002.7	2003.7
KDDI	HikariONE	실시간TV,VOD	2003.10	2003.12
Online TV	4th Media Service	실시간TV	2004.6	2004.7
Opticast	광 퍼펙트 TV	실시간TV	2004.2	2004.2

표 25 세계 IPTV 서비스 현황

국가	사업자	시기	내용	가입자수(기준)
영국	BT	2006	VOD, 양방향서비스, 모바일IPTV	
	비디오네트웍스	2004	지상파 재전송, VOD, 양방향서비스	4만7000명(2006년)
독일	DT	2006	VOD위주, (지상파방송 제공안됨)	–
프랑스	프랑스텔레콤	2003	지상파재전송, VOD등	42만명(2006년)
	프리	2003	지상파재전송, VOD등	158만명(2006년)
	Neuf-Cegetel	2004		
이탈리아	패스트웹	2003	위성채널, VOD 등	23만명(2005년)
	텔레콤이탈리아	2005	위성채널, TPS 등	7만명(2005년)
스페인	텔레포니카	2004	지상파 재송신, 디지털라디오	30만명(2006년)
미국	슈어웨스트	2004	300여개PP채널, 양방향서비스 등	40만명(2006년)
	버라이즌	2005	300여개PP채널, 양방향서비스 등	
	AT&T	2006	300여개PP채널, 양방향서비스 등	
캐나다	삭텔(SaskTel)	2002	지상파재전송, VOD 등	43,000명(2006년)
홍콩	PCCW	2003	채널100여개,양방향서비스	55만명(2005년)
중국	상해미디어그룹	2006	국영방송포함 100여개채널, 양방향서비스	4만명(2006년)
	China Telecom	2006	국영방송포함 100여개채널, 양방향서비스	
대만	청화텔레콤	2004	지상파재전송, VOD 등	5만명(2005년)

6. IPTV 표준화 동향

(1) 세계 표준화 동향

현재 IPTV표준화는 DVB, ATIS, IETF, ATSC 등 다양한 표준화 단체에서 활발하게 표준화를 진행하고 있지만 이러한 표준화 작업은 각 기관별로 독립적으로 이루어지고 있으며 상호 연동 및 다른 표준화 기구와의 연계작업이 부족한 문제점이 있다. ITU-T에서 IPTV 서비스의 중요성을 인식하여 표준화를 진행할 필요성이 제기되었으며 지난 2006년 4월 IPTV Consultation 회의에서 FG IPTV(IPTV Focus Group)을 만들 것을 선언하였으며 첫 번째 회의를 2006년 7월에 제네바에서 개최하였다.

미국, 유럽 등은 자국의 기술이 국제 표준으로 채택되도록 하기 위하여 ITU에 기술을 제안하고 있다.

(2) 국내 동향

KT, SK브로드밴드, LG데이콤에서 ITU-T FG IPTV에 자사의 입장을 반영하는 기고를 제출하는 등 적극적인 표준화활동을 하고 있다.

정보통신부 산하 전파연구소 관계자는 2007년 10월 23일, "한국, 중국, 일본이 CJK(China Japan Korea)라는 IPTV 표준협의체를 만들어 유럽표준단체인 DVB와 미국 ATIS에 공동 대응할 계획"이라고 말했다.

IPTV 국제표준은 12월 중 IPTV 국제표준화회의에서 초안이 완성된다. ITU 스터디 그룹이 초안에 대해 세부적으로 논의한 뒤 2008년 중 표준을 최종 확정한다.

한중일이 우려하는 것은 유럽이 로열티수입을 노리고 영상처리기술 DVB를 IPTV 국제표준으로 밀고 있다는 점이다. 3국은 DVB가 IPTV 국제표준으로 채택되지 않게 공동 대응하고 다른 기술이 표준으로 채택되도록 힘쓸 계획이다.

콘텐츠 전달과 서비스 제어 방식에서는 미국과 맞서고 있다. 미국 ATIS는 TV단말기에 장착하는 방식의 제한수신시스템(CAS:conditional access system)을 주장한다. 제한수신시스템은 수신료를 지불한 사람만 프로그램을 시청할 수 있도록 하는 장치이다.

한중일은 소프트웨어방식으로 편리하게 내려 받을 수 있는 다운로더블 CAS를 공동 개발해 표준으로 만들려고 하고 있다.

문 제 QUESTION

1. 디지털 케이블TV방식의 종류를 들고 간단히 설명하시오.
2. 국내 케이블TV의 망구조에 대해서 설명하시오.
3. 케이블TV에 HFC망을 사용하는데 따른 장점을 설명하시오.
4. DOCSIS의 정의에 대해서 설명하시오.
5. DOCSIS2.0의 특징에 대해서 설명하시오.
6. 디지털CATV에서 미들웨어의 역할에 대해서 설명하시오.
7. 국내 디지털CATV의 방식에 대해서 설명하시오.
8. 국내 디지털CATV 의 데이터방송 표준에 대해서 설명하시오.
9. 디지털TV의 장점에 대해서 설명하시오.
10. 디지털TV의 송신부에 대해서 설명하시오.
11. 디지털영상압축방식의 종류를 들고 간단히 설명하시오.
12. 디지털음향압축방식의 종류를 들고 간단히 설명하시오.
13. 사람의 시각적인 특성을 이용한 압축방법에 대해서 설명하시오.
14. 디지털오디오 압축기법 중 손실방식에 대해서 설명하시오.
15. LCD의 원리를 설명하시오.
16. PDP의 원리를 설명하시오.
17. OLED의 장점을 설명하시오.
18. 지상파 디지털TV의 3가지 변조방식을 들고 설명하시오.
19. HDTV의 특징에 대해서 설명하시오.
20. IPTV의 ITU-T에 의한 정의를 설명하시오.
21. CATV와 비교해서 IPTV의 강점을 설명하시오.
22. IPTV서비스 종류를 들고 간단히 설명하시오.
23. IPTV시스템의 구성요소를 들고 간단히 설명하시오.
24. IPTV의 채널선택과정을 디지털CATV와 비교하여 설명하시오.
25. IPTV의 셋탑 구조에 대해서 설명하시오.

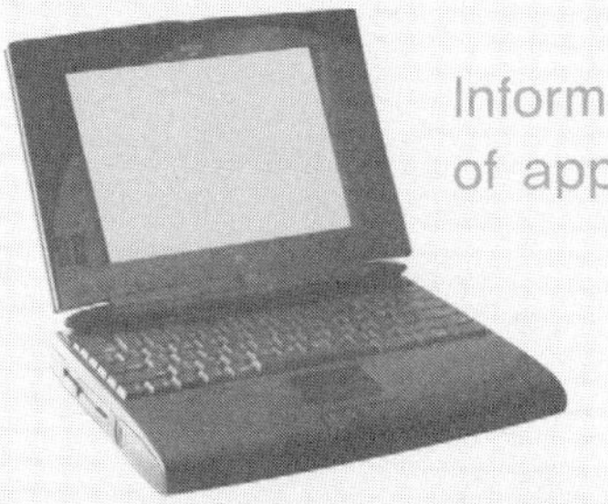

Information & Communication
of appreciation

CHAPTER 7

이동통신

1 셀룰러 전화

1978년 미국에서 AMPS(Advanced Mobile Phone Services) 시스템이 개발되기 시작하여 1983년 AT&T에 의해 시카고에서 상용서비스가 개시되었다.

셀룰러 방식은 전체 서비스 영역을 셀(cell)이라 불리는 작은 영역으로 나누어 각 셀마다 하나의 고정국을 설치하고, 고정국에서 송신하는 출력은 그 셀을 벗어나지 못하게 제한함으로써 일정 거리 이상 떨어진 셀들 간에는 동일한 주파수의 채널을 사용할 수 있다. 셀룰러 방식에서는 셀을 작게 할수록 전체 서비스 영역 내에서 동일한 주파수 채널을 여러 번 사용할 수가 있으므로 주파수 이용 효율이 높아지고 가입자 용량이 증가한다.

우리나라의 차량전화는 AMPS 방식이 도입되어 1984년부터 서울과 수도권지역에서 서비스를 시작하였고 휴대전화는 1988년 말 서울 지역에서 서비스가 시작되었다.

우리나라 초기의 차량전화의 영역반경은 5km 정도였지만 1990년대 휴대전화의 수요가 급격히 늘어나 서울과 같은 대도시는 셀 반경을 1.7km 이하로 줄여 셀 수를 늘렸다.

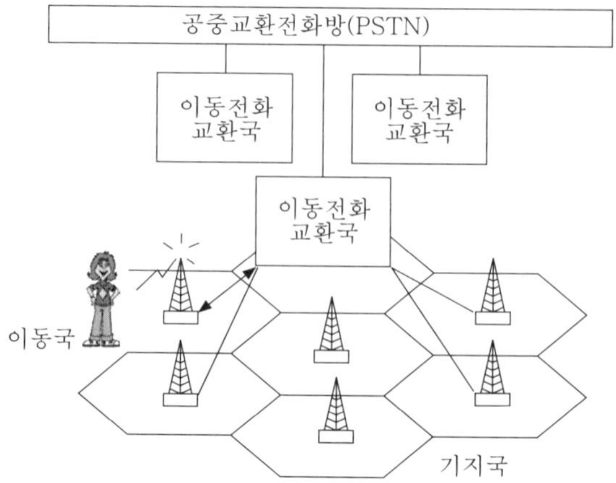

그림 1 셀룰러 시스템의 구조

통화 중인 이동국이 현재의 셀에서 벗어나 다른 셀로 들어가면 새로 들어 간 셀의 채널로 통화회선이 바뀌어 중단 없이 통화를 계속할 수 있는데 이것을 핸드오프(hand-off)라고 한다.

또 단말기가 등록되어 있는 시스템의 서비스지역이 아닌 다른 지역 시스템의 서비스지역에서도 통화를 가능하게 하는 것을 로밍(roaming)이라 한다. 아날로그 셀룰러 시스템의 비교를 표 1에 나타내었다.

표 1 아날로그 셀룰러 시스템의 비교

방식 \ 항목	AMPS(전세계)	TACS(유럽)	NMT(유럽)	NTT(일본)
주파수대(MHz) 이동국 기지국	824-849 869-894	ETACS: 871-904 916-949 NTACS: 860-870 915-925	NMT-450 453-458 463-468 NMT-900 890-915 935-960	845-860 900-915
송수신 주파수 간격(MHz)	45	45/55	10/45	55
반송파주파수간격(KHz)	30	ETACS:25 NTACS:12.5	NMT-450:25 NMT-900:12.5	25

채널수	832	ETACS:1000 NTACS:400	NMT-450:200 NMT-900:1999	600
접속방식	FDMA	FDMA	FDMA	FDMA
변조방식	FM	FM	FM	FM

1. 디지털 셀룰러 시스템

이동통신 서비스에 대한 수요가 급격히 증가하여 아날로그 방식으로는 그 수요를 충족할 수 없게 되어 디지털 셀룰러 시스템이 등장하게 되었다. 디지털 셀룰러 시스템은 아날로그 시스템에 비해 기지국 및 단말기의 소형화, 경량화가 가능하고 고품질의 서비스를 제공받을 수 있으며 가입자 용량을 크게 할 수 있다는 장점이 있다.

표 2 아날로그와 디지털 시스템의 비교

	아날로그 시스템	디지털시스템
용량	저용량	고용량
통화품질	수신전력의 강도에 비례	수신전력이 일정수준이상이면 균등
보안성	비용이 비싸며 통화품질의 저하	암호화를 통한 고도의 보안성
ISDN접속	별도의 장치 필요	용이하게 접속가능
데이터전송	별도의 장치 필요,저속전송	고속의 데이터 전송이 가능
부피,무게	대형, 중량	소형, 경량

디지털 셀룰러 시스템의 접속방식으로는 TDMA와 CDMA가 있다. TDMA방식과 CDMA방식의 비교를 표 3에 나타내었다.

디지털방식의 셀룰러 이동전화는 1992년 유럽에서 TDMA방식을 사용한 GSM이 제일 먼저 상용화되었고 1993년에 일본(PDC방식)과 미국(TDMA방식)에서 상용화하였다. 우리나라는 1989년부터 CDMA시스템 개발을 시작하여 1996년 4월 세계 최초로 CDMA상용서비스를 시작하였다.

● 표 3 디지털 셀룰러 시스템의 TDMA방식과 CDMA방식의 비교

항목 \ 접속방식		TDMA	CDMA
수용 효율		3배	10~20배
음성신호	신호종별	디지털	디지털
	부호화방식	VSELP	QCELP
	음성부호속도	8kbps	1k~8kbps
보안성		양호	매우 양호

● 표 4 디지털 셀룰러 방식의 비교

방식 \ 항목	GSM(유럽)	IS-54(북미)	IS-95(한국,미국)	PDC(일본)
주파수대(MHz) 이동국 기지국	890-915 935-960	824-849 869-894	824-849 869-894	810-826 940-956
송수신 주파수 간격(MHz)	45	45	45	130
반송파주파수 간격(KHz)	200	30	1250	25
채널수	124(8users/CH)	832(3users/CH)	10(118users/CH)	1600(3users/CH)
기지국 셀 반경(Km)	0.5~35	0.5~20		0.5~20
접속방식	TDMA/FDD	TDMA/FDD	CDMA/FDD	TDMA/FDD
반송파당 채널수	8	3	20	3
전송속도(Kbps)	270.833	48.6	1.2288Mbps	42
변조방식	GMSK	$\pi/4$ -DQPSK	BPSK/OQPSK	$\pi/4$ -DQPSK
음성부호화방식	RPE-LTP	VSELP	QCELP	VSELP
주파수 재사용도	4	7	1	
프레임길이(ms)	4.165	20	20	
서비스 개시시기	1991	1999	1996	1994

1997년 9월 12일 기준 셀룰러 전화 가입자수는 모두 500만으로 이 가운데 SK텔레콤 가입자가 408만, 신세기통신 가입자가 93만이었다. 신세기통신은 2002년 1월 SK텔레콤에 합병되었다. 2007년 말 기준 이동전화 가입자는 SKT 2197만, KTF 1372만, LGT 781만 명으로 총 가입자수는 4350만 명이다.

(1) CDMA기술

주파수 대역확산(spread spectrum) 기술은 1940년대에 연구가 개시되었다. 1950년대 이래 본격적으로 연구되어 높은 비화성을 갖고, 간섭과 방해에 강한 장점을 지니고 있어 군사통신, 위성통신 등에 주로 사용되었다. 그러나 대역확산기술은 다른 통신방식에 비해 주파수 이용효율이 낮고, 동기포착이 곤란하고, 하드웨어가 복잡하다는 이유로 해서 특수 분야 이외에는 사용되지 않았다. 하지만 반도체 기술의 발달과 고집적회로의 출현, 마이크로 프로세서 기술의 발전 등으로 인해서 셀룰러 전화 등 상용 이동통신에 적용되었다.

CDMA는 주파수 대역확산기술을 이용한 것으로 대역 확산방식이란 정보를 전송할 때 정보의 대역폭보다 훨씬 넓은 대역폭으로 신호를 전송하고 수신측에서 원래의 대역폭으로 역확산하여 신호를 복원하는 기술이다. 대역 확산 기술은 주파수 도약(frequency hopping)방식과 직접확산(direct sequence)방식, 시간도약(time hopping)방식, 첩변조(chirp modulation) 등으로 나뉘어 지는데 국내에서 사용되는 CDMA는 직접확산방식을 이용한 것이다.

직접확산방식은 전송하는 신호에 이 신호의 대역폭 보다 훨씬 넓은 스펙트럼을 갖는 확산신호라고 하는 특수한 부호 계열을 곱하여 협대역신호를 광대역 신호로 변환하여 전송하는 방식이다. 이 송신기의 블럭도를 그림 2에 나타내었다. 그림 2에서 1차변조기는 PSK또는 FSK변조기이고 2차변조기는 확산변조기이다.

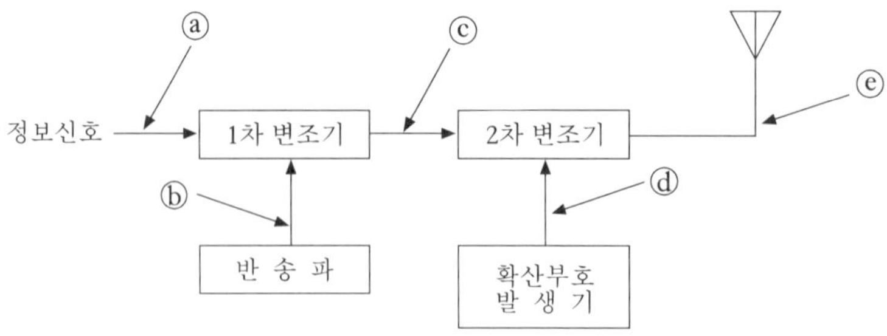

▪ 그림 2 ▪ 직접확산 SS방식의 송신기

그림 3의 (a)와 같은 정보신호를 전송할 때, 반송파를 (b)와 같은 cosωt 라고 하면 1차 변조기에서 변조된 신호는 (c)와 같이 된다. 이 변조 신호에 확산부호 발생기에서 발생된 확산신호(d)를 곱함으로써 광대역 신호 (e)를 발생하게 된다. 확산신호의 1비트를 칩(chip)이라고 한다.

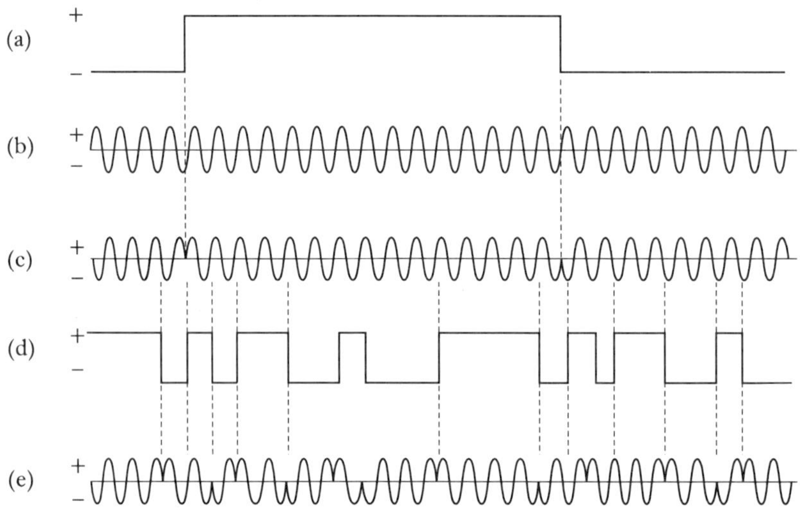

▪ 그림 3 ▪ 직접확산방식의 SS송신기의 각부의 파형

확산 부호로는 의사잡음(Pseudo Noise : PN)부호계열과 Gold 부호계열이 대표적이다.

1) DS-CDMA

정보신호를 확산시킬 때 신호마다 다른 확산신호(고유의 확산신호)를 곱한다. 이렇게 확산된 신호들을 더하여 송신하고 수신측 기지국에서는 이 더해진 채널데이터를 이동국으로 보내고 이동국에서는 원하는 신호의 확산신호를 곱하여 원하는 신호를 복구한다. 이것이 DS-CDMA(direct sequence-CDMA) 방식이며 CDMA에서는 하나의 주파수 내에 여러 개의 채널이 동시에 사용되는데 각 채널을 구분하는 원리이다.

다수의 이동통신 가입자가 기지국과 단말기간의 무선링크에서 동일한 반송파로서 동시에 사용하기 위해서는 확산신호와 비슷한 코드를 사용한다. 순방향링크에서는 각 채널을 구분하기 위해 Walsh코드를 사용하고 역방향 링크에서는 롱 PN 코드를 사용한다.

Qualcomm사가 제안한 CDMA방식은 단순한 CDMA시스템이 아니고 원근문제 해결을 위한 출력제어, 다수 사용자 간섭을 줄이기 위하여 음성활동검출(voice activity detection)에 의한 전송률 조정, 수신전력 증가를 위한 RAKE수신기, 페이딩 극복을 위한 에러정정부호와 인터리빙, 하향채널 동기를 위한 GPS신호의 사용 등을 결합시킨 복합적 시스템이다. 기존의 기술들을 적절히 결합시켜 높은 채널용량을 얻은 것은 높이 평가할 만하다. 이 방식의 주파수당 채널용량은 아날로그 방식의 10~20배 정도가 된다.

같은 대역폭일 경우 3섹터 기지국을 기준으로 하여 용량을 간단히 비교해 보면 표 5와 같다.

표 5 용량 비교

	AMPS	CDMA
총 채널수	1.23MHz/30kHz=41	1.23MHz당 20채널
기지국당 채널수	41/7=6 (주파수재사용패턴:7)	60채널
섹터당 채널수	6/3=2	20채널

CDMA 시스템의 특징은 다음과 같다.

- 용량이 크다.
- 다중경로에 강하다.

- 전력제어가 필요하다.
- 소프트핸드오프를 할 수 있다.
- 통신의 보안이 용이하다.

(2) IS-95

CDMA에 기반을 둔 최초의 시스템인 IS-95가 1993년 TIA(전화통신산업협회)에서 승인되었다.

IS-95는 아날로그 셀룰러 시스템인 AMPS에서 총 25MHz 주파수 대역을 그대로 사용하면서 두 사업자가 12.5MHz씩 나누어 사용하도록 하였다. AMPS에서는 채널당 대역폭이 30kHz이므로 사업자당 416채널을 수용할 수 있다.

CDMA방식에서는 채널당 대역폭이 AMPS용 41채널에 해당하는 1.23MHz이고 CDMA채널로 사용할 수 없는 제어용채널이 21채널이므로 각 사업자당 9개의 CDMA채널을 이용할 수 있다.

IS-95시스템은 인접한 셀에서도 동일한 주파수를 사용하기 때문에 주파수 재사용도가 1이 된다. 1.23MHz 대역폭으로 1.2288Mcps의 칩전송률을 제공한다. CDMA시스템에서는 다중경로 페이딩으로 인하여 다수의 경로로 수신되는 신호에 대해 공간다이버시티를 이용하여 수신 성능을 향상시킨다. 즉, 공간다이버시티는 레이크수신기를 이용하여 다수의 경로를 통해 수신되는 신호를 결합하는 방식이다. 하향링크에서는 64비트의 직교 월쉬 코드 W0~W63을 이용하여 1.23MHz대역에서 64개의 채널을 제공한다. 또한 월쉬코드 이외에 롱 PN코드와 숏 PN코드가 사용된다.

1) 시스템 구성

CDMA시스템의 구성은 AMPS시스템 구성과 비슷하다. 그림 4는 CDMA셀룰러시스템의 구성을 나타낸다.

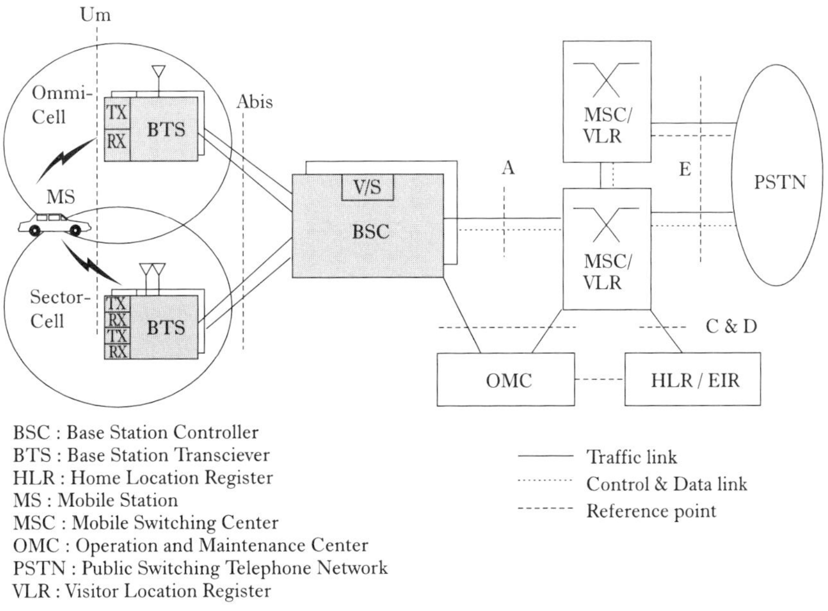

그림 4 CDMA셀룰러 시스템

BTS(기지국)는 이동국과의 통신을 수행하고 BSC(제어국)는 무선링크 및 유선링그를 제어하고 가입자가 이동 중에도 통화의 지속성을 유지시키기 위한 핸드오프 기능을 수행한다. MSC(교환국)는 가입자의 통화로를 구성하고 타 통신망과의 접속을 수행한다.

VLR(방문자 위치등록기)은 가입자정보를 일시적으로 저장하고 HLR(홈위치등록기)은 가입자 정보를 반영구적으로 저장한다. HLR을 센터형식으로 둔다는 것이 AMPS와 다른 점이다.

2) 채널

IS-95 CDMA 시스템에서 논리적 채널은 크게 제어채널 및 트래픽채널로 구분된다. 순방향링크에는 트래픽채널, 제어채널인 파일럿채널, 호출채널, 동기채널 등이 있다. 역방향링크에는 트래픽채널, 액세스채널이 있다.

이들 채널들은 한 주파수 안에서 같이 존재하는데 채널의 구분은 순방향에서는 월쉬코드로 하고 역방향에서는 롱코드로 한다. 한 기지국 안의 모든 순방향채널은 같은 PN 시퀀스 오프셋을 가진다.

트래픽채널은 기지국과 이동국 간에 사용자 데이터를 전달하기 위한 통화채널이며 신호 트래픽을 전달할 수도 있다. 트래픽채널은 음성의 활성상태(voice activity)에 따라 4가지의 다른 전송률을 가변적으로 지원한다.

○ 파일럿채널

기지국이 이동국에게 PN코드의 수열 기준점을 제공하기 위해 항상 하향링크로 신호를 전송하는 채널이다. 이 채널에는 어떠한 정보도 전송할 수 없으며, 이를 이용하여 동일한 RF반송파에서 다른 채널들과 동기를 맞추고 신호 강도를 비교하기 위해 사용된다.

○ 동기채널

초기 시간 동기를 맞추기 위해 파일럿신호와 함께 사용되는 채널로서 월쉬코드 W32가 할당된다.

○ 호출채널

기지국에서 이동국 쪽으로 필요한 제어정보 및 시스템정보를 전송하는 채널로서 착신호가 있을 때 이동국을 호출하기 위해 사용된다. 호출채널에서는 프레임단위의 전력 제어가 수행되지 않는다.

○ 액세스채널

이동국이 기지국으로 제어정보를 전송하기 위해 사용되는 채널로서 4.8kbps의 전송률만이 지원된다. 시스템에 접속하는 모든 이동국은 동일한 주파수를 사용한다. 어떤 이동국에 발신 호가 있을 때 기지국에로의 접속에 필요한 신호를 전송하기 위해 액세스채널을 사용한다. 또한, 기지국이 호출을 했을 때 이에 대해서 응답을 하기 위해 액세스 채널을 사용하다.

○ 순방향 트래픽채널

순방향 트래픽채널은 다수개의 전송률세트(rate set)로 구분된다. 전송률세트1은 9.6,

4.8, 2.4, 1.2kbps의 전송률을 지원한다. 한편, 전송률세트 2는 14.4, 7.2, 3.6, 1.8kbps의 전송률을 지원한다. 순방향 트래픽채널에 할당되는 월쉬코드는 W8~W31, W33~W63의 총 55개로 각 셀 또는 섹터에 대해서 할당된다.

음성신호는 음성의 활성상태에 따라 가변적인 전송률로 부호화된 후에 이 데이터를 순방향 트래픽 채널에 싣는다.

ㅇ 역방향 트래픽채널

전송률세트1 의 경우에 역방향 트래픽채널은 9.6, 4.8, 2.4, 1.2 kbps의 전송률을 지원한다. 최대 9.6kbps를 기준으로 실제 채널은 그 일부만 주기적으로 사용된다고 볼 수 있다. 예를 들어 9.6kbps의 전송률에서는 100%를 사용하고 1.2kbps에서는 12.5%만을 사용한다. 즉, duty cycle이 전송률에 비례해서 결정된다. 역방향 트래픽 채널의 처리구조는 액세스채널과 유사한데, 역방향 트래픽채널에서는 데이터 버스트 랜덤화기를 사용하는 것이 차이점이다.

3) 전력제어

자원 효율성을 극대화하기 위해서는 모든 이동국에서 송신한 신호가 기지국에서 거의 동일한 신호레벨로 수신되어야 한다. 만일 수신 전력이 너무 낮을 경우에는 비트 오류가 발생할 확률이 높아지고 반대로 수신 전력이 너무 높을 경우에는 간섭이 증가하게 된다. 전력제어는 기지국 뿐만 아니라 이동국에서도 수행된다. 이동국 또는 기지국에 의해 사용되는 전력제어방식에는 몇 가지가 있으며 이는 기지국에서 감지하는 신호 강도에 기반을 두거나 기타 다른 파라미터에 의존할 수 있다.

개방루프 전력제어(open-loop power control)는 이동국에서 파일럿신호의 강도를 측정하고 그것을 기반으로 전력을 조정하는 방식이다. 만일 신호가 매우 강하면 이동국이 기지국에 매우 가깝다고 가정하고 전력을 낮출 수 있다. 한편, 폐루프 전력제어(closed-loop power control)는 기지국이 이동국으로 전력제어 정보를 보내는 방식으로서 이 정보에 의해 전력을 상향 조정하거나 하향 조정하도록 명령을 내리는 것이다. 기지국에서 폐루프 전력제어를 수행할 때, 기지국에서는 전력을 점진적으로 낮추고 이동국으로부터 프레임오류율(FER:frame error rate)을 감시한다. 만일 FER이 높아지면 전력레벨을 높이게 된다.

4) 핸드오프

CDMA시스템에서는 대부분 소프트 핸드오프, 소프터 핸드오프를 사용하고 하드 핸드오프는 거의 사용하지 않는다.

① 소프트 핸드오프(soft handoff)

이동국이 통화 중에 동일 CDMA주파수를 갖는 다른 셀 영역 근처로 접근할 때 이동국은 새로운 셀의 파일럿 신호 세기가 충분히 높음을 감지하여 이 사실을 현재의 셀에 알린다. 그러면 새로운 셀은 이동국에게 통화채널을 열어준다. 이때 이동국은 동시에 두 개의 셀과 통화채널을 열어 통화를 할 수 있다. 이동국은 똑같은 트래픽 데이터를 두 개의 셀로부터 수신하므로 이 중에서 좋은 데이터를 사용한다. 이동국이 새로운 셀로 자꾸 가까워지면 이전의 셀에서 오는 신호는 점점 약해진다. 이 신호의 세기가 일정 레벨보다 낮으면 이동국은 이 사실을 두 셀에 알리고 이전의 셀은 그 이동국에 대한 통화채널을 끊고 상태가 양호한 새로운 셀과 통화를 하게 된다. 이러한 핸드오프를 소프트 핸드오프라 한다.

② 소프터 핸드오프(softer handoff)

이동국이 동일 CDMA주파수를 갖는 셀 내의 어떤 섹터에서 통화를 하고 있다가 같은 셀 내의 다른 섹터 영역으로 접근하여 한 셀 내의 두 개의 섹터와 동시에 통화하는 경우의 핸드오프를 소프터 핸드오프라 한다.

③ 하드 핸드오프(hard handoff)

CDMA에서도 하드 핸드오프가 일어나는 경우가 발생한다. 하드 핸드오프에는 CDMA 대 CDMA하드 핸드오프와 CDMA대 아날로그 핸드오프가 있다.

5) 위치등록

위치등록은 이동국이 자신의 위치, 상태, 식별자, 슬롯주기 및 그밖의 다른 특징들을 기지국에 알리는 처리 절차로서 자신이 위치하고 있는 셀룰러망 및 상태를 기지국에 알림으로써 기지국이 이동국 착호를 설정하고자 할 때 이동국을 효과적으로 호출할 수 있도록 한다. 이때 이동국은 위치등록을 통해 슬롯모드일 때 감시하는 슬롯주기와 자신의 등급 및 프로토콜 개정번호 등의 이동국 능력을 기지국에 제공한다.

만약 위치등록이 없으면 시스템은 이동국장비의 작동상태와 위치를 모르기 때문에 모든 기지국 또는 섹터를 통하여 이동국을 호출해야 하므로 호출량이 많아지고 호출채널의 부하를 증가시킨다. 그러나 위치등록을 하게 되면 이동국의 정확한 위치 파악이 가능하여 호출과정은 매우 간단해지지만 빈번한 위치등록은 이동국 액세스 채널에 과부하를 주고 기지국은 호출 채널을 통해 이동국이 위치등록을 할 때마다 매 등록에 대한 확인을 해주어야 하므로 역시 호출채널의 부하도 가중된다.

(3) TDMA 기술

TDMA시스템에서 각 무선채널(주파수)은 몇 개의 전화회선(voice circuit)을 포함하는데 이 회선들은 시간으로 분할되어 다중화 된다. TDMA 채널의 구조는 FDMA 구조보다 훨씬 더 복잡하다.

TDMA의 특징은 다음과 같다.

- 반송파당 다중음성채널
- Burst 전송
  단말기에서 데이터의 전송은 연속적으로 이루어지지 않고 특정한 슬롯시간에만 일어난다.
- 단말기의 복잡성
  TDMA단말기는 FDMA단말기보다 복잡하다. GSM에서는 다중경로페이딩을 극복하기 위하여 주파수호핑 방법을 사용한다. 주파수호핑 방법은 단말기를 더욱 복잡하게 만든다.

- 높은 전송 오버헤드

  TDMA의 슬롯 전송 형태는 수신기가 각 burst에 동기를 맞추어야 한다. 또한 각 슬롯을 분리하기 위한 보호밴드가 필요하다.

- 듀플렉서가 불필요

  송신슬롯과 수신슬롯은 다르기 때문에 듀플렉서가 필요 없고 적당한 시간에 송신기와 수신기를 스위칭해 주는 회로가 필요하다. 듀플렉서의 불필요성은 단말기의 가격을 낮춘다.

TDMA를 이용한 디지털시스템으로 유럽에서 사용하는 GSM, 북미에서 사용하는 IS-54, 일본에서 개발한 PDC 등이 있다.

(4) GSM

1982년 CEPT는 연구그룹을 만들어 GSM(Global System for Mobile Communication)이라고 호칭하고 범유럽 이동전화 시스템에 대한 연구를 시작했다.

1989년 GSM의 책임이 ETSI로 이관되었으며 GSM규격 중 phase I이 1990년에 공표되었다. 상업적인 서비스가 1991년 중반에 시작되었다. GSM은 2.5세대인 GPRS, 3세대인 WCDMA, HSDPA로 진화했다.

1994년 초에는 130만 가입자, 1995년 초에는 가입자가 500만을 넘어섰다. 2006년 6월말 기준 GSM계열 휴대전화 가입자수는 20억 명을 넘어섰고, 2007년 말 현재 GSM계열 가입자수는 28억 명으로 86%의 점유율을 보이고 있다.

그러나 세계 최초로 GSM시스템을 상용화한 핀란드가 2008년, 2G용 GSM을 폐기하기로 결정했다. 현재 2G GSM이 사용하고 있는 900MHz 대역을 3G 용으로 사용하기 위해서다. 2015년경에는 2G서비스가 핀란드에서 완전히 사라질 전망이다.

1) GSM 네트워크 구조

① 단말기(MS : mobile station)

② 기지국(BTS : base transceiver station)

이동 단말기와 네트워크와의 연결 창구이다. 1~16개의 각각 독립된 RF채널을 가진 트랜시버를 가진다.

③ 제어국(BSC : base station controller)

다수의 BTS에 대해서 지정된 기능을 수행할 수 있도록 제어하는 것이다. 예를 들어 한 BTS에서 다른 BTS로의 핸드오프, 적절한 전력레벨의 유지, 그리고 BTS 간의 주파수관리 등이 이에 속한다.

BSC하드웨어는 BTS와 같은 장소나 따로 떨어져 혼자 있거나 또는 MSC가 있는 곳에 함께 있을 수 있다.

④ 이동전화 교환국(MSC : mobile switching center)

MSC는 이동전화망과 유선전화망 또는 다른 데이터 시스템 간의 호를 제어하여 이들 망간의 호 교환을 수행한다. 또한 네트워크 인터페이스를 제공하고 공통채널 신호화 등의 기능을 수행하기도 한다. MSC가 PSTN과의 인터페이스를 가지고 있을 경우에는 그 MSC를 게이트웨이 MSC(GMSC)라고 부른다.

⑤ HLR, VLR

이동국의 현재 위치를 추적하기 위해 HLR(홈위치 등록기) 및 VLR(방문자 위치 등록기)이라고 부르는 데이터베이스를 사용한다.

⑥ 인증센터(AC : authentication center)

AC는 사용자의 신원을 검증하고 각 통화에 대한 보안성을 확보하기 위해 인증 및 암호화에 필요한 값들을 제공한다. AC는 현재 이동전화망에서 나타나는 각종 형태의 사기로부터 네트워크 사업자를 보호해 줄 수 있다.

⑦ 장비 식별 등록기(EIR : equipment identity register)

EIR은 불법통화를 시도하거나 불법 단말을 사용하는 것을 막기 위해 단말기의 식별과 관련된 정보를 가지고 있는 데이터베이스이다. AC와 EIR은 각각 별도의 노드로 동작할 수도 있고, 또한 이들이 하나의 노드로 통합되어 동작할 수도 있다.

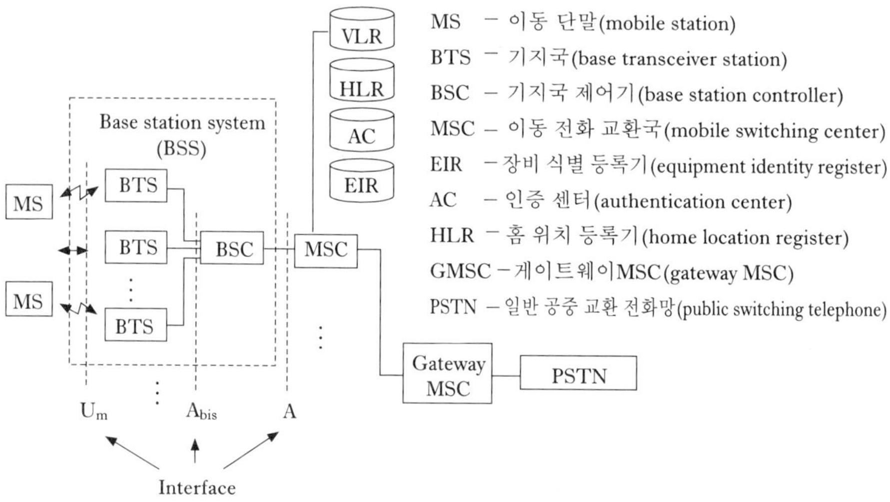

그림 5 GSM망 구성

2) 다중접속방식과 채널구조

GSM의 다중접속방식은 TDMA/FDMA의 조합이다. FDMA부분은 주어진 전체 주파수 대역폭(25MHz)을 200KHz의 대역폭으로 124 반송파로 나누었다. 한 개 또는 두 개 이상의 반송파가 각 기지국에 할당된다. 각 반송파 주파수는 TDMA구조로 다시 시간으로 나누어져 있다. TDMA구조에서 근본적인 시간의 단위는 burst period (BP)로 불리고 120/208=15/26ms이다. 8개의 burst 주기는 TDMA프레임(120/26ms)으로 불리며 각 논리적인 채널의 기본 단위로 구성된다. 한 개의 물리적인 채널은 TDMA 프레임당 한 개의 burst 주기를 말한다.

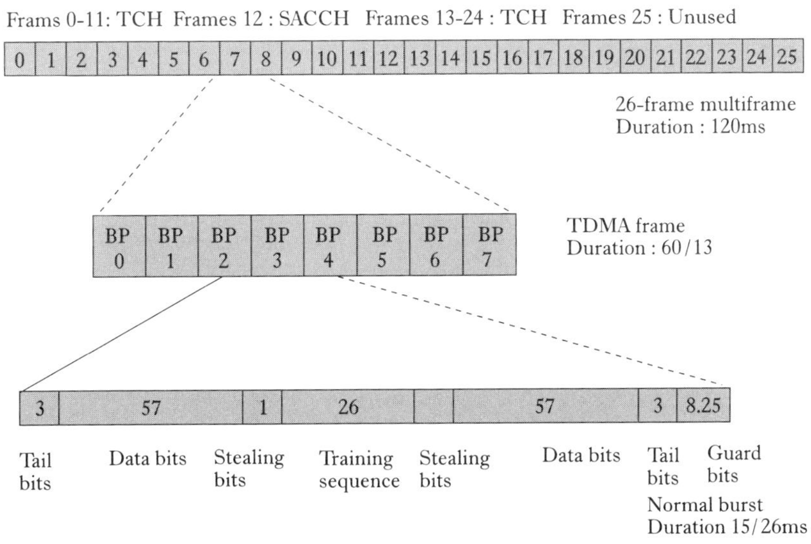

그림 6 다중프레임

GSM시스템에서 채널은 크게 물리채널과 논리채널로 나눠진다. 물리채널은 주파수영역이나 시간영역에서 존재하는 채널 즉, MS와 BTS가 정보를 주고 받는 경로를 말하고, 논리채널은 이러한 물리채널 내에 매핑되어 특징적인 기능을 수행하는 채널들을 말한다.

논리채널은 다음과 같다.

① 트래픽채널(TCH)

TCH는 음성과 데이터 정보를 운반하는데 사용된다. TCH는 26프레임, 또는 26TDMA 프레임의 그룹으로 정의되어 있다. 26프레임의 길이는 120ms이다. 26프레임 중 24개는 트래픽채널로 쓰고 1개는 SACCH(slow associated control channel)로 쓰고 나머지 한 개는 현재 미사용이다.

Full-rate TCH와 half-rate TCH가 있다.

② 제어채널

GSM에서 사용되는 채널은 표 6과 같다.

표 6 GSM에서의 채널 구성

그룹		채널	방향
제어 채널	BCCH (broadcast control channel)	BCCH(broadcast control channel)	BS→MS
		FCCH(frequency correction channel)	BS→MS
		SCH(synchronization channel)	BS→MS
	CCCH (common control channel)	PCH(paging channel)	BS→MS
		RACH(random access channel)	BS←MS
		AGCH(access grand channel)	BS→MS
	DCCH (dedicated control channel)	SDCCH(stand-alone dedicated contlr channel)	BS↔MS
		SACCH(slow associated contro lchannel)	BS↔MS
		FACCH(fast associated control channel)	BS↔MS
트래픽 채널	TCH (traffic channel)	TCH/f(full-rate traffic channel)	BS↔MS
		TCH/h(half-rate traffic channel)	BS↔MS

ⓐ 방송제어채널

- BCCH(방송제어채널) : 셀의 동작주파수와 사업자식별번호(기지국ID) 등과 같은 시스템 파라미터들을 모든 MS에게 통보하기 위해 사용
- FCCH(주파수정정채널) : 주파수기준값과 148비트 길이의 주파수 정정 버스트의 전송을 위해 사용
- SCH(동기채널) : 64비트 길이의 동기화 훈련열을 MS에게 전달하기 위해 사용

ⓑ 공통제어채널

- PCH(호출채널) : 기지국이 셀 내의 개별 MS와 통신을 하기위해 사용
- RACH(랜덤접속채널) : 지정제어채널 요청과 관련된 정보를 전송하기 위해 MS에 의해 사용
- AGCH(액세스허가채널) : RACH의 요청에 의해 단말기에 SDCCH를 할당하기 위해 사용

ⓒ 지정제어채널

- SDCCH(독립 전용 제어채널) : BTS와 MS간에 신호정보(signalling)를 전달하기 위해 사용되며, SACCH와 함께 할당되는 채널
- SACCH(저속 결합 제어채널) : 실제 트래픽 데이터가 전송되는 동안에 제어정보를 전송하기 위해 트래픽채널이나 SDCCH와 함께 사용되는 채널. 채널의 관리유지에 사용
- FACCH(고속 결합 제어채널) : 지정채널은 아니지만 SDCCH와 동일한 정보를 전송하는 채널, 그러나 SDCCH가 제어채널의 일부인 반면 FACCH는 트래픽채널의 일부임. FACCH가 트래픽채널에 나타날 때는 flag로 자신의 존재를 알려준다.

3) 음성부호화

GSM에서는 정보를 연속적으로 전송하지 않기 때문에 연속적인 음성신호를 다루기 위해서는 송신 시에는 시간영역에서의 압축이 필요하고 수신 시에는 이의 해제가 필요하다.

사람의 음성을 전송에 적합한 디지털스트림으로 변환하고 또 이러한 디지털데이터를 아날로그의 사람 음성으로 재현하는 장치를 speech codec이라고 한다.

GSM에서 사용되는 full-rate speech codec은 RPE-LTP(regular pulse exited-long term prediction)이다. 음성은 20ms 샘플로 나누어지고 각 샘플은 260비트로 인코더되며 13kbps로 전송된다.

불연속 전송(discontinuous transmission : DTX)

GSM방식의 RPE-LTP 음성 부호화방식에 구현되어 있는 불연속 전송 기능은 스펙트럼 효율을 극대화하고 전송할 정보가 없을 경우에는 어떠한 정보도 전송하지 않는데 음성 데이터 및 비음성 데이터에 모두 적용된다. 단말기의 전력 소모도 줄일 수 있다.

4) 채널코딩

GSM에서 블록코딩, 컨벌루셔널 코딩, 인터리빙 등을 사용한다.

5) 핸드오버

GSM에서의 핸드오프는 다음과 같이 크게 4가지 유형으로 구분된다.

① BTS 내의 셀내 핸드오프(intracell/intra-BTS handoff)

대개의 경우 수신 신호 및 간섭 수준에 따라 셀 내에서 채널이 바뀌는 경우이다. 동일한 셀 내의 다른 주파수 간에 핸드오프가 수행되거나 또는 동일한 주파수내에서 다른 시분할 슬롯으로 핸드오프가 수행될 수 있다. 이 핸드오프는 BTS에서 MS로 통보함으로써 수행된다.

② BSC내 셀간 핸드오프(intercell/intra-BSC handoff)

동일한 BSC에 의해 제어되는 2개의 셀 간에 채널이 바뀌는 경우이다. 한 BTS에서 다른 BTS로의 이 핸드오프는 여러 단계에 걸쳐 수행된다. 먼저, 한 BTS가 MSC로 핸드오프 요청을 한다. 이 요청에 따라 MSC는 목적지 BTS로 요청을 한다. 이 요청에 대한 확인 응답이 MSC로 오면 MSC는 핸드오프 명령을 내리고, 이 명령이 MS에 전달된다. MSC로 핸드오프가 성공적으로 수행되었음을 알리기 위해 MS는 목적지(두번째)BTS에 핸드오프 종료메시지를 보내고, 그 BTS는 그 메시지를 MSC로 전달한다. 마지막으로 MSC는 첫 번째 BTS에게 MS에게 할당된 채널을 해제하도록 명령을 내린다.

③ MSC 내 BSC 간 핸드오프(inter-BSC/intra-MSC handoff)

동일한 MSC에 있지만 다른 BSC에 의해 제어되는 2개의 셀 간에 채널이 바뀌는 경우이다. MS에서 측정된 수신신호 강도가 임계값보다도 낮아지면 핸드오프가 요구된다. 이 수신 신호 강도는 먼저 BSC로 전달되고 이에 따라 핸드오프 절차가 시작된다. 하나의 BSC에서 다른 BSC로 핸드오프가 야기되면 BSC로부터의 핸드오프 명령이 동일한 영역의 MSC로 전달된다. MSC는 이 요청을 새로운 BSC로 전달하고 이 BSC는 자신의 BTS에 채널 활성 요청을 전달한다. 따라서 핸드오프 호는 새로운 영역에서 처리될 수도 있다. 이 정보는 MS로 전달되고 이를 통해 새로운 BTS로부터 채널 할당에 대한 정보를 받게 된다. MSC는 이와 같은 변화를 통보받고 이전 BSC로 하여금 그 전에 MS에 할당된 채널을 해제하도록 명령을 하게 된다.

④ MSC 간 핸드오프(inter-MSC handoff)

다른 MSC에 있는 2개의 셀간에 연결이 바뀌는 경우로서, 사용자가 로밍 중일 때 이러한 유형의 핸드오프가 발생한다. 이 상황을 좀더 자세히 살펴보며 2가지 형태의 핸드오프가 있을 수 있다.

- 기본 핸드오프(basic handoff) : 사용자가 홈 MSC에서 외부 MSC로 이동할 때의 핸드오프
- MSC간 연속 핸드오프(subseqence handoff) : 사용자가 하나의 외부 MSC에서 다른 MSC로 이동할 때의 핸드오프

6) 변조방식

GSM변조방식은 GMSK를 사용한다. GMSK는 MSK의 일종으로 가우시안 대역통과 필터를 이용하여 위상변화를 부드럽게 함으로써 2진 데이터의 급격한 변화를 제거하여 반송파의 대역폭을 감소시킬 수 있는 변조기법이다.

GMSK는 CDMA의 QPSK와 비교할 때 스펙트럼 상에서 주엽이 크고 ISI(intersymbol interference)로 인한 BER성능 등에서 떨어지지만 상대적으로 간단한 송수신기 구현이 가능하며 특히 비선형 증폭에 강해 단말기 전력면에서 매우 우수한 특성을 보인다.

2. 2.5세대 PCS

(1) cdma2000 1x EV-DO

CDMA에서 cdma2000 1x로 발전되었고 또다시 cdma2000 1x EV-DO로 발전되었다. cdma2000 1x는 2000년 10월에 SK텔레콤이 세계 최초로 시작하였으며 속도는 144kbps이다. cdma2000 1x EV-DO(evolution data only)는 2002년 시작되었으며 속도는 153k/2.4Mbps(상향/하향)이며 실제 하향속도는 600kbps이다. cdma2000 1x EV-DO에서 cdma2000 1x EV-DV(data & voice)로 진화가 있었으나 2002년 5월 퀄컴에서 개발 제외가 되었고 cdma2000 1x EV-DO는 cdma2000 1x EV-DO 리비전A

로 발전하였다.

(2) GPRS(general packet radio service)

패킷교환방식으로 1999년 상용화되었다. 패킷교환기술을 이용해 언제든지 인터넷 등에 접속이 가능하며 사용자는 접속시간이 아니라 전송된 양에 따라 요금을 지불한다.

GPRS는 기본적으로 GSM망에 기본을 두고 있으며 IP 또는 X.25를 기반으로 한 네트워크를 지원하고 있는데 음성만 주고받는 휴대전화와 달리 초고속인터넷과 일부 영상통신이 가능한 2.5세대 이동전화이다.

GPRS는 기존 GSM시스템을 이용하며 몇 개의 새로운 망요소와 소프트웨어만을 필요로 한다. GPRS시스템은 무선인터페이스를 통해 데이터를 패킷 단위로 전송하며 인터넷과 다른 데이터망에 이음매 없이 연결되도록 하기 위해 기존의 TCP/IP프로토콜을 사용한다.

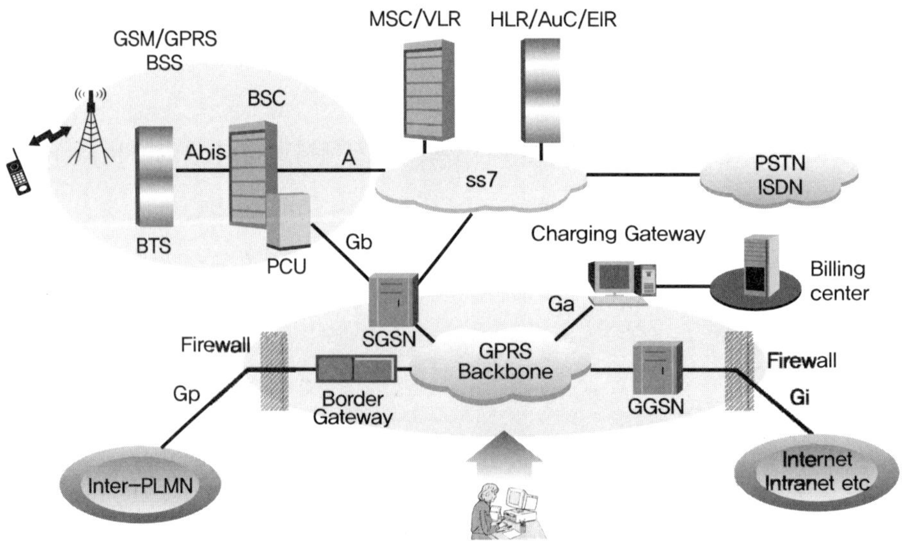

그림 7 GPRS망

BSC가 음성데이터를 받게 되면 MSC로 보내게 되고, GPRS데이터를 받게 되면 SGSN으로 보내게 된다.

3. 3세대 이동전화

아날로그시스템은 제1세대 시스템이라 부르고, GSM, IS-95와 같은 디지털시스템은 제2세대 시스템이라 부른다. 1세대와 2세대 시스템들은 음성통신과 간단한 데이터를 전송할 수 있다.

제3세대 시스템은 멀티미디어통신을 위해 설계되었으며, 각 개인 간의 통신에서 고품질의 화상과 비디오서비스를 가능하게 한다.

1992년 ITU의 세계전파통신회의(WRC)에서 제3세대 시스템 개발을 위한 작업을 시작하였다. 이 회의에서는 지상이나 위성에서 모두 사용할 수 있는 미래의 제3세대 시스템으로 이용 가능한 주파수를 2GHz 대역(1.885~2.025GHz, 2.110~2.200GHz)으로 정하였다.

ITU에서는 제3세대 시스템을 IMT2000으로 부른다. IMT-2000은 국제적인 로밍이 가능하고 전송속도를 고속이동시 144kbps, 보행시 384kbps, 정지시 2Mbps까지 제공한다.

2000년 3월에 개최된 WRC-2000에서 다음과 같은 주파수들이 IMT-2000용 주파수 대역으로 추가 배정되었다.

1710~1885MHz

2500~2690MHz

806~960MHz

제3세대 기술에는 한국, 일본, 유럽 등에서 사용하는 WCDMA와 북미에서 사용하는 cdma2000 1x EV-DO 리비전A(한국의 LG텔레콤 사용)가 있다.

(1) WCDMA기술

1) 개요

WCDMA기술은 가장 널리 채택된 제3세대 기술로 유럽, 일본, 한국, 미국 그리고 중국이 참여하는 3GPP에서 만들어졌다. 1998년 3GPP가 설립되었으며 1999년 말 WCDMA

최초의 완성본 시리즈 규격서를 Release99 규격으로 완성하게 되었다. WCDMA는 2002년 일본 NTT DoCoMo가 세계 최초로 서비스를 시작하였다.

WCDMA를 특징짓는 몇 가지 항목은 표 7과 같다.

표 7 주요 WCDMA 파라미터

항목	파라미터
다중접속방식	DS-CDMA
듀플레스 방식	FDD/TDD
기지국 동기	비동기 운용
chip속도	3.84Mcps
플레임 길이	10ms
서비스 다중화	하나의 연결을 통한 음성,비디오,패킷데이터 등 서로 다른 품질의 서비스 요구를 다중화하는 다중서비스
다중속도 개념	가변확산인자 및 다중코드
검출	파일럿심벌 또는 공통 파일럿을 이용한 동기
다중사용자 검출, 스마트 안테나	표준에 의거 지원, 구현은 옵션

표 8 IS-95, GSM, WCDMA의 비교

항목	IS-95	GSM	WCDMA
다중접속방식	CDMA	TDMA	CDMA
이중화 방식	FDD	FDD	FDD/TDD
반송파대역폭	1.23MHz	200kHz	〉5MHz
반송파당 채널수	20	8	128
AMPS대비용량	10	8	16
변조방식	QPSK	GMSK	QPSK
주파수재사용도	1	4	1
전력	200mW	125mW	500mW
프레임길이	20ms	4.165ms	10ms

등화기 사용 여부	사용하지 않음; RAKE 수신기 사용	사용	사용하지 않음
음성부호화	8/4/2/1 kbps	13/6.5kbps	〉32kbps
chip속도	1.2288Mcps		3.84Mcps

IMT-2000의 주파수대역은 1.885~2.025GHz, 2.110~2.200GHz이며 이중에서 WCDMA가 1920~1980MHz, 2110~2170MHz를 사용하고 이동위성통신용으로 1980~ 2010MHz, 2170~2200MHz가 사용되며 한국은 1920~1980MHz, 2110~2170MHz를 사용한다.

WCDMA의 특징은 다음과 같다.

- WCDMA는 광대역 직접확산 부호분할 다중접속(DS-CDMA)시스템이다.
- 3.84Mcps의 칩속도를 사용하므로 반송파대역폭을 5MHz에 근접하게 해준다. 넓은 반송파 대역은 높은 사용자 데이터속도를 지원할 수 있고 다중 경로 다이버시티 효과 같은 성능이익을 얻을 수 있다.
- WCDMA는 높은 가변 데이터 속도를 지원한다.
- 다중사용자 검출, 스마트 적응 안테나 같은 발전된 CDMA수신기 개념들이 WCDMA 무선인터페이스에 적용될 수 있다.

• 표 9 WCDMA와 IS-95,GSM 무선인터페이스의 주요 차이

	WCDMA	GSM	IS-95
반송파 간격	5MHz	200kHz	1.25MHz
주파수 재사용률	1	1~18	1
전력제어 주파수	1500Hz(순, 역방향 링크)	2Hz 또는 이하	역방향:800Hz 순방향:저속전력제어
품질제어	무선자원관리 알고리즘	네트워크 계획(주파수 계획)	
주파수 다이버시티	다중경로다이버시티 5MHz 대역폭(레이크수신기)	주파수도약	

패킷데이터	부하에 기초한 패킷 스케줄링	GPRS는 타임슬롯에 기초한 스케줄링	짧은 회선교환 호(call)로서 전송된 패킷 데이터
순방향링크 송신다이버시티	순방향링크 용량개선을 위한 지원	표준에 의거 지원하지 않음 기술적으로는 가능	표준에 의거 지원하지 않음
chip속도	3.84Mcps		1.2288Mcps
기지국 동기	필요하지 않음		yes, GPS에 의존
주파수간 핸드오버	yes, 슬롯모드측정에 의함		가능,측정방법이 정의되지 않음
효율적인 무선자원관리 알고리즘	yes,요구하는 QoS제공		음성만을 위한 네트워크로 필요하지 않음

- WCDMA는 FDD와 TDD 두 개의 기본적인 운용모드를 지원한다. FDD모드에서는 5MHz 반송주파수를 역방향채널과 순방향채널에서 각각 사용하고, 반면에 TDD모드에서는 5MHz 대역내에서 시간을 분할하여 역방향채널과 순방향채널을 사용한다.
- WCDMA는 비동기 기지국 운용을 지원한다.
- WCDMA는 파일럿심벌 또는 공통 파일럿을 기본으로 역방향링크와 순방향링크에서 동기검파방식을 이용하다. 진작에 IS-95에서 순방향링크는 사용하고 있지만 일반적인 CDMA시스템에서 역방향링크의 동기검파는 새로운 방식이며 역방향링크에서 전체적으로 커버리지와 용량의 증가를 가져올 것이다.
- WCDMA는 GSM과 연동하여 적응하도록 설계되었다. 그러므로 GSM과 WCDMA 사이에 핸드오버가 지원된다.
- 다이버시티방식으로 STTD(space time transmit diversity)방식을 사용한다.

2) WCDMA 망구조

WCDMA망은 그림 8과 같이 단말기, 기지국 및 무선 제어국 그리고 핵심(코어)망 등 3가지 주요 서브시스템으로 구성되어 있다.

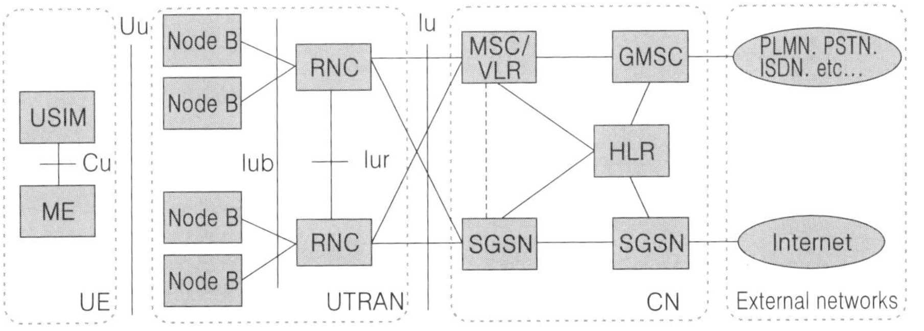

그림 8 WCDMA 망구조

WCDMA에서는 단말기의 속도는 최대 384kbps이며 패킷 코어망의 SGSN(serving GPRS support node)으로의 Iu-ps 인터페이스를 포함한 다른 인터페이스에서의 데이터속도 역시 무선인터페이스에서의 값과 같다.

① 단말기

단말기는 크게 나누어서 제어부, MMI부, 음성 및 영상처리부, 모뎀부, IF/RF부, 그리고 사용자 인증을 위한 USIM(UMTS subscriber identity module)/UIM인터페이스부, Bluetooth 및 USB를 포함하는 외부인터페이스부, 위치추적용 GPS수신부 등 8개의 구성요소로 구분할 수 있다.

음성처리부는 3GPP Release99에 정의된 AMR(adaptive multi-rate)음성코딩기술을 적용하며, 영상처리부는 회선기반의 H.324/M, 패킷기반의 H.323 영상코딩 및 전송방식을 지원한다.

AMR은 8단계의 비트속도(12.2(GSM-EFR), 10.2, 7.95, 7.40(IS-641), 6.70(PDC-EFR), 5.90, 5.15, 4.75kbps)가 하나로 통합된 음성코덱기술이며 이 다양한 비트속도는 음성 활성화율에 의해 제어되는 것이 아니라 무선 접속 네트워크에 의하여 결정된다. 또한 기존의 이동통신망과 호환성을 가질 수 있도록 정의되어 있다. AMR코더는 1초에 8000번, 20ms음성 프레임당 160번의 샘플링으로 동작한다. 이러한 다중속도 코딩 구조를 ACELP(algebraic code exited linear prediction coder)라고 한다.

ITU-T Rec.H.324는 PSTN의 유선전화망에서의 멀티미디어 통신을 위하여 정의되었다. 즉 처음에는 동기식 V.34모뎀의 PSTN망과의 접속 등을 정의하였지만 나중에 무선망이 활성화되면서 전송에러에 좀더 효율적인 시스템이 되도록 이동 단말기까지의 정의가 추가되었다. 그림 9는 H.324의 전반적 구조를 나타내고 있다.

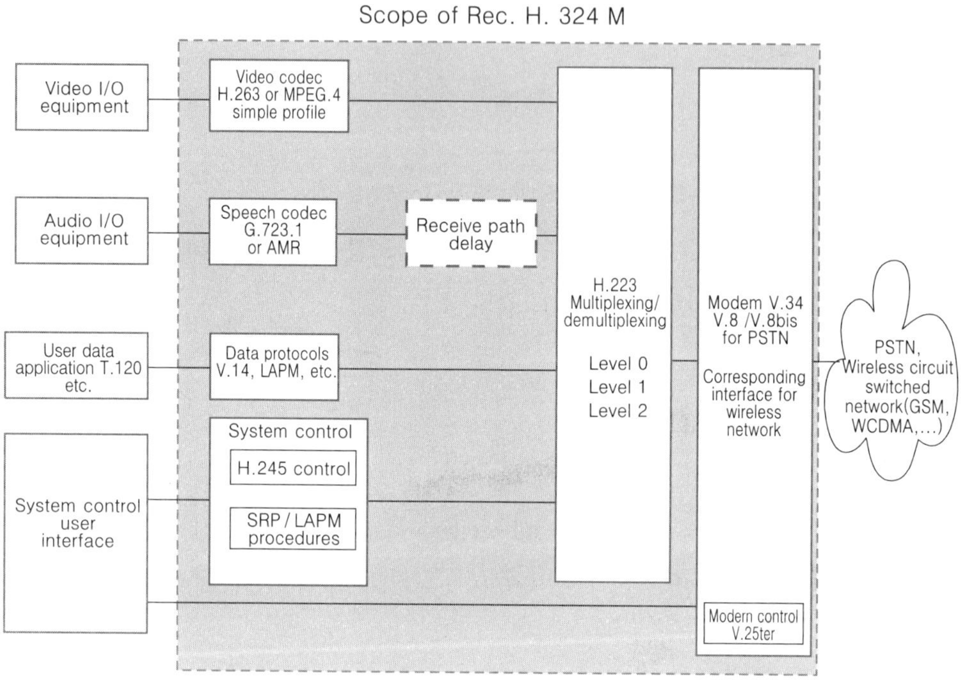

그림 9 H.324 의 범위

ITU-T Rec.H.323은 논리채널들이 전송 주소레벨 목적지 장소에 다중 송신된다.

② 기지국 및 무선 제어국

기지국 및 무선 제어국 서브시스템(RAN : radio access network)은 크게 기지국인 RTS(radio transceiver subsystem)와 무선 제어국인 RNC(radio network controller)로 나뉘어진다.

ⓐ 기지국

3GPP 무선접속 규격에 따르는 단말기와의 무선접속 종단기능을 수행한다. 기지국 정합서브시스템(BIS : basestation interconnection subsystem), 기저대역 서브시스템(BBS : base band subsystem), RF서브시스템(RF subsystem) 등의 3개의 서브시스템으로 구성되어 있다.

기지국은 고속의 폐루프(closed loop) 전력제어에 관여한다. 또한 데이터에 대한 채널코딩 작업을 수행한다.

ⓑ 무선 제어국

유 · 무선 채널관리(resource management), 단말기 프로토콜 정합, 기지국 프로토콜 정합 및 제어, 호처리 기능, 소프트 핸드오프 처리, 핵심망 프로토콜 정합, GPRS 및 Iur 접속, 그리고 시스템 로딩, 구성관리, 장애관리 등과 같은 기지국 및 무선 제어국 관리기능(O&M)을 주로 담당하고 있다.

RAS(radio access subsystem), RCS(RNC control subsystem), AIS(ATM interconnection subsystem), CGS(clock generation and distribution subsystem), R-OMS(RAN-operation and maintenance subsystem) 등 5개의 서브시스템으로 구성되어 있다.

무선제어국은 스케줄링을 담당한다.

③ 핵심망

핵심망(core network)은 회선교환(CS : circuit switching)부분(도메인)과 패킷교환(PS : packet switching)부분으로 논리적으로 구분할 수 있다. 회선교환부분은 음성서비스와 각종 부가서비스 그리고 회선기반의 화상회의 서비스 등 멀티미디어 기반서비스를 제공하며, 패킷교환부분은 인터넷을 기반으로 한 다양한 데이터 서비스를 제공한다. 또한 분리망 구조인 경우 논리적인 도메인의 구분을 물리적으로 구분하는 구조로 회선교환부분은 GSM망의 진화에 기반하고 있으며 패킷교환부분은 GPRS망에 기반하고 있다.

회선교환부분으로는 음성(또는 영상)호처리, 교환기간 핸드오프, 국간 중계부분을 처리하는 MSC(mobile switching center), 이동 가입자의 위치정보 등을 저장, 관리하는 HLR로 구성된다.

패킷교환부분은 IP기반의 패킷교환기인 GSN(GPRS support node)시스템으로서 구성노드로는 가입자데이터 및 이동성을 관장하는 SGSN(serving GSN)과 인터넷망을 비롯한 다른 망과의 접속을 관장해 주는 GGSN(Gateway GSN)이 있다.

또 기능적으로는 GPRS(general packet radio service)와 MIP(mobile IP)서브시스템으로 구분된다. GPRS는 세션제어, 이동성관리, 인증 및 과금 등을 처리하며 MIP는 가입자의 등록, 패킷 라우팅, 가입자 인증, 가입자 식별 및 주소관리, 그리고 과금 기능을 수행한다.

3) 전달채널(transport channel)

전달채널에는 지정채널과 공통채널 두 가지가 있다. 공통채널은 전체이거나 셀 내의 사용자 그룹에서 분할된 소스들이고 지정채널은 특정 주파수에 특정 코드 등에 의해 준비되는 단 한 사용자에게만 준비된 것이다.

① 지정전달채널(dedicated transport channel : DCH)

지정전달채널은 음성프레임과 같은 서비스데이터와 핸드오버 명령어나 단말기에서 측정된 내용과 같은 상위계층 제어정보를 전송한다.

지정전달채널은 단지 한 가지 형태, 즉 DCH만 존재하며 순방향 또는 역방향 링크전달채널이다.

DCH는 고속 전력제어 기능과 소프트핸드오버 기능을 갖는다.

② 공통전달채널(common transport channel)

공통전달채널에는 6가지 형태의 채널이 존재한다. BCH, FACH, PCH, RACH, CPCH, DSCH 등으로 제2세대 시스템과는 다른 몇 가지가 있다. 예를 들어 공통채널에서의 패킷 데이터전송과 전송하는 패킷데이터를 위해 순방향링크는 채널을 공유한다. 공통채널들은 소프트 핸드오버를 갖지 않으나 그들 중 일부는 고속전력제어를 갖는다.

• BCH(broadcast channel)

셀이나 네트워크의 전송정보규격에 이용되는 전달채널이다. 이 채널은 저속이고 고정된 데이터속도를 갖는다.

• FACH(forward access channel)

단말들에 제어정보를 전송하는 순방향 전달채널이다.

• PCH(paging channel)

네트워크가 단말과의 통신을 초기화하기를 원할 때 호출 절차와 관련된 데이터를 전송하는 채널이다.

• RACH(random access channel)

연결을 설정하기 위한 요청과 같은 단말로부터 제어정보를 전송하는 역방향 전달채널이다.

• CPCH(common packet channel)

역방향에서 패킷 기반 사용자 데이터를 전송하기 위한 채널이다.

• DSCH(downlink shared channel)

지정 사용자 데이터 또는 제어 정보를 전송하는 채널이다. FACH와 많은 점에서 비슷하나 공유채널은 기본 프레임에 의해 다양한 비트속도(가변확산계수)로 사용자들 간에 다른 데이터속도가 제공될 수 있다. 또한 고속 전력 제어 사용을 지원한다.
DSCH는 CDMA시스템에서와 같이 전력제어 정보와 다른 정보가 지속적으로 전송되어야 하므로 언제나 순방향 DCH와 같이(함께) 동작한다.

표 10 패킷데이터를 위한 WCDMA 채널유형과 특징

	지정채널	공통채널			공유채널	
	DCH	FACH	RACH	CPCH	DSCH	USCH
방향	둘 다	순방향	역방향	역방향	순방향	역방향 (TDD에서만)
코드의 사용	최대비트 속도에따라	셀당 고정된코드	셀당 고정된코드	셀당 고정된코드	사용자간 코드공유	사용자간 코드공유
고속전력제어	yes	no	no	yes	yes	no
소프트핸드오버	yes	no	no	no	no	no
용도	중 · 고속 데이터	저속 데이터	저속 데이터	저 · 중속 데이터	중 · 고속 데이터	중 · 고속 데이터
연집데이터 이용	no	yes	yes	yes	yes	yes

4) 확산 및 변조

① 스크램블링

송신기에서 확산에 이어 스크램블링 한다. 스크램블링은 서로 다른 기지국이나 단말을 구분하는데 필요하다. 심벌속도는 스크램블링에 의해 영향을 받지 않는다.

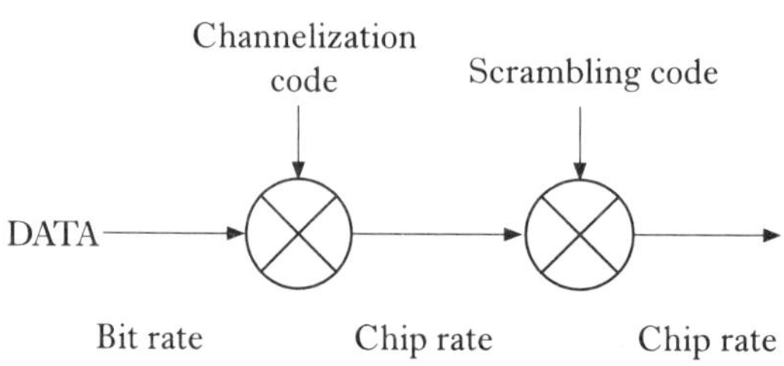

그림 10 확산과 스크램블링과의 관계

② 채널화 코드(channelization code)

하나의 신호원으로부터 전송, 즉 한 섹터 내의 순방향 링크 접속 및 역방향 링크에서의 한 단말로부터 지정물리채널은 채널화코드에 의해 구분 된다. 확산/채널화코드는 가변확

산인자(OVSF: orthogonal variable spreading factor)기법을 사용한다. OVSF코드는 채널들 간의 직교성을 만들어주는 코드이다. 직교성을 가지면 채널들 간에 간섭이 없다.

표 11 채널화코드 및 스크램블코드의 기능

	채널화코드	스크램블코드
용도	• 역방향링크:동일 단말에서 DPDCH와 DPCCH의 구분용 • 순방향링크:하나의 셀내에서 다른 사용자를 위한 순방향링크 접속의 구분	• 역방향링크:단말 구분용 • 순방향링크:섹터(셀)구분용
길이	4-256칩(1.0-66.7) 순방향링크에서 512칩	• 역방향링크 : (1) 10ms=38400칩 (2) 66.7=256칩 *(2)는 개선된 기지국 수신기에서 사용가능 • 순방향링크:10ms=38400칩
코드수	하나의 스크램블 코드에서의 코드수=확산인자	• 역방향링크: 수백만 • 순방향링크:512
코드 종류	OVSF	긴10ms코드:골드코드 짧은코드:확장된 S(2)코드
확산	Yes, 전송대역의 증가	No, 전송대역에 영향을 미치지 않음

③ 역방향 링크 확산 및 변조

ⓐ 역방향 링크 변조

두 개의 지정물리채널들이 시간적으로 다중화되는 것이 아니라 I-Q/코드 다중화가 사용된다. I-Q/코드 다중화는 이중 채널 QPSK변조라 불린다.

ⓑ 역방향 링크 확산

ⓒ 역방향 링크 스크램블링 코드

서로 다른 신호원들의 전송은 스크램블링 부호들에 의해 분리된다. 역방향 링크에서는 짧은(short)스크램블링과 긴(long)스크램블링 부호의 두 가지 선택이 있다.

ⓓ 역방향 링크 공통채널에서 확산과 변조

④ 순방향 링크 확산 및 변조

ⓐ 순방향 링크 변조

순방향 링크에서 일반적인 QPSK변조는 시간적으로 다중화된 제어와 데이터 스트림들을 갖고 선택된다.

ⓑ 순방향 링크 확산

순방향 링크에서 확산은 역방향 링크에서와 같이 채널화 부호에 기반한다.

ⓒ 순방향 링크 스크램블링

순방향 링크 스크램블링은 역방향 링크에서와 같이 동일한 골드부호인 long 코드를 사용한다.

ⓓ 동기화채널 확산과 변조

⑤ 사용자 데이터 전송

GSM과 같은 제2세대 시스템에서 사용자 데이터 전송을 위하여는 음성이거나 데이터이거나 동시에 한 개의 서비스만이 가능하였다. 그러나 WCDMA에서는 2개의 서비스를 동시에 전송하는 것이 가능하다.

ⓐ 역방향 지정채널

역방향으로는 사용자 데이터와 물리계층 제어신호가 I-Q코드로 다중화되어 전송된다. 역방향전송은 가변확산계수를 갖는 한 개 또는 여러 개의 DPDCH와 고정확산계수를 갖는 한 개의 DPCCH로 구성된다.

DPDCH데이터속도는 프레임 단위로 변할 수 있으며 이러한 가변속도 정보는 DPCCH

에 의하여 전달된다.

역방향링크 DPCCH는 15개 슬롯의 10ms프레임으로 구성되며 한 개의 슬롯은 666㎲에 2560칩으로 구성된다.

ⓑ 역방향 다중화

역방향다중화는 그림 11과 같이 11개의 절차로 이루어진다.

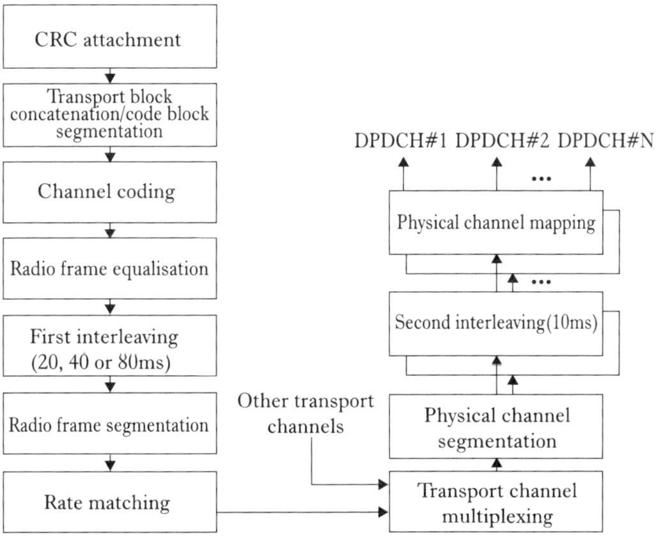

그림 11 역방향링크 다중화 및 채널부호화 체인

인터리빙에 허용되는 지연시간이 10ms 이상일 때는 first interleaving이나 프레임 간 인터리빙이 사용된다. First interleaving의 길이는 20, 40, 80ms로 정의 된다. 이러한 인터리빙 주기는 상위계층에서 물리계층으로 얼마나 자주 데이터가 전달되느냐를 나타내는 TTI(transmission time interval)에 직접적으로 연관된다.

속도정합은 한 개의 프레임에 유효한 비트수에 일치하도록 하는 과정이다.

ⓒ RACH를 통한 사용자 데이터 전송

사용자 데이터는 역방향 지정채널 이외에도 PRACH로 매핑되는 RACH를 통하여도 전송될 수 있으며 이는 지속적으로 접속이 요구되지 않는 저속의 패킷 데이터 전송을 위한 용도이다.

ⓓ CPCH

사용자 데이터를 전송하기 위하여 역방향 지정채널, RACH 이외에 RACH의 확장 개념인 공통패킷채널이 있다. RACH와 비교 시 주요한 차이점은 여러 프레임을 위한 채널 예약기능과 빠른 전력제어 기능을 사용한다는 점이다. CPCH는 빠른 전력제어정보를 전송하기 위한 하향 DPCCH와 짝을 이루어 동작한다.

DPDCH를 사용하지 않고 CPCH를 사용하여 사용자데이터를 전송하는 장점으로는 기지국 물리계층에서 RACH수신을 처리하는 절차처럼 DPDCH보다 CPCH의 설정과 해제가 훨씬 빠르게 이루어진다는 점이다.

ⓔ 순방향링크 지정채널

순방향링크 지정채널은 순방향 DPCH(dedicated physical channel)에 의하여 전송이 이루어지며 그림 12에서 보듯이 물리제어정보와 사용자데이터가 시간 다중화되어 이루어진다.

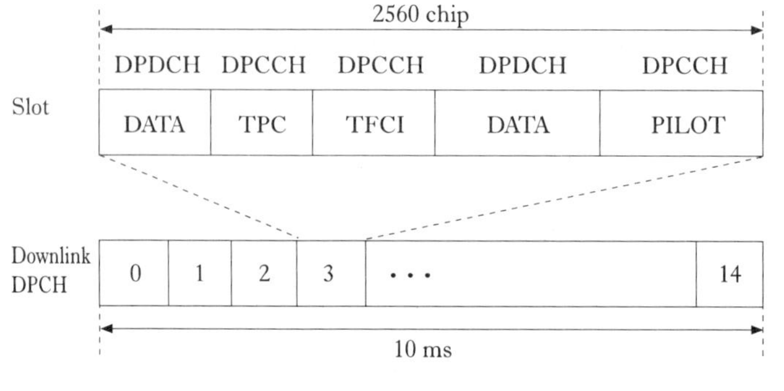

그림 12 순방향 링크 지정 물리 채널(DPCH)의 제어/데이터 다중화

순방향에서의 확산계수는 소프트 핸드오버에서 512사용을 제한하는 경우를 제외하고는 4~512 값을 갖는다.

순방향과 역방향 변조과정은 약간 다른 구조를 갖는다. 즉, 역방향 DPDCH는 BPSK심벌로 구성되는데 반해 순방향 DPDCH는 QPSK심벌로 구성된다. 순방향 DPDCH가 역방향 DPDCH에 비해 두 배의 전송속도를 갖는다.

ⓕ 순방향링크 다중화

순방향링크의 다중화 과정은 역방향과 유사하나 일부 기능이 다르게 작용한다.

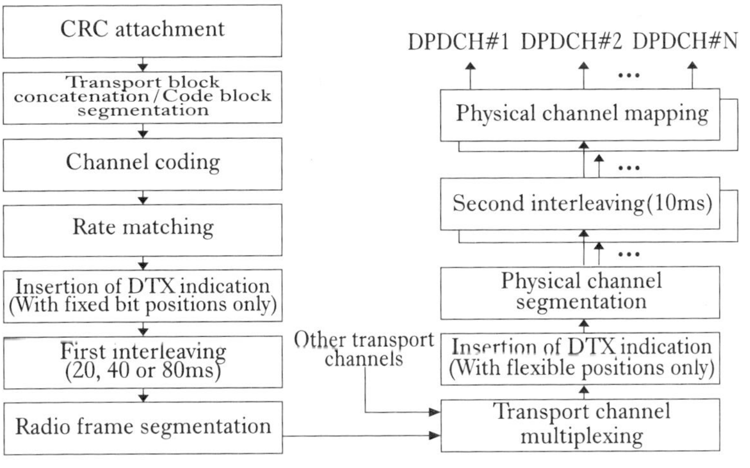

그림 13 순방향 링크 다중화

역방향에서처럼 인터리빙은 프레임 간 인터리빙과 프레임 내 인터리빙의 두 부분으로 동작한다. 속도정합과 segmentation 순서가 역방향링크와 다르다.

DTX지시자는 실제로는 공중선상으로 전송되는 것은 아니며 송신기에게 DTX비트가 존재하는 부분은 송신하지 말라고 알려주는 역할만을 하게 된다.

ⓖ 순방향 공유채널(DSCH)

DSCH는 CDMA 시스템에서와 같이 전력제어정보와 다른 정보가 지속적으로 전송되어야 하므로 항상 순방향 DCH와 같이 동작하여야 한다. DSCH를 사용하면 사용자들 간에 다른 데이터속도가 제공될 수 있다.

ⓗ 순방향 액세스 채널(FACH)

FACH는 사용자 데이터전송을 위하여 사용될 수 있다. 이 채널은 일반적으로 호출채널과 같은 물리채널에 다중화되지만 경우에 따라 독자적인 채널로서 존재할 수도 있다. 지정채널을 사용하느냐 공통채널을 사용하느냐의 차이는 FACH가 빠른 전력제어를 사용하지 않고 느린 전력제어를 사용하느냐 아니면 사용하지 않느냐에 따라 결정된다.

ⓘ 채널코딩

Half rate와 1/3rate convolutional 코딩은 2세대 이동 통신망 정도의 저속에 적용되며 더 높은 속도에서는 1/3rate 터보코딩이 적용된다. 터보코딩은 충분히 큰 블록 크기일 때 성능상 이득이 있다. 요구되는 품질기준이나 동작환경에 따라 다르겠지만 근사적으로 TTI당 300비트는 되어야 convolutional 코딩에 비하여 이득을 나타낸다.

표 12 각 채널들의 채널 코딩 옵션

채널	코딩
DCH	터보코딩 또는 콘볼루셔널 코딩
CPCH	“
DSCH	“
FACH	“
다른 공통 채널들	1/2부호 콘볼루셔널 코딩

5) 무선인터페이스 프로토콜

물리계층의 상위계층에는 데이터링크계층(2계층)과 네트워크계층(3계층)이 있다. 제2계층은 제어측면에서 MAC프로토콜과 RLC(radio link control)프로토콜의 하부계층으로 나뉘고, 사용자 측면에서는 MAC, RLC 외에 PDCP(packet data convergence protocol), BMC(broadcast/multicast control protocol) 가 추가된다. 제3계층에는 제어측면에 속하는 RRC(radio resource control)프로토콜이 존재한다.

① 프로토콜 구조

무선 인터페이스 프로토콜 구조는 그림 14와 같다. 구조는 유저플레인(user plane) 부분과 컨트롤 플레인(control plane) 부분으로 정의될 수 있다. 컨트롤 플레인의 무선자원제어(RRC) 계층이 채널들을 설정하는 것에 관계되는 모든 시그널링과 이동성 관리 등을 담당하지만, RRC계층은 그림 14의 전체 프로토콜 구조에서 볼 수 있듯이 사용자에게는 보이지 않는다. PDCP는 헤더압축을 주요한 기능으로 한다. 무선 링크제어(RLC)는 사용자 데이터와 제어 데이터의 분할 및 재전송을 담당한다. RLC프로토콜은 3가지모드 - transparent, unacknowleged, acknowleged 모드-에서 동작할 수 있다.

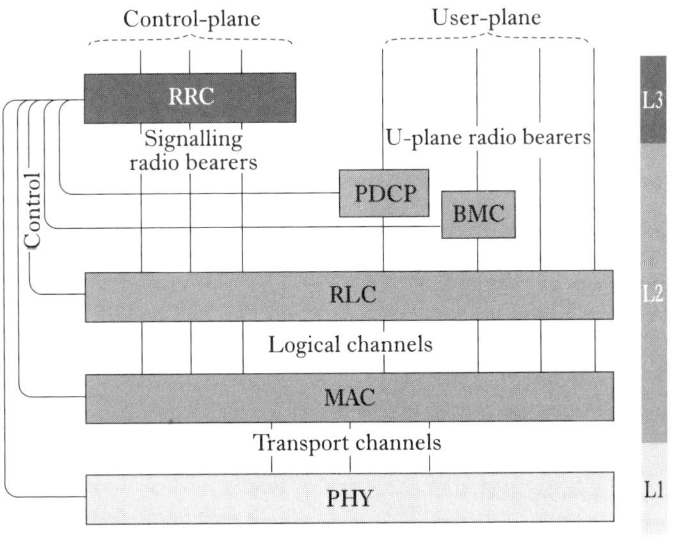

그림 14 WCDMA 무선 인터페이스 프로토콜 구조

물리계층은 전달채널(transport channel)을 통하여 MAC계층에 서비스를 제공한다. MAC계층은 논리채널을 통하여 RLC계층에 서비스를 제공한다. 논리채널은 어떤 형태의 데이터가 전송되는가에 따라 여러 채널로 구분된다.

② MAC프로토콜

MAC계층논리구조는 그림 15와 같다. MAC계층은 전달포맷을 결정하는 등의 데이터

속도를 선정하는 것뿐 아니라, 논리 채널들의 연결 및 우선순위 결정 등에 주안점을 두고 있다. 이와 함께 전달채널과 논리채널간의 전환 역시 MAC 계층이 담당한다.

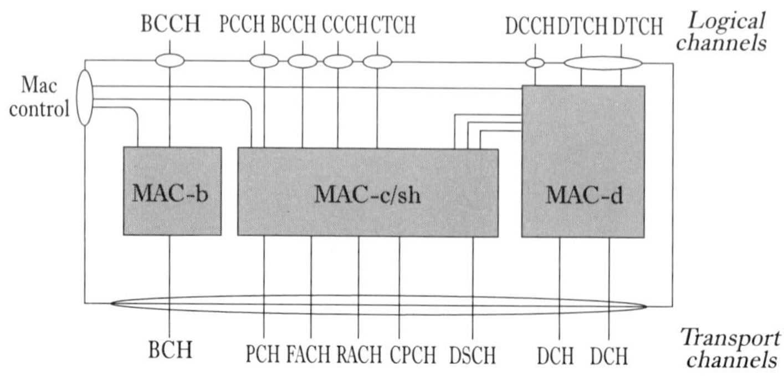

그림 15 MAC계층구조

MAC계층은 세 가지 논리적 개체로 구성된다.

- MAC-b : BCH를 취급한다.

- MAC-c/sh : 공통채널과 공유채널을 취급한다.

- MAC-d : 지정채널을 취급한다.

MAC기능

- 논리채널과 전달채널 사이의 매핑
- 하나의 UE의 데이터흐름들 사이의 우선 순위 결정. 이것은 서로 다른 데이터 흐름을 위해 고속 비트율 또는 저속 비트율 전달 포맷을 선택함으로써 이루어진다.
- 트래픽 이동량 감시 기능
- 암호화

(2) HSDPA

1) 개요

HSDPA(high speed down packet access : 고속하향패킷접속)는 화상통화가 가능하고 고속으로 데이터를 전송받을 수 있는 3세대 이동통신서비스이다.

2000년에 WCDMA 규격이 3GPP Release99에서 완성되었고 WCDMA는 유럽, 한국과 일본을 포함한 아시아, 미국, 그리고 인도, 남미의 대규모 시장에서 가장 세계적인 이동통신기술로 자리잡았다. WCDMA는 HSPA로 불리우는 HSDPA와 HSUPA(high speed up packet access : 고속상향패킷접속)로 진화하여 왔다. Release5에서 HSDPA는 기본 기능이 정의되고 Release6에서 추가 기능이 향상되었다.

1992년 ITU가 IMT-2000을 정의할 때 요구되는 전송률은 정지시 2Mbps였다. 3GPP Release99 규격에서 2Mbps를 지원하였지만 실질 구현에서는 피크속도가 384kbps로 제한되었다. 이제 HSPA는 실질 전송속도를 2Mbps 이상으로 지원할 수 있으며 가까운 미래에 10Mbps를 넘을 것으로 예상이 되고 있다. HSPA는 높은 전송률 뿐 아니라 시간지연을 줄여주고 네트워크용량을 증대시켜 준다. 이러한 새로운 무선기술은 패킷기반의 응용서비스를 효율적으로 망에 적용시킬 수 있게 해준다. 네트워크 운용자의 관점에서 WCDMA에서 HSPA로의 업그레이드는 간단하게 기존 WCDMA무선망에 HSPA기능을 추가하면 되고 모든 네트워크 구성요소를 재사용하게 된다.

HSDPA의 특징

- 한 기지국에 수용할 수 있는 접속자의 수가 WCDMA보다 2~3배 많다. 이는 망 처리 용량을 크게 개선시켜 네트워크 인프라 비용을 크게 줄이는 요소이다.
- WCDMA보다 훨씬 적은 기지국으로 서비스를 제공할 수 있다.
- 접속상태에서 툭툭 끊어지거나 접속불량으로 파일 다운로드가 중단되는 경우를 줄일 수 있다.
- 이동통신 장비 가격이 크게 낮아진다. WCDMA장비를 전면 교체하지 않고도 기판 삽입이나 소프트웨어 교체 등의 업그레이드를 통해 HSDPA를 구현할 수 있다.

• 하향전송의 이론상 최대속도는 14.4Mbps이나 실제로는 2~3Mbps의 전송속도를 낸다.

표 13 데이터 전송률(하향링크)

무선통신시스템	실제 최대 데이터 전송률(kbps/s)	이론적 최대 데이 전송률(kbps/s)
GSM	9.6	14.4
GPRS	50	170
EDGE	130	384
WCDMA	384	2048
HSDPA	2048	14400

2) HSDPA기술

HSDPA의 주요 기술로는 새로운 고속 데이터 채널 사용, TDM과 CDM의 혼합, AMC와 HARQ기술 및 Node B에서 MAC계층 스케줄링 지원 등이 있다. HSDPA는 주로 물리계층과 전송계층 같은 무선 인터페이스를 다음과 같이 변화시켰다(DCH 기반의 패킷전송 방식을 사용하는 Release99와의 차이점).

• 더 짧아진 무선 프레임
• 새로운 고속 하향링크 채널들
• QPSK모뎀과 함께 16QAM모뎀 사용
• 시간 다중화(TDM)와 코드 다중화(CDM)의 혼합
• 새로운 상향링크 제어 채널
• AMC를 이용한 고속링크 적응 기술
• HARQ기술을 사용하는 물리계층 재전송
• Node B(기지국)로 MAC 스케줄링 기능의 이전

HS-DSCH는 CDMA코드의 확산계수가 16인 공유채널로, 2ms TTI 이내에 HS-DSCH에 포함된 최대 15개의 병렬채널들이 SF=16으로 고정된 확산계수를 이용한다.

이 채널들은 TTI동안 한 사용자에게 모두 배정되거나 다수의 사용자들에게 나누어서 배정될 수 있다. 또한 HSDPA에는 전력제어가 없기 때문에 HS-DSCH는 변조와 코딩 및 코드의 수가 무선 환경의 변화에 적응해서 변경되는 동안 고정된 전력으로 전송된다.

2ms TTI는 시스템이 사용자나 무선 조건의 변경에 더 빨리 반응할 수 있어서 사용자에게 더 빠르게 용량을 할당할 수 있다는 것을 의미한다.

또한 고속 데이터 트래픽 스케줄링을 통해 무선 채널 환경의 변경에 쉽게 적응할 수 있으며, 기지국(BTS)이 짧은 주기 동안 특정 사용자에게 특정 셀의 용량만큼 할당할 수 있다.

고속 HARQ를 사용하기 때문에 에러가 발생된 패킷들을 10ms 윈도우에 상주시켜서 TCP처리율을 높게 유지할 수 있도록 하였다. 그리고 Release99의 경우 ARQ를 RNC에서 지원하지만 HSDPA에서는 BTS(Node B)에서 지원한다. 이 방식을 이용하면 모든 사용자들은 기지국과의 거리에 상관없이 최적의 데이터 전송률로 수신할 수 있게 된다.

① 프레임 구조

HSDPA 프레임 길이는 2ms로 WCDMA슬롯의 3배 길이이다. 10ms WCDMA 프레임에는 5개의 HSDPA서브프레임이 있다.

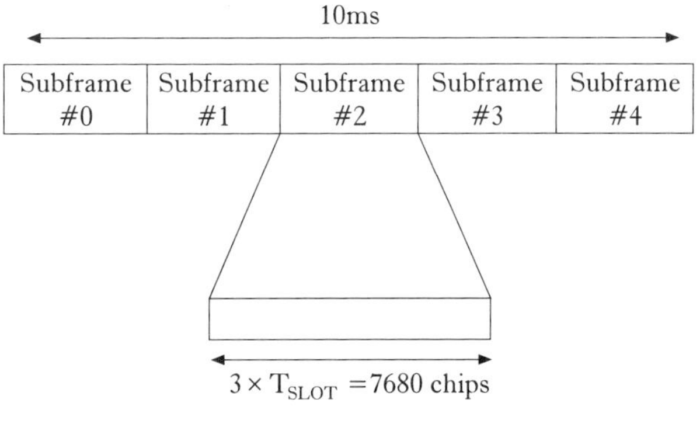

그림 16 HSDPA서브프레임의 기본 구조

② 망 구조

HSDPA의 망 구조는 WCDMA와 같이 기지국, RNC, 핵심망으로 이루어져 있다. 그러나 그 기능은 차이가 있다.

ⓐ 기지국

스케줄링 담당한다.

ⓑ RNC

핸드오버나 QoS 파라미터의 결정 등에 대한 제어를 담당하지만 HSDPA데이터는 소프트핸드오버를 사용하지 않기 때문에 사용자 데이터를 여러 개의 Iub 및 Iur인터페이스를 통해 전달할 필요가 없어서 전체구조가 훨씬 간단해진다.

ⓒ 인터페이스의 속도

HSDPA에서는 3GPP에서 Uu로 정의된 무선인터페이스 상에서의 데이터 속도는 짧은 2ms의 시간 동안 최대 14.4Mbps까지 가능하지만, 이것이 특정 사용자를 위하여 Iub나 Iu-ps 인터페이스에 같은 데이터 속도를 필요로 한다는 것은 아니다. 한 사용자를 생각해 보면, 무선자원은 셀 내의 다른 사용자들과 함께 시간과 부호에 의하여 나누어 사용하게 되므로, 부하가 높은 셀에서의 통화자 한 명의 평균적인 전송속도는 당연히 순간적인 최대속도 보다 낮게 된다. Release99의 384kbps 하향링크와 HSDPA의 7.2Mbps를 비교한 예가 그림 17에 나와 있다.

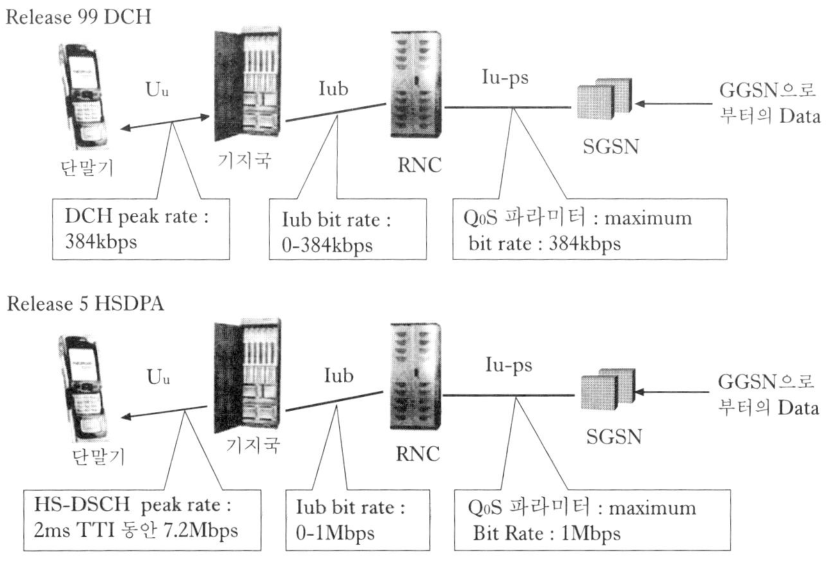

그림 17 HSDPA 및 Release99 데이터속도의 예

HSDPA에서는 단말기가 제공받을 수 있는 무선구간에서의 최대속도는 7.2Mbps이지만, Iu-ps나 Iub 인터페이스상의 서비스 네이터 속도는 예를 들어 1Mbps로 제한될 수 있다.

③ 무선 인터페이스 프로토콜 구조

Release99에서의 여러 프로토콜 계층의 기본 기능들은 HSDPA와 HSUPA에서도 그대로 사용된다.

그림 18은 HSDPA와 HSUPA 사용자 데이터를 위한 전체적인 무선 인터페이스 구조에 대하여, 사용자 데이터를 담당하는 새로 추가된 프로토콜 요소를 강조하여 보여주고 있다.

이때, 그림 18에는 나타나지 않은 컨트롤플레인의 시그널링은 RLC에 연결이 되어 DCH 상 혹은 HSDPA/ HSUPA 상으로 전달되는 시그널링들을 처리한다. 사용자 데이터에 대해서는 PDCP가 IP 헤더 압축을 담당한다. 그림 18에서 여러 개의 PDCP와 RLC를 볼 수 있듯이 실제로 복수개의 서비스가 동시에 병렬로 접속될 수 있다.

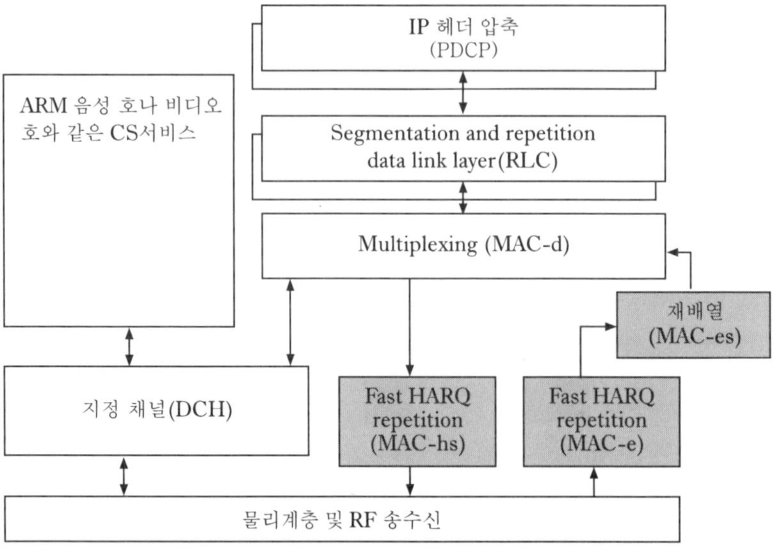

그림 18 HSDPA와 HSUPA 무선 인터페이스 구조

④ 채널

하향링크로 패킷데이터 전송을 위한 DCH, FACH 외에 데이터 전송을 위하여 HS-DSCH(high speed downlink shared channel)가 추가되었으며 이 채널에 대한 제어 신호 전송을 위하여 하향링크에서는 HS-SCCH(high speed shared control channel)이 추가되었고 상향링크에는 HS-DPCCH(high speed delicated physical control channel)가 추가 되었다. HSDPA 관련한 채널은 Release5에서 정의된 위의 채널 외에 Release6에서 하향링크의 모든 데이터가 HS-DSCH를 통하여 전송되는 경우를 위하여 F-DPCH(fractional dedicated physical channel)이 추가되었다.

ⓐ FACH

FACH는 작은 데이터의 전송이나 호 설정과 상태 천이시 사용된다. HSDPA에 접속되어 있을 때는 단말기의 유휴 상태로 인하여 Cell-DCH상태가 Cell-FACH,Cell-PCH 또는 URA-PCH상태로 천이될 때 사용된다. FACH의 신호는 단말기에서 지속적으로 수신되거나 (Cell-FACH)호출 메시지의 지시에 의하여 수신하게 된다. FACH는 빠른 전력제어 기능뿐만 아니라 소프트 핸드오버 기능도 지원하지 않는다. FACH는 고정된 확산인자를 갖고 이차 공통 제어 물리 계층(S-CCPCH)에 의하여 전송이 된다. 한편, 음성이나 데이터를 같이 보내는 것과 같은 서비스가 혼합된 경우에는 FACH가 사용될 수 없다.

ⓑ DCH

HSDPA에 있어 기존의 Release 99에서의 DCH가 매우 중요한 요소가 되며 HSDPA는 항상 DCH와 병렬로 같이 동작하게 된다. 패킷서비스의 경우라면 DCH를 통하여 최소한 SRB(signalling radio bearer)가 전송되며, AMR 음성 호 또는 PS데이터와 동시에 전송되는 화상 호와 같은 서킷서비스의 경우라면 DCH를 통하여 서비스가 접속된다. Release5에서는 HSDPA가 접속되어 있더라도 상향링크의 모든 데이터 전송은 DCH를 통하여 이루어지지만, Release6 HSUPA에서는 E-DCH(enhanced DCH)에 의하여 데이터전송이 이루어진다. HSDPA는 표 14에서와 같이 DCH에서 사용된 빠른 전력제어 기능과 소프트 핸드오버 기능을 지원하지 않는다.

표 14 DCH와 HS-DSCH 기본특성의 비교

특성	DCH	HS-DSCH
Variable spreading facto	Yes	No
고속 전력제어	Yes	No
adaptive modulation and coding	No	Yes
다중코드동작	Yes	Yes, 확장됨
물리계층 재전송	No	Yes
기지국 기반의 스케줄링 및 link adaptation	No	Yes
soft handover	Yes	No

ⓒ 고속 하향링크 공용채널(high speed downlink shared channel, HS-DSCH)

HS-DSCH는 HSDPA에서 실제 사용자 데이터를 전송하는 전송채널이다. 전달 계층에서의 HS-DSCH채널은 물리계층에서 HS-PDSCH로 매핑된다. DCH기반의 패킷 전송방식을 사용하는 Release 99시스템과의 차이점은 아래와 같다.

- 전력제어기능이 지원되지 않고, 대신에 단말기의 전파상태에 따라 적정한 변조기법과 채널코딩기법(AMC)이 설정된다.
- DCH보다 더 높은 변조지수의 변조기법이 적용된다. HSDPA에서는 전파상태가 상대적으로 좋을 때 16QAM변조기법이 사용되며 이는 Release 99에서 사용된 QPSK 때에 비하여 한 개의 변조 심볼당 전송되는 데이터 비트의 수가 두 배 증가하여 데이터 속도를 두 배 증가시킬 수 있게 된다.
- 빠른 물리계층 시그널링 구조에 의하여 기지국에서의 물리계층 데이터 스케줄링이 2ms 단위로 매우 빠르게 이루어진다.
- 물리계층에서의 재전송이 이루어지며 재전송된 데이터들은 단말기 수신부에서 처음 수신된 데이터들과 결합(combining)된다. 반면에, DCH에서는 전달계층(RLC층)에서의 재전송이 사용된다.
- 소프트 핸드오버가 지원되지 않기 때문에 항상 한 개의 serving기지국을 통하여만 데이터가 전송된다.
- HS-PDSCH로는 물리계층 제어 정보의 전달이 이루어지지 않는다. 따라서, 물리계층 제어정보는 HS-SCCH와 HSDPA 동작과 연계된 DCH(상향 링크 전력제어 등)를 통하여 전달된다.
- HS-PDSCH에 할당되는 확산코드(월쉬 코드)의 확산계수는 항상 16으로 고정되어 있으며 한명의 통화자에게 여러 개 코드가 동시에 할당이 이루어진다. 이에 비하여 DCH의 확산계수는 4~512까지 변화가 가능하다.
- DCH에서는 콘볼루션 코딩이 사용되지만 HSDPA에서는 터보코딩만이 사용된다.
- HS-PDSCH 신호는 한 개의 TTI 구간(2ms)내에서 지속적으로 전송되거나 아예 전송이 되지 않기에 한 개의 TTI 구간 내에서는 불연속적 전송(discontinuous transmission, DTX)은 발생하지 않는다.

㉠ HS-DSCH의 코딩

HS-DSCH의 채널코딩으로는 터보코딩만이 사용된다.

ⓛ HS-DSCH의 변조

DCH에서는 QPSK변조만을 사용하였지만, HS-DSCH에서는 16QAM의 고효율 변조 기법이 추가되었다.

⑤ HSDPA 기본 동작

HSDPA의 기본 동작은 무선구간에 대한 link adaptation 기법과 빠른 스케줄링 절차 그리고 물리계층에서의 재전송 기법에 의하여 이루어진다. 이러한 기법들은 하향링크의 패킷데이터 속도와 기지국 용량을 증대시키기 위한 목적으로 사용된다.

데이터 스케줄러 알고리즘과 통화자의 우선순위 절차에 따라 데이터 스케줄링과 link adaptation절차가 수행된다.

Release99에서는 수신된 데이터가 손상되었으면 RNC로부터의 재전송이 이루어졌었다. 하지만 HSDPA에서는 그림 19에서 보듯이 송신되는 패킷데이터는 일단 기지국의 버퍼에 저장되기 때문에 수신 측에서 에러가 발생하면 RNC에 재전송을 요구하지 않고 기지국의 버퍼에 저장된 데이터를 재전송하게 된다. 따라서 단말기는 첫 번째 수신되었던 데이터와 두 번째 수신된 데이터의 에너지를 결합하여 사용할 수 있다. 하지만, 시그널링 오류 등에 의하여 물리계층의 동작이 실패하였을 경우에는, 이전과 동일하게 RNC에서의 재전송이 이루어진다.

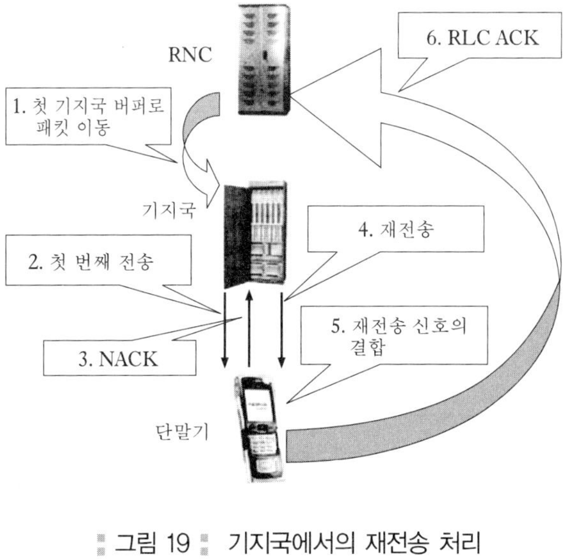

그림 19 기지국에서의 재전송 처리

⑥ HSDPA MAC 계층

HSDPA MAC 계층에서는 기지국에서의 스케줄링과 단말기와 기지국 사이의 HARQ 동작을 처리하는 기능을 갖는다.

- MAC-d : RNC내의 기존의 프로토콜이다.
- MAC-hs(high speed) : RNC가 MAC-d(dedicated)를 가지고 있으나 남아있는 기능은 단지 전달채널 전환뿐이며 그 외 스케줄링이나 우선순위 결정 등의 다른 기능들은 모두 MAC-hs로 옮겨간다. HSDPA 기지국내의 새로운 프로토콜이다.
- MAC-e : HSUPA 기지국 내의 새로운 프로토콜이다.
- MAC-es : HSUPA RNC 내의 새로운 프로토콜이다.
- MAC-es/e : HSUPA 단말 기내의 새로운 프로토콜이다.

3) 국내 동향

SK텔레콤이 2006년 5월 세계 최초로 HSDPA 상용서비스를 시작했다. HSDPA망으로 영상통화와 무선인터넷을 할 수 있다. 무선인터넷은 노트북 등 단말기에 모뎀을 꽂아 사용하고, 영상통화는 영상통화 전용 휴대폰을 사용한다. 무선인터넷은 SK텔레콤이 'T로그인'을 2006년 9월 시작하였고 KTF는 '아이플러그'를 2007년 1월 시작하였다. 영상통화는 KTF가 '쇼'를 2007년 3월 1일, SK텔레콤이 'T-라이브'를 2007년 3월말 각각 전국서비스를 시작하였다.

① 무선인터넷

ⓐ SK텔레콤

2006년 9월 'T로그인' 서비스를 시작하였으며 KTX에서도 인터넷접속이 가능하다.

2007년 1월 84개 시에서 서비스가 이루어졌으며 2007년 3월말 전국서비스로 확대되었다. 누적 가입자는 2007년 1월 말 5만명, 2007년 11월 26일 9만 6200명, 2008년 2월 말 현재 9만 8590명이다.

가입절차도 이동통신 가입절차와 같고 010으로 시작하는 전용번호도 나온다. 이 전용번호로 문자메시지(SMS)도 주고받을 수 있다. 그러나 멀티미디어메시지(MMS)나 음성통화는 할 수 없다.

모뎀을 구입했다면 소프트웨어를 노트북에 설치한 다음 인터넷에 바로 접속할 수 있다.

내려받는 속도는 이론상 가능한 HSDPA 최대속도는 14.4Mbps이지만 2008년 6월 현재 칩의 한계로 인해 7.2Mbps가 최대 속도다.

ⓑ KTF

2007년 1월 22일부터 HSDPA망을 통해 초고속 무선인터넷을 이용할 수 있는 '아이플러그' 서비스를 시작하였다. 노트북 등에 USB형태의 무선 모뎀을 연결해 야외나 이동 중에도 빠른 속도의 무선인터넷을 이용하는 서비스로서 T로그인과 방식은 같으나 3세대 이동통신 전용서비스이며 무선모뎀도 HSDPA네트워크 전용이다.

속도는 최고 3.6Mbps이며 2007년 1월 84개 시에서 서비스를 시작하여 2007년 3월 1일 전국서비스로 확대되었다.

누적 가입자는 2007년 3월 말 12,000명, 2007년 11월 27일 4만1435명, 2008년 2월 말 현재 3만 9130명이다.

표 15 HSDPA기반 무선인터넷 접속서비스 비교(2008.6 현재)

	SK텔레콤	KTF
서비스명	T로그인	아이플러그
네트워크	HSDPA/EVDO	HSDPA전용
최대속도(실제)	7.2Mbps/2.4Mbps	7.2Mbps
서비스지역	전국	전국

월 이용 요금	-레귤러(2GB 무료) 29,900원(데이터양에 따라 요금 추가) -프리미엄(4GB무료) 45,000원(데이터양에 따라 요금 추가)	-기본형(1GB무료) 29,500원(데이터양에 따라 요금 추가) -스페셜(2GB무료) 44,500원(데이터양에 따라 요금 추가)

ⓒ LG 텔레콤

'EV-DO 리비전A' 서비스를 2007년 9월 상용화한 후 네트워크를 확대해 2008년 4월부터 전국을 대상으로 서비스를 제공하고 있다. 2008년 4월 말 현재 가입자는 19만 명이다.

EV-DO 리비전A의 특징은 다음과 같다.

- SK텔레콤의 '준' 이나 KTF '핌' 과 같은 EV-DO 서비스에서 진화한 3세대 서비스. CDMA기술이 EV-DO를 거쳐 리비전A로 진화한 것이다.
- SK텔레콤과 KTF의 고속하향패킷(HSDPA)방식에 대응
- HSDPA보다 투자비용은 적게 드는 반면 기술적으로는 차이가 없다.
- HSDPA는 초당 전송속도(평균)가 1~2Mbps이고, 리비전은 3Mbps까지 가능
- 기존 2세대 주파수(1.8GHz)를 사용하지만 데이터 전송속도 등 품질에서는 SK텔레콤과 KTF가 제공하는 HSDPA 3세대 서비스와 비슷하다.
- 리비전A는 기존 CDMA통신망과 중계기 등을 그대로 사용하기 때문에 HSDPA에 비해 투자비가 훨씬 적게 든다. 다만, 3세대 주파수(2.1GHz)를 사용하지 않는 데다 세계 이동통신의 80% 이상이 GSM계통이어서 글로벌로밍에서 불리하다. 미국의 버라이즌와이어리스와 스프린트넥스텔, 일본의 KDDI 정도가 리비전A를 상용화했다. 2007년 11월 현재 미국, 동남아 등 13개국에서 자동로밍이 가능하다.

표 16 리비전A와 HSDPA 비교(2008.6)

구분	리비전A	HSDPA
사업자	LG텔레콤	SK텔레콤,KTF
주파수대역	1.8GHz	2.1GHz

기술방식	동기식	비동기식
최대전송속도(하향/상향)	*3.1Mbps/1.8Mbps	**14.4Mbps/2Mbps
실제속도(최대)	***	7.2Mbps/384kbps
서비스지역	2008년 4월 전국	전국서비스

* 리비전B가 되면 9.3Mbps가 된다.

** 이론상 최고 14.4Mbps이나 현재는 7.2Mbps까지 가능하고 평균속도는 1~2Mbps

***HSDPA가 5MHz 대역폭을 기반으로 하는 반면, 리비전A는 1.25MHz 단위로 나눠서 사용하기 때문에 동일 대역폭을 기준으로 하면 속도차이가 거의 없다.

2008년 4월 전국서비스를 시작하면서 서비스명을 '오즈(OZ)'로 명명하였다.

오즈(OZ)

OZ는 open(열린)과 zone(지역)을 줄인 것으로 '열린 인터넷 공간'이란 뜻이다. 오즈는 휴대폰에서 미리 주소가 입력된 단축버튼으로 네이버, 다음 등 포털은 물론 원하는 사이트로 바로 접속해 컴퓨터(PC)처럼 편리하게 인터넷을 이용할 수 있는 개방형 무선인터넷 데이터 서비스이다.

LG텔레콤은 2008년 4월 초 오즈 전용단말기 2종(LG-LH2300, 캔유 801Ex)을 내놓고 동기식 3세대 이동통신 전국서비스를 시작한다. 풀브라우징 휴대폰으로 일반 휴대폰보다 해상도가 5배 이상 높은 WVGA(800x480)급 2.8인치LCD화면을 장착했다.

LG텔레콤의 3G전략은 저렴하면서도 개방된 모바일 인터넷으로 요약된다. 간판 서비스도 다른 이통사가 제한적으로 제공하는 무선인터넷(WAP)과 다르다. 휴대폰에 인터넷 주소만 치면 바로 접속할 수 있는 풀브라우징 방식이다. 모바일 인터넷 이용요금은 월 1만원, 이메일은 계정당 월 1000원으로 크게 낮추는 방안을 검토 중이다.

② 음성 · 영상 이동통신

ⓐ SK텔레콤의 'T-라이브'

2006년 5월 세계 최초로 HSDPA상용서비스를 시작한 이래 2007년 3월 29일 전국 망을 구축함으로써 CDMA 2세대 서비스와 동일한 수준의 단일망을 갖췄다. SK텔레콤은 이를 계기로 네트워크 간 시너지를 극대화하는 계획을 세웠다. 기존 CDMA망에서는 음성과 중 · 저속 데이터 분야의 경쟁 우위를 유지하고, HSDPA망에서는 데이터와 커뮤니케이션 측면에서 한 차원 높은 서비스를 제공한다는 전략이다.

가입자는 2007년 3월 말 14만 명, 2007년 9월 말 100만 명, 2007년 10월 말 163만 6870명, 2008년 1월 말 296만 명, 2008년 2월 말 320만 명, 2008년 4월 11일 현재 440만 명이다.

표 17 3세대 이동통신 서비스 비교 (2008년 6월 30일)

	SK텔레콤	KTF
브랜드	T-라이브	쇼(SHOW)
상용서비스	2006년 5월(세계최초)	
전국서비스	2007년 3월 29일	2007년 3월1일
자동 로밍 국가	150개국	140개국
월 기본 요금(원)	13,000	12,000
음성통화료	10초당 20원	10초당 18원
영상통화료	10초당 30원	10초당 30원
MMS요금	텍스트 30원/1000자 사진.동영상 100원	텍스트 30원/1000자 사진 200~500원 동영상 300~1200원
가입비	5만원	3만원
서비스특징	휴대폰주식거래 교통카드기능 영상교통정보 영상 사서함 뱅킹서비스	영상채팅 영상노래방 영상라이브방송 교통카드 기능 뱅킹서비스
전용(SBSM)폰	3종	3종
가입자수(2008.4.10)	440만 명	500만 명

ⓑ KTF의 '쇼'

KTF는 3세대 이동통신을 브랜드명 '쇼(show)'로 2007년 3월 1일 전국서비스를 시작하였다.

가입자는 2007년 3월 말 114,000명, 2007년 7월 6일 100만 7756명, 2007년 10월 말 241만 3139명, 2007년 말 320만 명, 2008년 4월 12일 현재 500만 명(남성 52.3%, 여성 47.7%, 10대 22.5%, 20대 21.8%, 30대 20.9%)이다.

③ 3세대 이동통신 주요 서비스

1. 글로벌 자동로밍 서비스

KTF 글로벌 자동로밍 서비스 이용자는 2007년 2월 15,000명에서 8월엔 40,000여명으로 증가했다. 2008년도 1분기 이용자수는 45만 명이다.(인-아웃바운드 합산). SK텔레콤은 이용자가 월 20만~25만 명이나 된다.

해외 여행객이 국내에 들어와 SK텔레콤이나 KTF 3세대 네트워크를 이용하는 이른바 '인바운드 로밍' 매출도 빠르게 늘고 있나.

WCDMA로밍은 WCDMA네트워크를 통해 국내에서 쓰던 번호 그대로 음성/영상/SMS/MMS/데이터서비스를 사용할 수 있는 서비스이고 GSM로밍은 GSM방식의 국가에서 음성/SMS서비스를 사용할 수 있는 서비스이다. KTF의 경우 WCDMA로밍이 가능한 국가는 50개국이고 GSM 로밍이 가능한 국가는 132개국으로 로밍이 가능한 전체 국가 수는 140개국이다. GSM로밍은 GSM기능이 내장된 쇼(show)휴대폰을 사용해야 한다.

SK텔레콤은 WCDMA로밍이 가능한 국가가 55개국이고 GSM로밍이 가능한 국가는 158개국으로 로밍이 가능한 전체 국가수는 158개국이다.

2. USIM카드 서비스

• SK텔레콤은 2008년 4월 24일부터 신한은행과 함께, KTF는 4월 30일경 기업은행과 제휴해 각각 3세대 이동통신 가입자를 대상으로 모바일뱅킹서비스를 시작한다. 3세대 휴대폰 기반으로 모바일 뱅킹 서비스를 제공하는 나라는 한국이 처음이다.

3세대 모바일뱅킹은 휴대폰에 기본으로 탑재되는 USIM카드에 여러 은행의 정보를 담아 현금을 인출하는 것은 물론 통장의 돈을 계좌이체하거나 조회할 수 있는 서비스다. 2세대 서비스 때는 은행마다 별도의 뱅킹칩을 발부받아야 했지만 3세대부터는 USIM카드 하나로 여러 은행의 업무를 처리할 수 있게 된다.

2세대에선 뱅킹칩을 탑재할 수 있는 휴대폰 비율이 전체 휴대폰의 5%에도 못 미쳤지만 3세대에선 대다수 휴대폰을 통해 모바일뱅킹을 할 수 있다. USIM카드로 뱅킹뿐만 아니라 신용카드, 교통카드, 증권멤버십카드 기능까지 사용할 수 있어 휴대폰 생활형 서비스가 확산되는 계기가 될 전망이다. 2007년 말 기준 2세대 모바일 뱅킹칩 이용자는 441만 명이다.

표 18 2세대와 3세대 모바일 뱅킹 비교

구분	2세대휴대폰(CDMA)	3세대휴대폰(HSDPA)
칩발급	은행별로 뱅킹칩을 개별 발급	USIM카드 하나로 여러 은행 동시 사용
지원휴대폰	뱅킹칩 탑재할 수 있는 일부 휴대폰	대부분 3세대 휴대폰에서 사용
기능	금융기능(예금조회, 자금이체, 인출)만 사용	금융기능+신용카드+멤버십카드 등 다양한 기능 탑재

• SK텔레콤과 KTF는 2008년 3월 27일부터 3세대 휴대폰의 USIM 칩 잠금장치를 해제한다. 이에 따라 3세대 서비스(SK텔레콤의 'T라이브', KTF의 '쇼') 가입자끼리는 서로 휴대폰을 바꿔 사용하는 것이 가능해 진다. SK가입자끼리는 3세대 휴대폰이라면 어떤 제품이라도 자신의 USIM칩만 꽂으면 별도의 시스템 변경 없이 자신의 명의로 통화가 가능하다. 2008년7월부터는 서로 다른 이통사의 휴대폰도 USIM을 바꿔 연결할 수 있게 된다.

요금청구는 USIM 칩을 기준으로 이뤄지기 때문에 휴대폰만 바꿔 쓸 뿐 요금부과에는 문제가 없다. 하지만 문자메시지 내용과 송수신내역, 주소록, 사진 등은 휴대폰에 저장돼 있기 때문에 사생활 보호를 위해선 주의가 필요하다.

4. 차세대 이동통신

(1) 정의

4세대 이동통신은 ITU에서 System beyond IMT-2000으로 불리며 정지 상태에서 1Gbps, 고속에서 100Mbps의 데이터 전송속도를 제공하는 새로운 무선액세스 기술로 정의된다. 4세대 이동통신 기술은 저속 및 고속에서 기존의 3세대 이동통신이 제공하던 모든 통신 능력을 기본적으로 포함한다.

4세대 이동통신에서 사용될 무선 주파수가 2007년 10월에 있었던 WRC-2007 회의에서 이미 결정되었으며, 2010년경에 4세대 이동통신 표준 규격이 제정 완료되고 2012년경에 상용서비스를 제공할 것으로 예정되어 있다. 현재 4세대 이동통신기술의 후보 기술로는 3GPP의 LTE기반기술, 3GPP2의 UMB(ultra mobile broadband)기반기술, 와이브로 기반 기술 등이 대두되고 있으며 3세대 이동통신에서와 같이 4세대 이동통신기술 또한 단일 표준 보다는 복수 표준 정책으로 갈 것으로 예측된다.

차세대 이동통신망은 4세대 이동통신망으로만 한정되는 것이 아니라 다양한 무선 및 이동통신망이 공존하는 형태로 전개될 예정이다. 즉, 건물내나 핫스팟 지역에서는 무선랜을 이용한 피코셀 영역, 도심지역에서는 와이브로 관련기술을 이용한 마이크로 셀 영역, 시외지역에서는 셀룰러 이동통신기술을 이용한 매크로셀 영역, 그리고 보다 광범위한 지역을 위해서는 위성통신망을 이용한 메가셀 영역이 각각 지정되고 이들 셀 영역은 서로 중첩되어 존재하게 된다.

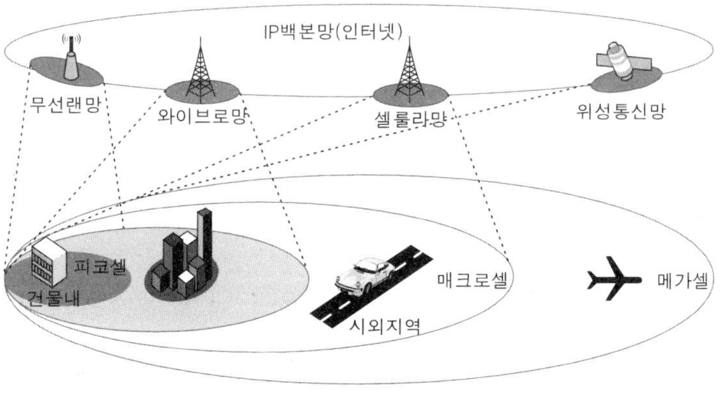

그림 20 차세대 이동통신망 개념도

(2) 차세대 이동통신 핵심 기술

① OFDM

OFDM은 상호 직교성을 갖는 복수의 반송파를 사용하여 주파수 이용 효율을 향상시키는 기술이다. 주파수와 시간을 나누어서 할당하고 하나의 채널을 여러 개로 나누어서 데이터 전송이 가능하며 서브 채널 간의 오버래핑으로 대역폭을 절약할 수 있으며 주파수간섭에 의한 영향을 최소화할 수 있는 장점이 있다.

OFDM기반 전송방식은 전 대역을 주파수축 상에서 간섭을 받지 않는 부반송파들을 이용하여 변조하는 전송방식으로 TDMA와 FDMA 같은 협대역전송방식의 단점인 셀룰러 시스템에서의 낮은 주파수 재활용률과 CDMA의 단점인 셀 내에서의 심각한 신호 간섭 문제를 동시에 해결할 수 있다.

구현 복잡도 측면에서도 OFDM전송방식은 간단한 IFFT, FFT 처리과정만 필요하므로 광대역 전송시스템에서 CDMA전송시스템이 감수해야 하는 복잡한 광대역등화기, 레이크 수신기와 비교할 때 송수신기의 복잡도가 크게 문제가 되지 않는다.

또한 CDMA전송방식에서는 셀 내에서의 간섭 억제를 위한 정교한 전력제어가 성능향상에 필수적인데 반해, OFDM 기반 시스템에서는 전력제어의 주된 목적은 TDMA나 FDMA와 같이 전력 소비 측면에서만 고려하게 됨으로써 상대적으로 전력제어에 대한 시그널링 오버헤드를 줄일 수 있다.

그러나 다중경로 페이딩을 극복하기 위해 사용되는 오버헤드(Cyclic Prefix)와 주파수 재활용률을 1로 만들기 위한 셀 경계지역에서의 부반송파 간의 간섭에 의한 성능저하, 높은 PAPR 들은 더욱 개선돼야 할 점이다.

표 19 전송기술에 따른 장단점 비교

전송방식	TDMA	CDMA	OFDM
셀내 전송 신호 주파수폭	협대역	전대역	전대역
셀내전송신호 주파수폭 할당	orthogonal	Pseudorandom	orthogonal
셀내신호간섭	없음	심함	없음
셀간 주파수 폭 할당	부분적 재활용	재 활용률=1	재 활용률=1

셀간 상향링크 간섭	bursty	averaged	averaged
전력제어의 정확성 필요	낮음	높음	낮음
동작SINR	높음	낮음	낮음에서 높음
상향 링크 PAPR	낮음	중간	높음
표준시스템 예	GSM,IS-136	IS-95, WCDMA CDMA2000	IEEE802.16

② MIMO(다중 송수신 안테나 기술)

MIMO는 무선통신의 용량과 전송률을 높이기 위한 다중안테나 신호 처리 기술로서 기지국과 단말기에 여러 개의 송수신 안테나를 사용하며, 사용된 안테나 수에 비례하여 데이터 전송 용량과 전송률을 높이는 기술이다.

MIMO는 주파수 영역을 더 증가시키지 않고도 고속의 데이터 전송을 가능하게 한다.

MIMO기술은 1996년에 처음으로 제안되었다. MIMO기술은 송신기에서 각 송신 안테나를 통해 서로 다른 데이터를 전송하고, 수신기에서는 적절한 신호처리를 통해 송신 데이터들을 구분해 내는 spatial division multiplexing /demultiplexing(SDM) 기법을 사용한다. 따라서 송수신 안테나의 개수를 동시에 증가시킴에 따라 채널 용량이 증가하여 보다 많은 데이터를 전송할 수 있게 한다.

송신다이버시티 시스템과의 가장 큰 차이점은 송신다이버시티 시스템은 다중의 송신 안테나에서 같은 데이터를 전송하는 시스템인데 반해, MIMO시스템은 서로 다른 데이터를 동시에 전송하여 보다 높은 전송속도를 달성하게 된다는 점이다.

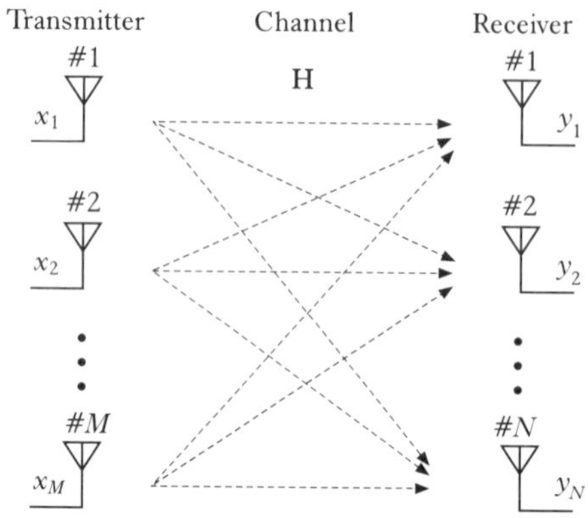

그림 21 MIMO시스템

MIMO기술은 개루프방식과 폐루프방식으로 나눌 수 있고 개루프방식에는 V-BLAST(vertical Bell laboratories layerd space-time), D-STTD(double space time transmit diversity)방식이 있고 폐루프방식에는 PARC(per antenna rate control)방식이 있다.

MIMO는 OFDM기술과 함께 사용될 경우 데이터전송속도의 고속화와 더불어 대용량화가 가능해지기 때문에 멀티미디어 서비스에 최적화된 무선 전송 환경을 제공할 수 있다.

③ UWB기술

디지털부호정보를 나노 세컨드 이하의 매우 짧은 폭을 가지는 임펄스 신호로 바꾸어 무선으로 전송하는 기술로서 광통신과 같은 수백 Mbps급의 초고속통신을 가능하게 한다. 기존 무선통신방식에 비하여 송신 전력 소비가 매우 적어 배터리를 수십 배 오래 사용할 수 있고 송수신장치의 크기도 획기적으로 최소화할 수 있는 장점이 있다. UWB 기술은 홈 네트워크, 무선랜, 무선 PAN 구축이나 자동차용 ITS(intelligent transport system), 재난구조 및 의료기기, 보안 감시 목적으로 폭넓게 사용될 전망이다.

④ 스마트 안테나 기술

이동통신 시스템은 셀 간 혹은 셀 내에서 발생되는 동일채널 간섭신호와 다중경로 페이딩, 도플러와 같은 무선 채널 특성에 의하여 시스템 성능과 용량이 제한된다. 스마트 안테나 기술은 이러한 성능저하 요소에 대응하여 전체 시스템 용량을 향상시킬 수 있는 기술 중의 하나이다. 스마트 안테나는 여러 개의 안테나 센서를 일정한 간격으로 둔 배열안테나와 기저대역에서의 신호처리가 결합된 기술로 특정 사용자의 신호를 선택적으로 송수신하고 간섭신호의 영향을 최소화함으로써 데이터 전송용량과 품질을 향상시킬 수 있으나 하드웨어가 복잡하고 비용이 높아지는 단점이 있다.

⑤ SDR기술

미국에서 군사용 멀티-밴드/멀티-모드 단말의 수요를 계기로 1980년대부터 시작된 SDR(software defined radio) 기술은 무선기기 내의 소프트웨어를 내부에서 다운로드를 통해 추가 또는 변경함으로써 단말기내의 버그 수정이나 버전업을 비롯하여 송신출력, 사용 주파수 대역, 변조방식까지의 변경을 가능하게 함으로써 전혀 다른 무선 단말로 변환할 수 있게 하는 기술이다.

(3) 후보 기술의 종류

1) LTE

3GPP LTE(long-term evolution) 표준화가 2004년 12월 LTE workshop을 시점으로 시작되었으며, 3GPP TSG-RAN(technical specification group-radio access network)에서 담당하고 있다.

LTE시스템은 구체적으로 하향에서는 100Mbps를, 상향에서는 50Mbps를 목표로 하고 있다.

4세대 경쟁에서 선두를 달리는 기술은 노키아와 소니에릭슨이 주도하는 유럽진영의 LTE다. LTE는 2세대에서 세계 이동통신시장의 80% 가량을 차지한 GSM기술에서 출발한다. SK텔레콤과 KTF가 제공하는 3세대 WCDMA서비스도 GSM에서 진화한 기술이다. 유럽진영은 2세대와 3세대를 주도한 만큼 4세대 경쟁에서도 유리하다. 3세대 네트워크를 보완하면 쉽게 4세대로 넘어갈 수 있기 때문이다.

2) UMB

미국 퀄컴의 UMB(ultra mobile broadband)는 아직 개발 단계에 머무르고 있다. CDMA원천 기술 보유자인 퀄컴은 CDMA에서 진화한 리비전A와 리비전B로 3세대에서 명맥을 잇고 4세대에서는 UMB로 넘어가는 기술 로드맵을 제시했다.

3) 와이맥스 에볼루션(와이브로)

모바일 와이맥스(와이브로)가 진화한 기술이다. 와이브로는 2007년 10월 18일 전파총회에서 3세대 이동통신(IMT-2000)표준으로 승인되었다.

4세대 기술에서 LTE가 선두, 와이브로가 2위를 달리고 UMB가 뒤를 좇는 형국이다.

2 TRS

1. TRS 개요

TRS(Trunked Radio System) 즉, 주파수공용통신이란 제한된 무선주파채널을 다수의 이동 가입자가 통화 요청 시에 필요한 빈 채널을 할당해 주고 나머지 시간에는 여타 가입자에게 사용할 수 있도록 하여 주파수 채널을 최대한 활용하고 통화 그룹 내부 또는 다른 그룹간 유기적 통신을 하도록 하기 위한 무선통신 시스템이다. 그러나 단순히 주파수의 공유만을 위하여 TRS시스템을 사용하는 것은 아니며 다양한 통신 서비스를 제공하고 있다.

대표적인 통신서비스로는 그룹통신으로 경찰, 소방, 군대 등 작전수행을 위하여 지휘, 지령 등 다수의 소속 요원에게 음성 또는 데이터 정보를 동시에 상호 교환하는 것을 목적으로 한다.

또한 다수의 기지국과 교환국을 상호 연결하여 대규모의 네트워크를 구성함으로써 광역 또는 국가 전체를 하나의 지령통신망으로 구성하여 운용할 수 있다. 표 20은 일반무전기, 이동전화, TRS 와의 특성을 비교한 것이다.

국내는 지난 1988년 서울올림픽 때 보도기관 통신용으로 도입된 후 1996년 KT파워텔 등이 본격적으로 서비스를 시작해 전국적인 네트워크를 구축했다.

TRS의 특징은 다음과 같다.

- 주파수 이용 효율 높음
- 음성, 데이터 등 다양한 통신 서비스 가능
- 통화시간은 1~3분으로 제한
- 통신방식은 PTT를 이용한 단방향통신방식
- 사용자가 통화 시간 내에는 채널을 전용하므로 혼신이 없다.
- 초기 시설투자비용 및 사용요금 저렴
- 통화 폭주시 예약 등록이 가능하다.
- 그룹통화가 가능

표 20 TRS와 여타 무선통신의 특성 비교

항목	일반무전기	이동전화	주파수공용통신
통화방식	1주파 (2주파 단신,복신)	2주파 복신	2주파 단신 (2주파 복신)
통화종류	(1대1통신) 1대 다수 통신	1대1통신 유선전화 접속통신 SMS, 데이터통신	1대1,1대 다수통신 유선전화 접속통신 비상호출, 우선순위통신, SMS, 데이터통신
통화가능범위	좁다(수km이내)	넓다(전국규모)	넓다(지역/전국규모)
단일통화반경	수km	수백m~수km	수십km
복수통화권 구성	주파수 배정 문제로 곤란	기본	가능
사용자간 혼신	심각하게 많다	없다	없다
통화접속기간	없다	수 십초	통상0.5초 이내
주파수 활용도	극히 낮다	높다	중간
장점	-독립적으로 주파수를 점유하므로 원하는 때에 즉시 통화 가능	-전화가입자 누구와도 통화 가능 -통화품질이 우수	-개별, 그룹, 전체 전화 접속통화, SMS,패킷 데이터

장점	-초기투자 및 유지비용 이 저렴	-통화가능범위가 넓다. -전파활용도가 양호	-통화 품질이 우수 -우수한 주파수활용도 -통신보안
단점	-통화가능범위 제한 -전파효율 낮음 -혼신 -통신보안 결여	-1:1통신만 가능 -전화 가입자간 통신만 가능 -호 접속기간이 길다 -사용료가 높다.	-장시간 연속통화에 부적합 -초기 기본설비 투자가 필요
주사용처	-소단위 건설현장 -중계기를 시설할 경우 대단위 공공 기관 (경찰,군 등) -공장내 통신 -낚시, 등산, 레저	-일반전화통화를 필요로 하는 개인, 사업자	-지령통신을 필요로 하는 모든 기관, 단체, 사업자 -공공안전 통합 지령 통신망

2. 디지털TRS 개요

1970년대 중반부터 아날로그방식의 TRS가 상용화되었으나, 국제적인 표준을 마련하지 못한 상태에서 주로 사설이동 무선망이나 공중이동무선망으로 사용되어 왔다.

이후 1900년대 초부터는 광역서비스가 가능한 디지털방식의 TRS가 보급되면서 모토로라사 고유의 iDEN, 북미지역의 표준인 APCO-25와 국제 개방형 유럽표준방식인 TETRA가 전 세계적으로 확대, 보급되고 있으며 ETSI에서는 2005년 3월부터 54~864kbps까지의 데이터 전송이 가능한 TETRA Release2에 대한 표준화 작업에 착수하였다.

디지털TRS는 무전기와 휴대전화를 동시에 사용할 수 있다. 디지털TRS로 휴대전화를 사용할 때는 일반 휴대전화에서 쓰이는 코드분할다중접속(CDMA)방식 대신 시분할다중접속(TDMA)방식이 사용된다. 셀룰러폰과 같은 800MHz대역을 사용하고 '0130' 이라는 별도의 식별번호가 쓰인다. 별도의 중계기를 통해 전송되지만 유선망에서부터는 셀룰러폰과 동일한 경로로 연결된다.

무전통화의 경우는 전국적인 네트워크가 깔려있어 전국통화가 가능하다. 지역에 따라 음영지역이 있지만 전국 주요지역 및 대도시에서 통화하는 데는 불편함이 없다. 일반 무전전화와 마찬가지로 송 · 수신은 한 방향으로만 가능하다. 단말기 옆에 붙어있는

PTT(Push To Talk)버튼을 누른 상태에서 송신하고 버튼에서 손을 떼면 수신할 수 있다. 한 사람이 얘기하면 그룹으로 지정된 사람들이 한꺼번에 들을 수 있다. 전체 그룹 내에서 몇 사람만 지정해 통화할 수 있고 휴대전화처럼 1대1로 통화할 수도 있다. 수백 명과 동시에 통화하는 경우에도 한 통화로 통화요금이 계산되기 때문에 경제적이다.

이와 함께 이용자 개개인에게 ID를 부여해 혼선이 일어나지 않는다. 장거리 음성통화 및 무선데이터, 위치추적(GPS), 휴대전화 등의 부가서비스를 제공한다.

TRS는 단체통화 등이 필요한 운수업체, 대규모 현장관리업무, 유통업체, 경비 및 보안서비스 등에서 주로 이용된다. 산악회 등 각종 동호회의 이용도 꾸준히 늘고 있고 검찰과 경찰은 TRS를 자체통신에 활용하고 있다.

디지털TRS의 특징은 다음과 같다.

- 무전기와 휴대전화를 동시에 사용할 수 있다.
- 수십 · 수백 명과 동시 통화가 가능하다.
- 디지털신호로 전송되기 때문에 일반무선기와 달리 통화내용이 유출될 염려가 없다(보안성).
- 국제전화 가능
- 단말기간 직접 통화(DMO) 가능

KT파워텔의 주요 서비스

1. 국제로밍 서비스

   미국 등 16개국에서 로밍 가능

2. 국제전화 서비스

   식별번호 00377을 누르면 국제전화 가능

3. 해상 이동통신 서비스

   연근해 100~130km 까지 무선전화/이동전화 서비스가 가능

4. GPS파워 택시 서비스

   GPS를 통한 위치관제 시스템을 이용, 개별 택시의 실시간 위치를 파악하여 고객과

가장 가까운 차량을 자동으로 배차하는 서비스

3. 디지털TRS시스템의 구성

기본 구성요소는 각 제조사별로 차이는 있으나 기본적으로 기지국, 교환국, 단말기로 구성된다. 단일 기지국으로도 운영 가능하며 교환국에 다수의 기지국(복수기지국)을 연결하거나 교환국과 교환국을 연결하여 대규모의 망구축도 가능하다.

기지국은 각 제조사별로 사용하는 용어는 다르나 무선송수신을 담당하는 무선장치(무선채널)와 각 무선채널의 시그널제어와 음성트래픽을 처리해 주는 트렁크제어기, 각 단말기의 운영정보를 저장관리하고 네트워크 관리를 담당하는 사이트 제어용 서버로 구성된다.

여러 채널 중 1개의 채널은 특별히 제어채널로 지정되어 기지국 통화권역내에 등록된 단말기로 또는 단말기로부터 호 접속 요구, 채널할당, 해제, 단문메시지 전송 등의 제어신호를 전송하며 각 단말기의 신호 동기화를 담당한다.

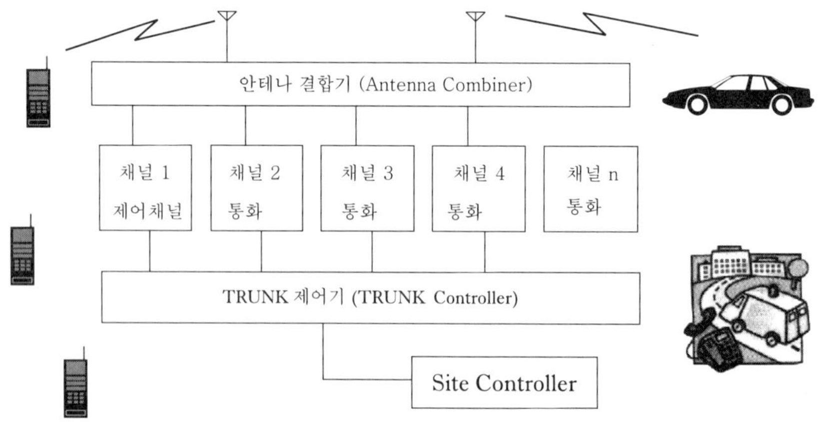

그림 22 단일기지국 TRS시스템 구성도

통화채널로는 호 요청에 의해 음성 채널 지정이 이루어지면 통화채널을 통하여 음성신호를 전송하게 된다.

FDMA방식의 경우는 각 채널을 2개 혹은 4개의 주파수밴드로 재분할 되며 TDMA방식의 경우는 1개의 채널에 4개의 Timeslot을 사용하여 주파수 이용효율을 높이고 있다.

4. 디지털TRS 기술

디지털TRS 기술에는 TDMA와 FDMA가 있다. 이 두 가지 방식은 장단점이 있으나 25KHz 4 slot TDMA방식인 TETRA가 먼저 상용화되어 유럽표준으로 채택되었고 아시아, 아프리카 등 많은 나라에서 도입하여 현재 세계적 사업표준과 유사한 형태로 발전하였다. 2005년 우리나라도 TETRA표준을 TTA 단체표준으로 확정하였다.

FDMA방식인 미국의 P25는 TETRA에 비해 동일 전계강도에서 통화권역 확보가 유리한 반면, 최종 목표인 6.25kHz대역폭의 FDMA기술의 상업화 지연으로 상대적으로 주파수이용 효율이 현저히 낮은 상태이다.

3GPP기술개발의 활발한 추진과 함께 장기적으로는 TETRA든 P25든 3G혹은 4G 기술 속에 융합되어질 것으로 예상된다.

① iDEN(integrated dispatch enhanced network)

미국 모토로라에서 자체 기술을 개발하여 1994년 상용화에 성공하였으며 휴대전화와 광역 무전 기능이 부가된 비개방형 TRS기술로서 전 세계 18개국에서 상용서비스 형태로 전화망과 연동되어 범용적으로 사용되고 있다.

② APCO-P25(association of public safety communication officials-project 25)

미국 공공안전통신 담당관들의 협의체이며, APCO-P25를 통해 미국의 공공안전통신에 관한 실질적이고 범용적인 권고표준이 제정되고 있다. APCO-25는 미국의 공공안전을 위한 디지털 TRS시스템 표준으로서 표준수립의 목적은 협대역화/디지털화를 통한 주파수 부족문제 해결, 아날로그에서 디지털로 전환시 용이성, 비용 절감 도모 등이다.

③ TETRA(TErrestrial Trunked RAdio)

디지털음성과 데이터의 통합솔루션을 제공하며 음성, 데이터, 이미지 전송을 통한 극대화된 효율성 및 안정성을 제공하는 디지털 주파수 공용통신의 세계 공인 개방형 표준방식이다.

표 21 디지털 TRS 기술 비교

구분	TETRA	iDEN	APCO-P25
생존성 (음영지역,기지국 장애 시 통신기능 제공)	높음 (기지국 없이 단말기간 직접통화, 단말기나 차량용 무전기를 통한 중계 가능)	낮음 (단말기간 직접통화 기능, 단말기 중계 기능 부재)	높음 (TETRA와 유사)
공공안전통신요구 부합성	적합 (우선순위 통화, 비상통화 음성데이터 동시전송 단말기간 직접통화)	부적합 (우선순위 통화 제공 가능)	적합 (우선순위 통화, 비상통화 단말기간 직접통화)
주파수효율성	높음(1:4 TDMA)	높음(1:6 TDMA방식)	낮음(1:2 FDMA)
기술의 개방성	높음 (유럽 국제개방형 표준) -유럽, 아시아 중심으로 세계적으로 사용 -이기종 교환기간 표준 미확보	없음 (모토로라의 독자방식) -미국, 캐나다 등 사용	중간 (미국, 국제 개방형 표준) -미국, 캐나다 등 사용

아날로그 TRS는 FM변조, 대역폭은 30kHz이다. 디지털TRS는 QPSK, QAM, 대역폭은 23kHz이다.

향후 기술전망

2000년 이전의 1세대 아날로그 TRS에서 현재는 28.8kbps의 데이터통신을 지원하는 2세대 협대역 TRS가 구축되어 있으며, 864kbps의 데이터 전송속도를 지원하는 3세대 광대역TRS가 2010년에 상용화될 전망이며 지능형 DMO(단말기간 직접통화)기능 및 지능형 USN기능을 갖추고 100Mbps의 초고속 데이터 전송이 가능한 초광대역 TRS가 2020년에 구현될 것으로 전망된다.

5. 국내 기술 표준화

소방방재청에서는 '국가 통합지휘 무선통신망'의 구축을 위하여 2003년 10월에 유럽의 ETSI표준인 TETRA(Terrestrial Trunked Radio)기술을 선정하였다.

2004년 7월 한국통신기술협회(TTA) 산하에 재난관리 프로젝트그룹(PG105)이 발족하여 2005년 1월 국내 최초로 한국형 디지털 TRS기술표준 초안을 완성하였으며, 3월 중순에 개최된 PG105 10차 정기회의에서 한국형 디지털 TRS표준안 77건을 최종 확정하였다. 2005년 4월 표준총회의 의결로 한국형 디지털TRS 표준 77건이 TTA 단체표준으로 최종 확정되었다.

표준화된 77건의 목록중 대표적인 표준내용은 다음과 같다.

- TDMA의 기본 프레임은 36kbps의 전송속도를 가지며 2040비트를 전송하는 56.67ms의 길이를 갖는다. 이 프레임은 그림 23과 같이 4개의 타임슬롯으로 나누어지며 타임슬롯 하나가 한 가입자의 통화를 담당하며 하나의 타임슬롯 길이는 14.167ms이고 510개의 비트를 전송할 수 있으며 4.56kbps ACELP로 압축한 60ms의 음성데이타인 274비트를 충분히 전송할 수 있는 길이이며 필요시에 7.08ms의 부타임슬롯 2개로 나누어 사용한다.

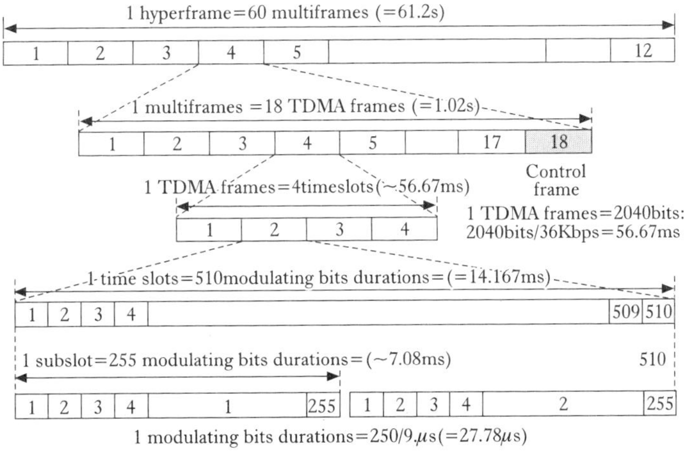

그림 23 TDMA프레임 구조

- 변조방식으로 이동환경에 적합한 $\pi/4$DQPSK방식을 사용하며 변조된 신호의 심볼 레이트는 18kbps이며 펄스성형 필터의 롤오프 계수는 0.35로 TDMA채널의 대역폭은 23kHz이다.
- 단말기간 직접통화(DMO) 표준
  DMO는 임의의 단말기가 기지국과의 통신이 불가능할 경우 단말기끼리 단말기의 수신주파수를 이용하여 반이중(half duplex)방식으로 통신하는 직접통화방식으로 주파수대역 및 송수신 접속방식과 무선채널할당방법, DMO통신프로토콜 등에 대한 표준으로 국가통합지휘 무선통신망의 필수적인 기능이다.

6. 디지털 TRS 국내 주파수 분배

정보통신부는 1992년 주파수공용 통신 무선국 허가 지침을 발표하고, 380MHz에 200채널(자가망), 800MHz에 400채널(공중망)을 배정하였다. 800MHz대역은 기존의 미국 시스템을 도입하면서 동일한 주파수대역을 할당하였고, 380MHz대역은 유럽의 공공안전주파수대역과 일치한다.

공중망은 통신사업자가 주파수를 할당받아 시스템을 설치해 희망하는 이용자에게 서비스를 제공한다(상업용). 운송업, 제조 판매업, 건설 현장 등의 자영업에서 주로 사용된다. 국내 공중망의 대표적인 사업자는 0130 식별번호를 사용하는 KT파워텔이다.

공안업무 목적으로 개발된 자가망 시스템은 공공기관이나 대기업 등에서 업무 목적에 따라 독립적으로 설치, 운영하는 것으로 철도나 지하철, 경찰, 소방 등에서 사용되고 있다. 국내에선 무선통합지휘 무선망이 대표적이다.

정보통신부는 2002년, 380MHz대역의 활용도 미비로 글로벌시대의 산업장려에 장애가 된다는 판단아래 TRS 주파수 재정비안을 검토하기 시작하여 2005년 TRS주파수를 재정비하였다.

정통부에서는 2005년 5월 국가통합무선망의 소요주파수를 806~811/851~856MHz로 분배하였다.

표 22 2005년 개정된 TRS주파수 할당표

주파수(MHz)	용도	기지국 송수신
806-811	자가용(5MHz)	기지국 수신
811-822	상업용(11MHz)	
822-824	guard band	
824-849	CDMA(25MHz)	
851-856	자가용(5MHz)	기지국 송신
856-867	상업용(11MHz)	
867-869	guard band	
869-894	CDMA(25MHz)	

주파수(MHz)	용도	기지국 송수신
368.5-380		
380-385	자가용(5MHz)	기지국 수신
385-389.9	자가용	
389.9-390		
390-395	자가용(5MHz)	기지국 송신
395-399.9	자가용(5MHz)	

7. 국내 동향

1988년 서울 올림픽을 계기로 하여 미국의 제너럴 일렉트릭 이동통신 사업부문(GE Mobile Radio)에서 개발된 GE MARK V 시스템이 최초로 도입되었다.

올림픽 기간동안 한국통신에서 선수단, 기자단 및 조직위원회의 운영요원에게 임대하여 사용하였으며 올림픽 이후 한국통신은 1988년 10월 이 시스템을 부산지역으로 이동, 설치하여 부산, 창원, 울산, 마산지역(4개 지역 14개 주파수)을 중심으로 한 최초의 상용 공중 TRS서비스를 개시하였다. 이때는 주로 건설, 운수회사를 대상으로 사업을 전개하였으며 초기에는 140여 대의 단말기가 운용되었다.

1991년 한국항만전화(주)(KT Powertel의 전신)에 의해 연안 선박과 육지와의 전화통화를 목적으로 하여 미국의 E.F.Johnson사의 LTR시스템이 도입되었고 초기에 5개 지역 30개 채널로 서비스가 개시되었다. 그러나 연안 선박을 이용하는 승객들의 무선전화 통화 서비스로는 그 효율성을 발휘하지 못하였다.

1996년 정부는 디지털TRS 도입을 전제로 한 본격적 TRS서비스 개시를 위하여 전국사업자와 지역사업자를 선정하고 주파수배정에 착수하였다.

이때 800MHz대역에서 모토로라의 iDEN시스템과 지오텍(Geotek)사의 FHMA(frequency hopping multiple access)방식의 장비가 도입되었다. 그러나 지오텍사 장비는 여러 가지 문제로 사업의 한계에 부딪히고 결국 iDEN장비를 선정한 현재의 KT Powertel 만 실질적 상용서비스를 제공하고 있다.

1997년 12월 디지털TRS 상용서비스가 개시되었다.

경찰청은 2001년 부산, 대구, 대전, 광주의 지방경찰청이 디지털TRS 도입계획을 확정하고 800MHz대역의 TETRA를 도입하였고 소방방재청은 2005년 '국가 통합지휘 무선통신망 기본계획'에 의거하여 행정, 치안, 방재를 목적으로 하는 전국 규모의 TRS 단일망 구축사업에 착수하였다.

국가 통합 무선망 구축현황

국가 통합 무선망으로 2003년에 TETRA TRS 망이 선정되었으며 경찰청에서는 2000년부터 단계적으로 TETRA TRS 시스템을 도입하여 3만대의 단말기와 5대의 교환기를 경찰청 무선통신망으로 운용중에 있으며 이 경찰망은 국가 통합지휘 무선통신망과 통합되어 전국적인 단일 무선통신망으로 구축될 예정이다.

국가통합 무선망 구축사업은 2005년부터 2007년까지 3년 동안 단계적으로 추진할 예정이다. 이 사업에는 약 3600억원의 예산을 투입하여 단말기 30만대, 교환시스템 10대, 기지국 1000대 규모의 전국적인 재난망이 구축될 예정이다.

공공통신용으로 부산지하철 3호선에 260대의 단말기와 1대의 교환기가 운용중에 있으며 대구지하철 1호선도 160대의 단말기를 사용 중에 있다.

또한 인천공항철도가 220대의 단말기와 1개의 교환기를 구축 중에 있으며 상업용으로 티온텔레컴에서 택시호출 및 데이터통신서비스로 40,000대의 단말기와 1개의 교환기를 구축할 예정이다.

삼성중공업과 포스코가 각각 850대와 1500대의 단말기를 사용하여 380MHz대역의 TRS 자가통신망을 구축하여 사용하고 있으며 부산 신항만주식회사도 620대의 단말기를 사용하여 항만의 물류 서비스망을 구축하였다.

KT Powertel의 전국망 TRS 사업자의 광역서비스에 대하여 경쟁력을 갖지 못하던 지역사업자들은 2006년 초 T-ON Telecom (구 서울 TRS)을 필두로 하여 TETRA망을 새롭게 구축하여 서울 경기지역 TETRA TRS 상용서비스를 시작하였고 조만간 부산경남 및 경북, 대구, 충남북권 사업자들도 전략적 망 공동 이용 등을 통한 전국망 규모의 TETRA TRS 서비스를 추진할 것으로 기대된다.

디지털TRS가입자는 2003년 2월 KT파워텔이 20만, 2004년에는 28만명으로 KT파워텔이 92.8%를 점유하고 있고 서울TRS는 1만 명을 확보했다. 2007년 12월 말 현재 33만 2747명이고 KT파워텔은 전체의 94%, 티온텔레콤은 3.0%를 점유하고 있다.

• 표 23 국내 TETRA TRS 구축현황(2006.2.)

기관(장소)	장비	단위	수량	제조사
경찰청	MSO	set	5	모토로라
	단말기	EA	30,000	
BUTA Line 3 (부산지하철 3호선)	MSO	set	1	모토로라
	단말기	EA	260	
IIARC(인천공항철도)	MSO	set	1	모토로라
	단말기		220	
대구지하철 1호선	단말기	EA	160	모토로라
포스코	MSO	set	1	모토로라
	단말기	EA	1500	
국방보안	MSO	set	1	모토로라
	단말기	EA	600	

Brand Taxi (T-on project)	MSO	set	1	모토로라
	단말기	EA	20,000	
	단말기	EA	20,000	EADS
삼성중공업	MSO	set	1	EADS
	단말기	EA	850	Sepura

1997년 11개 사업자로 출발하였으나 아남텔레콤은 2002. 12. 12 자로 KT파워텔에 합병됐고 대구TRS는 2003년 3월부로 YEN(주)로 개명했고 YEN(주)는 2006년 3. 13. 부로 대성글로벌네트웍(주)로 상호 변경하였다. 서울TRS는 2004. 9. 1. 부로 티온(T-ON) 텔레콤으로 상호 변경하였다.

2007년 12월 현재 TRS사업자는 KT자회사인 KT파워텔(전국사업자), 티온텔레콤(수도권), KB텔레콤(부산,경남), 대성글로벌네트웍스(대구,경북), 파워텔TRS(강원도) 등이 있다.

8. 해외 동향

TRS는 1972년 미국에서 서비스를 시작하였다. 아날로그 방식으로서 1960년대 Smart Trunk를 필두로 하여 E.F.Johnson의 LTR, 일본의 MCA, 유럽의 MPT1327, GE사의 GE Mark V 등 상업용 시스템이 개발되어 시장에 출하되기 시작하였고 공공안전 통신용으로서의 가치를 인식하게 되면서 1990년 초반부터 공공안전 요구사항을 만족시키는 모토로라의 SMART Zone, 에릭슨 GE의 EADCS(enhanced digital access communication system) 등과 같은 공공안전용 시스템으로 발전하였다.

현재 단말기를 생산하는 업체는 모토로라, EADS, Teltronic, Marconi, OTE, Cleartone, Sepura 등이 있으며, 시스템업체로는 모토로라, EADS, Teltronic, Rohde & Schwarz, Thales, Frequentis, Rohill, Damm cellular 등이 있다.

(1) 유럽

ETSI 주도로 TETRA 디지털 TRS 기술표준을 1995년도에 제정하였으며, 1996년에 표준규격에 맞는 TETRA TRS를 개발하였다.

(2) 미국

FDMA방식인 APCO Project25(약칭 P25) TRS 시스템 표준화 완료하였다.

(3) 일본

초기에는 아날로그방식의 MCA 독자 표준을 만들어 서비스를 개시하였으나 최근 800MHz 대역의 디지털TRS 국내 독자 표준을 구축하였다.

문제 QUESTION

1. 셀룰러방식에 대해서 설명하시오.
2. AMPS과 CDMA의 주파수대역에 대해서 설명하시오.
3. 아날로그 셀룰러방식과 디지털 셀룰러 방식을 비교 설명하시오.
4. 주파수대역확산 기술에 대하여 설명하시오.
5. CDMA방식의 특징을 설명하시오.
6. CDMA시스템 구성에 대해서 설명하시오.
7. CDMA 역방향 채널의 종류를 들고 간단히 설명하시오.
8. 전력제어에 대해서 설명하시오.
9. 핸드오프의 종류를 들고 간단히 설명하시오.
10. 위치등록에 대해서 설명하시오.
11. TDMA의 특징을 설명하시오.
12. GSM의 변조방식에 대해서 설명하시오.
13. 3세대 이동통신 기술의 종류를 들고 간단히 설명하시오.
14. IS-95, GSM, WCDMA의 반송파대역폭을 비교 설명하시오.
15. WCDMA의 특징을 설명하시오.
16. WCDMA의 음성코딩기술인 AMR에 대해서 설명하시오.
17. WCDMA에서 핸드오프 처리에 대해서 설명하시오.
18. WCDMA 핵심망은 회선교환부분과 패킷교환부분으로 나뉘는데 각 부분에 대해서 설명하시오.
19. WCDMA 무선 인터페이스 프로토콜 구조에서 RLC의 기능에 대해서 설명하시오.
20. WCDMA에서 MAC프로토콜의 기능에 대해서 설명하시오.
21. HSDPA기술 중 WCDMA와의 차이점에 대해서 설명하시오.
22. HSDPA의 무선인터페이스구조를 WCDMA와 비교하여 설명하시오.
23. 4세대 이동통신의 정의를 설명하시오.

24. MIMO에 대해서 설명하시오.

25. SDR에 대해서 설명하시오.

26. 4세대 이동통신의 후보기술을 들고 간단히 설명하시오.

27. TRS의 정의를 설명하시오.

28. 디지털TRS의 특징을 설명하시오.

29. 디지털TRS 기술 3가지를 들고 간단히 설명하시오.

30. 국내 디지털TRS의 소요 주파수대역에 대해서 설명하시오.

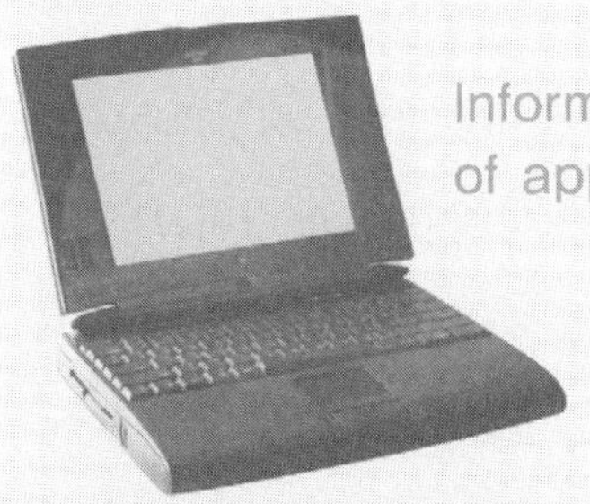

Information & Communication of appreciation

8

CHAPTER

DMB(이동멀티미디어방송)

1 개요

이동하면서 TV를 시청하는 모바일TV방식에는 지상파의 경우 한국의 지상파DMB, 유럽의 DVB-H, 미국의 미디어플로, 일본의 원세그 등이 있으며 위성의 경우 한국과 일본의 위성DMB가 있다.

국내 DMB(digital multimedia broadcasting)는 일반적으로 CD수준의 음질과 데이터 또는 영상서비스 등이 가능하고 우수한 고정 및 이동 수신 품질을 제공하는 디지털방식의 멀티미디어방송으로 정의된다. 즉, 고품질의 음성 및 영상서비스를 언제 어디서나 제공할 수 있는 이동멀티미디어방송이다.

방송법 제2조에서는 이동멀티미디어방송을 '이동중 수신을 주목적으로 다채널을 이용하여 텔레비전방송 · 라디오방송 및 데이터방송을 복합적으로 송신하는 방송' 으로 정의하고 있다.

DMB는 디지털화를 통해 '듣는 방송' 에서 '보고 듣는' 멀티미디어 방송으로 라디오방송 개념을 확장하고 뛰어난 이동수신 특성을 바탕으로 음악/문자/동영상 등 다양한 컨텐츠를 이동전화, PMP, 네비게이터, PDA 등 휴대용 및 고정용 단말을 통해 전달한다.

DMB는 전송수단에 따라 지상파DMB와 위성DMB로 구분하고 있다. 지상파DMB와 위성DMB의 개념비교를 표 1에 나타내었고 지상파DMB와 위성DMB의 특성비교를 표 2에 나타내었다.

표 1 지상파DMB와 위성DMB의 개념비교

지상파DMB	위성DMB
방송	통신
공익성(공공재)	사익성
무료	유료
국가에서 시작	민간에서 시작
아날로그 라디오→디지털 전환 디지털 TV→이동수신	TV서비스를 이동전화를 통해서 구현하려는 시도
방송의 확장	이동통신의 확장

표 2 지상파DMB와 위성DMB의 특성 비교

	지상파DMB	위성DMB
도입시기	2005년 12월 1일 본방송개시 (세계 최초)	2005년 5월 1일 본방송개시
사용 주파수폭	12MHz (채널12번 : 204~210MHz 채널8번 : 180~186MHz)	25MHz(2630~2655MHz)
데이터전송용량	6.912Mbps (사업자당1.152Mbps)	7.68Mbps
서비스 범위	수도권	전국
제공 채널 수	사업자당 비디오 최대2개 오디오 최대6개, 데이터1개	비디오 : 최소12개 오디오 : 25개 데이터 : 1개
요금	무료(광고)	유료(월정액)
사업자 수	6개 사업자	단일 사업자

2 지상파 모바일TV 방식

ITU는 2007년 12월 지상파 모바일TV의 국제표준으로 한국의 DMB, 미국 퀄컴의 미디어플로, 핀란드 노키아의 DVB-H, 일본의 원세그(oneSeg)를 복수표준으로 채택했다.

1. 지상파DMB : 한국

유럽의 DAB(digital audio broadcasting)를 기본으로 하여 이동 중에 TV영상, 라디오 및 문자 송수신이 가능한 서비스로 세계적으로 DAB, DRB(digital radio broadcasting), DSB(digital sound broadcasting) 등 여러 명칭을 사용하나, 우리나라에서는 DMB로 공식화 하였다.

국내 지상파DMB는 Eureka-147 시스템을 사용하며 유럽통신표준국과 EBU (European Broadcasting Union:유럽방송연맹)에서 1987년 개발을 시작하여 1991년까지 기본 시스템을 개발하고 1994년에 표준화를 완료하였다. 전송방식으로는 OFDM을 채택하고 다중반송파 전송기법을 사용하므로 이동수신 시 다중 경로 왜곡이나 페이딩 환경에 강한 성능을 보인다.

2. DVB-H(Handheld) : 노키아

(1) 개발 배경

DVB-H는 유럽의 지상파 디지털 방송 규격인 DVB-T를 이동형 방송 서비스 개념에 맞게 변경한 휴대 이동방송 표준 규격이다. DVB-H 표준화의 목표는 기존의 지상파 디지털 TV규격의 신호를 휴대 단말기로 수신이 가능하도록 하는 것이다. 범유럽의 지상파 디지털 TV규격으로 자리 잡은 DVB-T의 경우 ATSC보다 이동 수신 성능에서 앞선다는 평가를 받고 있었지만, 휴대수신용으로 구현하기에는 문제가 있었다. 따라서 휴대방송을 위한 DVB-T의 확장 규격이 필요하게 되었다.

이를 위해 DVB-H는 2002년 8월에 DVB-M(Mobile)프로젝트로 첫 개발이 시작된 후, 2003년 1월에 DVB-X로 명명되었으나 X(eXtend)라는 의미의 모호성으로 인해

2003년 8월에는 휴대성을 강조한 DVB-H로 명칭이 바뀌었다.

DVB-T의 목표가 다채널 고화질이라면 DVB-H는 2Mbps이하의 SD급 화질을 고속으로 이동하면서도 깨끗하게 시청할 수 있도록 하는 것이 목표이다. 이를 실현하기에는 배터리 문제가 존재한다. 즉, 한 번의 충전으로 수일간 이용할 수 있는 휴대전화에 부하가 큰 DVB-T기술을 그대로 적용하면 전력소비가 너무 많은 것이다. 이러한 한계를 극복하기 위해 데이터를 연속 수신하지 않고 간헐적으로 수신하는 것으로 전력소비 문제 해결을 도모한 것이 바로 DVB-H이다.

따라서 DVB-T표준을 기반으로 DVB-T와 대부분 호환이 가능하지만 작고, 가볍고, 휴대형이고, 배터리로 동작하고, 방송과 IPDC(IP 데이터캐스팅)의 결합과 방송과 이동통신의 결합이 가능한 모델을 전제로 개발된 것이 DVB-H이다.

이러한 문제에 대한 기술적인 접근을 통해 DVB-H는 DVB-T기반의 휴대이동방송 서비스를 구현하기 위한 추가적인 요구기술 성능에 대한 명세화 작업을 진행하였으며, 2004년 1월에는 DVB-H의 세부기술규격 초안을 완성하였다. 그리고 2004년 11월 현재 DVB-H는 ETSI에서 우리나라 지상파 DMB와 함께 유럽의 휴대 이동 방송의 복수 표준으로 확정된 상태이다.

(2) DVB-H 기술 개요

DVB-H기술은 DVB-T표준에서 출발한 것으로 DVB-T의 호환성을 유지하면서 이동형 방송서비스 개념에 맞게 단말기의 소형화, 경량화, 휴대 및 전력 소모 특성을 고려하였다.

DVB-H의 기술적 특징은 정보를 'IP-데이터그램'으로 전송하는 시스템이라는 데 있다. IP-데이터그램은 신호를 인터넷프로토콜(IP)에 의해 패킷단위로 쪼개서 보내는 방식을 말한다. 음성과 영상신호(AV신호)를 연속적으로 흘려보내는 스트리밍방식으로 신호를 송출(casting)하는 지금까지의 방송과 달리 DVB-H는 유무선 인터넷과 같이 AV신호를 패킷단위로 끊어 압축한 후, 전송하는 'IP-데이터캐스팅(IPDC)' 방식을 취하고 있다.

(3) 특징

① 시분할(time slicing) 기술을 활용해 이동전화의 전력소모를 최소화하는데, 전송로의 용량을 일정한 타임슬롯으로 쪼갠 뒤 각 타임슬롯에 패킷화된 방송신호를 실어 보내는 것이다. 1초짜리 신호를 압축해 0.1초짜리 타임슬롯에 담아 전송하는데, 이렇게 하면 0.9초 동안 이동전화의 수신기능은 쉴 수 있게 돼 배터리 소모를 줄일 수 있다.

② DVB-H의 단말기는 인터넷주소를 가진다. 128비트의 차세대 인터넷주소체계(IPv6)에 의해 각 단말기에 인터넷주소를 할당하면 가입자별 특성을 고려한 일종의 포인트 캐스팅(point casting)이 이론적으로 가능하다.(불특정 다수에게 방송전파를 송출하는 브로드캐스팅이 아니다.)

IP기반의 패킷 전송인 만큼 이동통신망 기반의 무선인터넷과의 결합이 용이한 점은 DVB-H의 장점이다. 결국 IP기반으로 이동통신망의 리턴채널과 결합시켜 각종 양방향 서비스를 구현하겠다는 것인데 이로 인해 DVB-H는 단순히 일방향의 방송이 아니라 방송과 IP통신의 결합 혹은 방송과 이동통신의 융합모델이 될 수 있다.

③ OFDM의 일종인 COFDM을 전송방식으로 채택하면서, QPSK. 16QAM 등의 다양한 변조방식을 적용할 수 있어 데이터 전송률을 크게 높일 수 있다.

④ DVB-H는 지상파 DMB에 할당된 VHF보다 높은 UHF대역을 사용한다. UHF는 VHF 보다 안테나의 크기를 작게 구현할 수 있다. 일반적으로 이동수신에는 VHF의 밴드 III(174~216MHz),즉 우리나라로 치면 TV의 7번 채널부터 13번 채널까지가 유리하지만, 안테나 길이를 생각해 UHF의 밴드IV(470~752MHz)인 14번 채널부터 60번 채널까지를 선택한 것이다.

⑤ DVB-H는 IP데이터그램(또는 데이터캐스팅)을 채택하고 있다. 헤더와 데이터로 구성된 신호(패킷)를 보내는 인터넷의 데이터전송방식을 그대로 방송에 적용했는데, 인터넷의 IP전송방식이 미래의 멀티미디어 전송에서 지배적인 신호 유통형태가 될 것임을 예견

하고 이를 실제 방송에 응용한 것이다.

⑥ MPE-FEC(Multi-Protocol Encapsulation-FEC)기술을 도입하였다. MPE-FEC는 DVB-T규격에 포함된 채널부호 위에 적용한 강력한 채널부호 기술이다.

표 3 지상파DMB와 DVB-H 비교

항목	지상파DMB	DVB-H	비고
전송방식	DAB	DVB-T(4K-mode)	4K모드에서DMB수준의 이동 수신 성능 보장
변조방식	DQPSK	QPSK (16QAM,64QAM)	QPSK에서 DMB와 동일한 C/N비 보장
전송방식	OFDM	COFDM	
6MHz TV 채널 당 가용 비디오 채널	6채널	7채널 이상	320x240,FM급 8채널 이상시 이동수신 성능 떨어짐
최대 순수 데이터 전송률	0.8~1.7Mbps*3 (guard interval =1/5)	3.732Mbps (1/4guard interval) 4.147Mbps (1/8guard interval)	DVB-H:4k-mode, QPSK 경우
비디오 압축방식	MPEG-4 AVC	MPEG-4 AVC	DVB-H에 DVB-AVC 적용 예상
오디오 압축방식	MPEG-4 BSAC - ER	MPEG-4 AAC + SBR	AAC가 성능면에서 약 20%우수
다중화	MPEG-4 Sync Layer		
시스템 계층	MPEG-2 TS		
데이터기술	MPEG-4 BIFS		
주파수	VHF	UHF	
DTV 동시방송 가능성	DMB전용채널 사용	SD급 DTV 1채널 동시 전송 가능성 있음	DMB채널 정책에 의해 최종 결정 예정
다일 주파수망	가능	가능	
휴대수신	우수함		

표준화단계	표준 완료	표준안 완료단계	
서비스시기	2005년 12월	2006년 상반기	

⑦ 4K모드라는 네트워크 모드를 추가하여 이동수신 환경에 적합한 SFN설계시 더욱 더 융통성을 제공할 수 있으며, 여러 가지 서비스에 대한 접근을 개선하는 향상된 신호 채널을 제공한다.

3. 미디어플로(MediaFLO) : 퀄컴

미국의 퀄컴은 2004년 3월에 MCDS(MediaFLO Content Distribution System), 2004년 10월에 플로(FLO : Forward Link Only)를 발표하였다.

DMB와 미디어플로 사이에는 접근방식이 다르다. DMB는 고정방송에서 이동 및 휴대 방송으로 진화한 모델, 즉 방송용 주파수를 할당받아 서비스를 하는 방송의 모바일화를 위해 고안 된 것이고, 미디어플로는 이동통신의 연장선에서 이동통신 기반의 멀티캐스팅을 구현하려는 모델, 즉 기존 이동통신망으로 모바일 방송을 하여 이동통신망을 보다 효율적으로 활용하려는 목적에서 탄생한 것이다.

미디어플로의 원리는 실시간방송이 아니라 '실시간 방송 같은 동영상 서비스' 라고 할 수 있다. 실시간으로 비디오와 오디오 신호를 송출하고 수신해 모니터에 보여주는 것이 아니라, 사용자 입장에서 실시간 스트리밍처럼 느껴지도록 보이는 데 주안점을 둔 시스템이다.

표 4 국제표준 모바일TV 기술 비교 (2007.12)

구분	지상파DMB	DVB-H	미디어플로
주도국	한국	유럽	미국
주도업체	삼성전자, ETRI	노키아	퀄컴
최적단말기	7인치 이하	4인치 이하	7인치 이하
우호사업자	방송사	이동통신사	이동통신사
송신소1개당 서비스반경	60km	10km	10km

상용화국가	한국 독일 중국	이탈리아 핀란드 알바니아 베트남	미국
시험방송국가	인도네시아 영국 등 11개국	영국 호주 스위스 대만 등 12개국	영국 대만

3 지상파DMB

1. 지상파 DMB 시스템

(1) 시스템 규격

국내 DMB 시스템은 유럽의 DAB 시스템에 비디오서비스를 추가한 것이다. 따라서 시스템 규격은 유럽의 DAB(유레카-147)를 그대로 따르고 추가된 비디오서비스의 규격은 표 5와 같다. 유레카-147 DAB전송규격은 4가지 모드로 나뉘는데 국내 지상파 DMB에서 채택한 방식은 전송모드I이며 대역폭은 1.536MHz이다.

표 5 지상파DMB 기술 규격

기술	규격(표준)	
시스템	유럽의 DAB(Eureka-147)	전송모드I
비디오 서비스	MPEG-4 AVC(H.264)	
비디오서비스의 오디오신호	MPEG-4 BSAC-ER	
비디오서비스의 데이터신호	MPEG-4 BIFS	
비디오서비스 다중화	MPEG-4 SL, MPEG-2 TS	

1) 지상파 DMB 시스템의 송신구조

지상파DMB의 송신구조는 유럽의 DAB(Eureka-147) 송신구조에 비디오서비스를 추가한 것으로 그림 1과 같다.

그림 1과 같이 고속정보채널(FIC:fast information channel)데이터서비스는 고속정

보채널을 통하여 교통정보나 긴급경보 등의 서비스처럼 작은 대역으로 서비스가 가능한 데이터들을 전송할 수 있다.

다중제어데이터(Multiplex Control Data)는 DMB시스템을 통하여 전송되는 서비스의 다중화 정보를 담고 있다.

서비스정보(SI:Service Information)는 프로그램에 관련된 부가적인 정보를 포함하는데 고속정보채널을 통하여 다중화 정보 등과 함께 전송된다.

오디오서비스(Audio Service)는 CD급 음질의 오디오서비스를 제공하기 위해 독립적인 채널을 통하여 전송한다.

데이터서비스(General Data Service)는 오디오서비스의 노랫말 등과 같은 문자 데이터의 전송에 이용될 수 있다.

비디오서비스(Video Service)는 자체적으로 동영상, 오디오 및 다중화 · 동기화 정보를 포함하기 때문에 DMB시스템에 입력되기 전에 비디오 다중화기를 통하여 하나의 스트림으로 만들어진 후 DMB의 스트림모드를 이용하여 하나의 서브채널로 전송된다.

1.2MHz 블록 한 개당 하나의 앙상블이 전송된다. 앙상블의 전송률은 384kbps로 높은 압축률을 요구한다. 하나의 앙상블에 2개의 비디오 채널을 보낼 경우에는 더 높은 압축률이 필요하다.

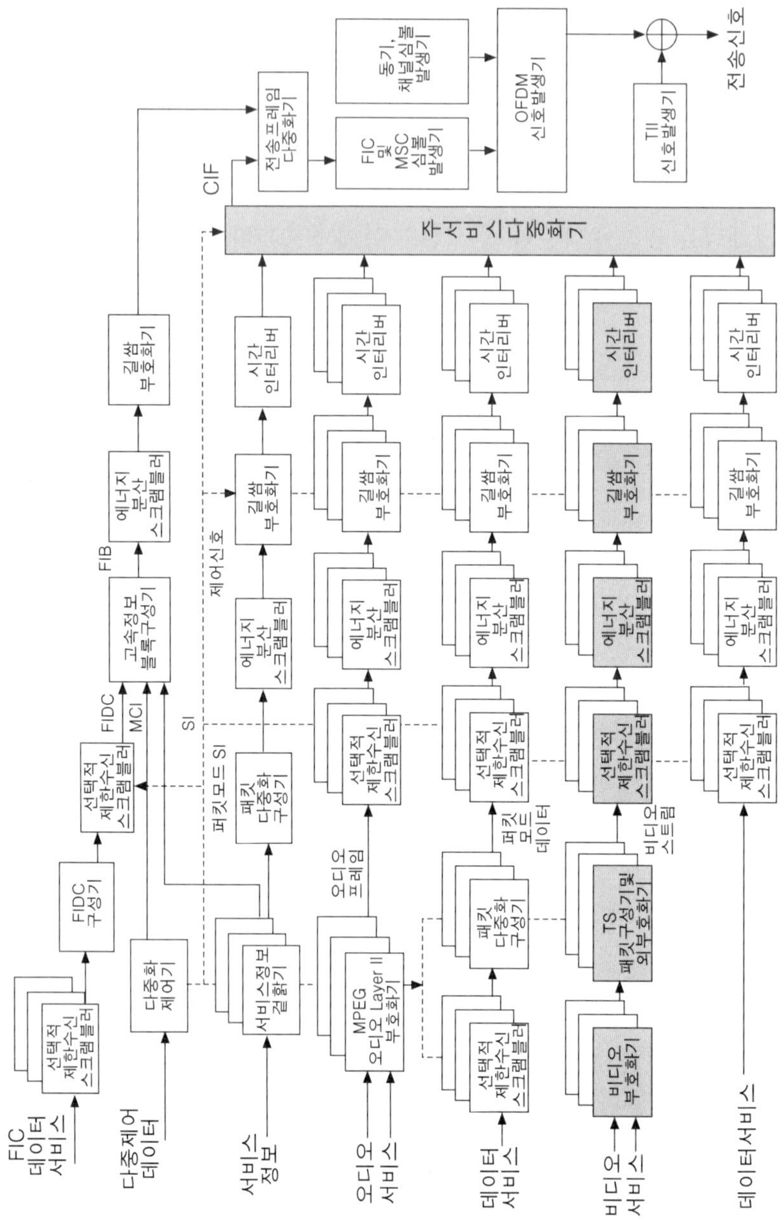

그림 1 지상파DMB의 송신 구조

2) 비디오서비스 규격

비디오 압축표준으로서 H.264/MPEG-4 Part 10 AVC(advance video coding)를 채택하였으며, 오디오 압축표준으로 MPEG-4 Part3 BSAC-ER (bit sliced arithmetic code-error resilient)방식을 채택하고 있다. 또한 A/V와 연동된 데이터방송을 위해서는 MPEG-4 Part 1 System 중 BIFS 를 채택했으며 이러한 기본 스트림들을 MPEG-4 SL(Sync.계층)로 패킷화하고 그 결과를 MPEG-2 PES(packetized elementary stream) 및 TS(transport stream) 패킷화 과정으로 다중화 하도록 하였다. 이렇게 얻어진 TS에 추가적으로 RS(204,188)부호화를 적용하고 길쌈 인터리버를 거친 후 Eureka-147의 스트림 모드로 전송하도록 하였다. 원래 Eureka-147에서 사용된 채널부호화는 일단 오디오만을 고려했기 때문에 비트오율 10E-4를 기준으로 설계되어 있다. 비디오서비스를 위해서는 비트 오율이 10E-7~10E-8이하가 되어야 하기 때문에 Eureka-147스트림 모드로 입력되기 이전에 TS스트림에 추가적인 채널부호화를 적용하도록 하였다.

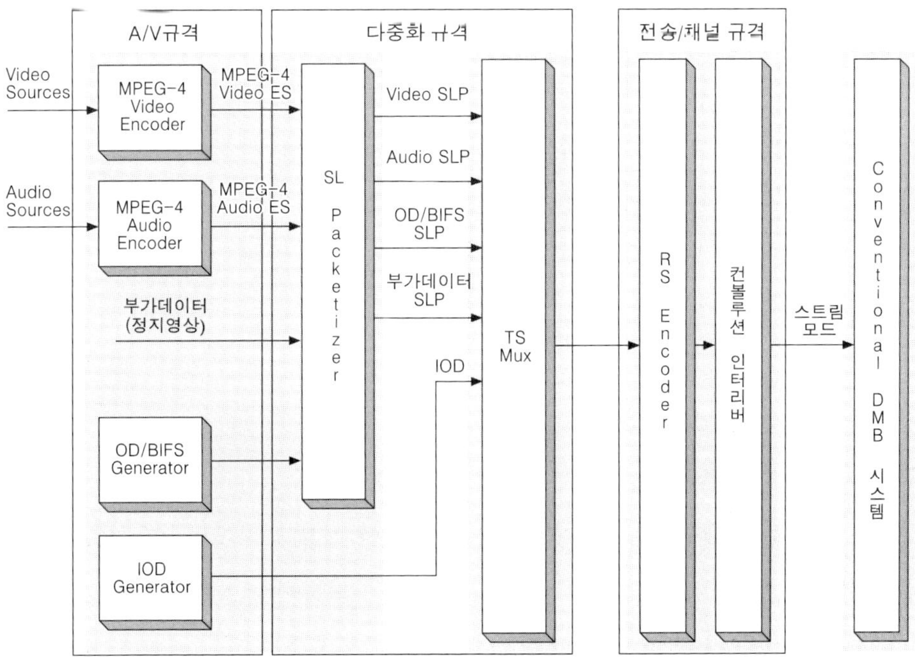

그림 2 국내 지상파 DMB의 비디오서비스 규격 구조

① 비디오서비스의 비디오 규격

비디오 규격은 한국 기업이 지적재산권을 보유한 H.264(MPEG-4 파트10 AVC)이다.

비디오 송·수신 정합 표준화할 때 중요하게 고려된 점들은 최대한 많은 프로그램을 수용할 수 있도록 고효율의 압축표준을 채택해야 한다는 점, 방식 특허료를 최소화해야 한다는 점, 그리고 검증된 국제 표준기술을 채택함으로써 안정성을 최대한 확보하여야 하다는 점 등이다. 비디오압축표준으로서 H.264가 채택된 것은 가능한 많은 프로그램을 수용할 수 있도록 하기 위함이다.

② 비디오서비스의 오디오 규격

오디오규격은 MPEG-4 파트3 BSAC-ER이다. BSAC는 삼성전자, at&t, 돌비 등에 의해서 2001년 국제표준으로 제정된 기술규격으로 96kbps의 CD수준의 음질을 보장함으로써 압축효율이 뛰어나다.

비디오서비스의 오디오 압축표준을 선정할 때 고려된 점은 압축효율과 방식특허료 등이라고 할 수 있다. BSAC방식은 MPEG-4 AAC와 거의 동일한 압축 성능을 보이면서 특허료가 60%밖에 되지 않는다. 실제로 BSAC는 AAC종단의 허프만 부호기를 비트 평면 기반 산술부호기로 대체한 방식이다. BSAC와 AAC는 96kbps정도에서 CD급 음질을 제공할 수 있다. 그리고 AAC+로 알려진 MPEG-4 AAC-HE(high efficiency)방식은 가장 압축효율이 높은 동작 모드에서 CD급 음질을 제공할 수 없고 방식 특허료가 상대적으로 높아서 채택되지 못했다.

③ 비디오서비스의 다중화 규격

비디오서비스 다중화 규격은 MPEG-4 SL과 MPEG-2 TS가 채택되었다. 비디오 서비스 스트림 다중화 방식으로 MPEG-4 SL을 채택한 이유는 다양한 2D 그래픽스 오버레이가 가능한 MPEG-4 BIFS 채용을 용이하게 하기 위함이며, MPEG-2 TS를 선택한 것은 이미 디지털 TV표준에 널리 채택됨으로써 안정성이 확고히 검증되어 채택되었다. 그러나 여러 단계의 패킷화 과정으로 인한 과도한 오버헤드를 줄이기 위해 MPEG-4 SL 계층과 MPEG-2 TS 계층에서 중복되는 헤더필드는 가능한한 사용하지 않도록 제한하였다.

(2) 지상파DMB 프로토콜 구조

그림 3은 지상파 DMB의 프로토콜 구조를 나타낸다. 오디오, 비디오와 같은 계층의 MOT(multimedia object transfer)프로토콜은 데이터서비스를 위한 프로토콜로 현재 표준화가 완료되었다.

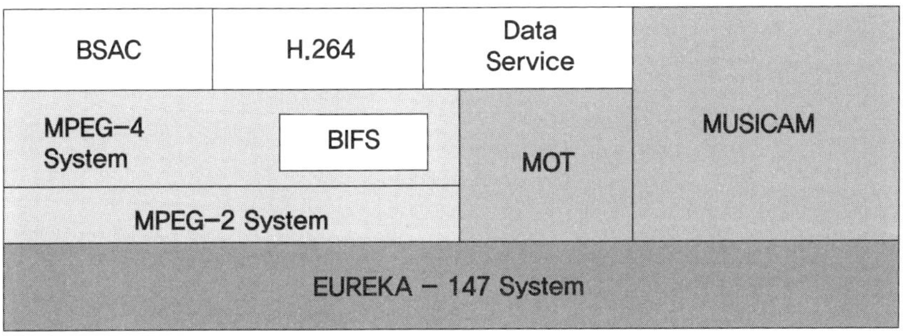

1)MOT : Multimedia Object Transfer Protocol
2)BIFS : Binary Format for Science
3)BSAC : Bit Sliced Arithmetic Coding

그림 3 지상파 DMB 프로토콜 구조

2. 지상파DMB 전송기술

전송방식은 OFDM에 DQPSK(differentional QPSK)변조방식을 사용한다.

① OFDM(직교 주파수 분할 다중화)

OFDM기술은 고속으로 전송하는 데이터열을 다수의 캐리어로 분산하여 저속으로 전송한다. 이는 고정 수신 시 문제가 되는 다중 경로 페이딩 현상 및 이동수신 문제에 원인이 되는 도플러효과에 의한 레일리페이딩현상을 극복할 수 있는 성능을 얻기 위한 것이다.

② DQPSK

QPSK 변조보다 성상도 상의 긴 거리를 사용함으로서 전송효율을 높인 방식이다.

③ 채널 부호화 방식

채널 부호화 방식으로는 부호율1/4 및 구속장 K=7인 길쌈부호를 모부호로 하는 RCPC(rate compatible puctured convolutional code)를 적용하여 길쌈부호율을 다양하게 변화시키도록 하였다.

3. 서비스 기술

(1) 비디오서비스 기술

비디오서비스를 수신한 DMB비디오시스템은 그림 4와 같이 스트림모드의 데이터오류를 외부호화를 통해 정정한 다음, 전송계층에서 MPEG-2 TS 역다중화를 통해 분리하고 MPEG-4 동기계층에서 데이터를 디캡슐화해서 MPEG-4 압축계층에서 비디오, 오디오, 데이터 등의 콘텐츠를 처리한다.

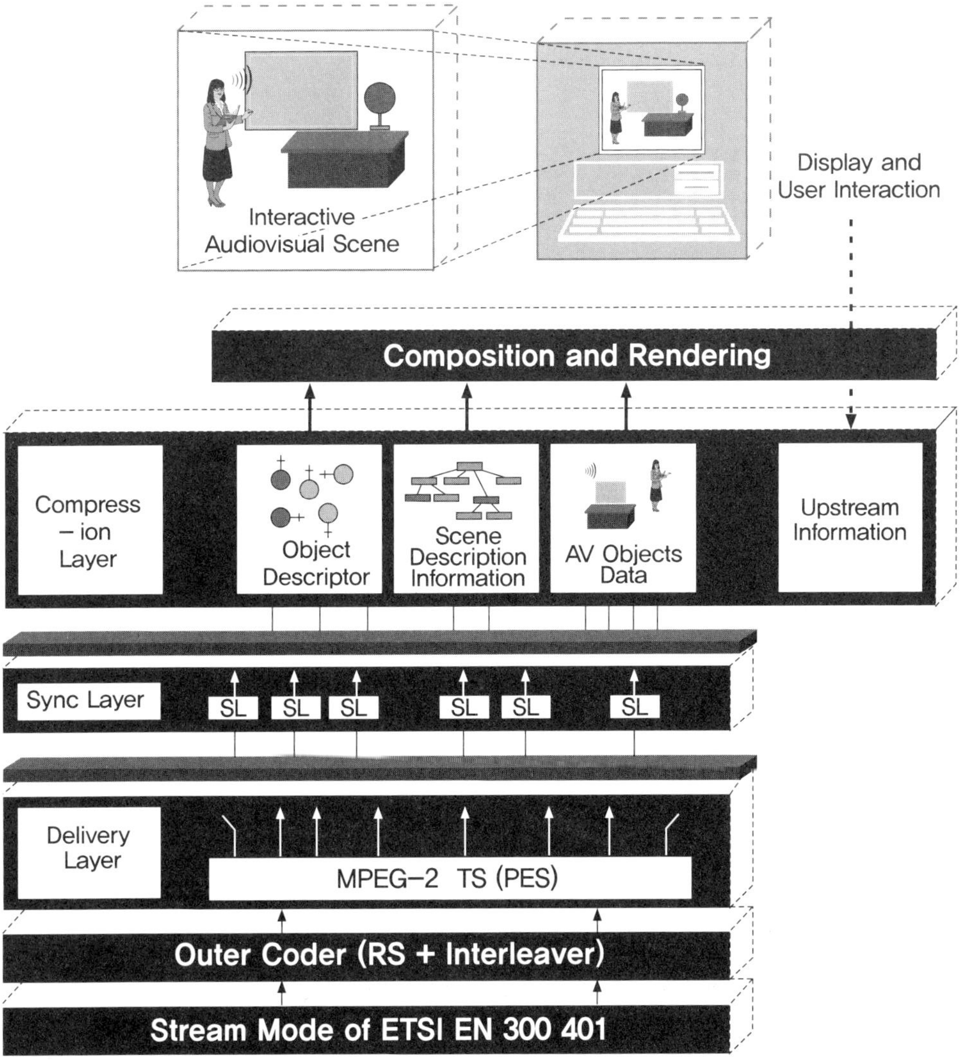

그림 4 비디오 서비스 스트림의 수신 계층 구조

(2) 오디오서비스 기술

지상파DMB의 오디오서비스는 비디오 서비스의 오디오신호와 달리 FM이나 AM라디오의 오디오서비스에 해당한다.

압축알고리즘은 MPEG-1/2 계층II로 일반적으로 MUSICAM (Masking – pattern adapted Universal Sub-band Integrated Coding And Multiplexing)오디오라고 한다. MPEG-4계열의 압축방식보다는 압축효율이 낮지만 기존의 DAB시스템에서 안정성

이 검증되었고, PAD(Program Associated Data) 및 DLS(dynamic label service)등의 부가 데이터방송이 가능하다는 장점을 갖고 있다.

(3) 데이터서비스 기술

지상파 DMB의 데이터서비스는 전송방법에 따라 크게 두 가지로 구분된다. 하나는 기본 오디오서비스인 MUSICAM오디오에 함께 다중화되어 전송되는 PAD이며, 다른 하나는 독립적으로 전송되는 NPAD(Non-PAD)이다.

데이터서비스는 오디오와 비디오서비스와는 달리 기술적 기반에 크게 좌우된다. 지상파DMB에서는 가능한 서비스가 위성DMB에서는 불가능할 수 있다. 예를 들어 각종 데이터 덩어리(오브젝트)들끼리 서로 연결되어 상호작용하도록 함으로써 시청자에 대해 얼핏 양방향서비스 같이 느껴지도록 하는데 요긴한 MPEG-4 BIFS (Binary Format for Scene)라는 기술은 지상파DMB의 주요 기술표준으로 채택돼 있지만 위성DMB에는 없다.

지상파 DMB시스템이 제공할 수 있는 데이터 서비스 표준은 다음과 같다.

1) 데이터전송 프로토콜

① MOT(Multimedia Object Transfer : 멀티미디어 객체 전송)

텍스트, 정지영상(JPEG 등), 동영상, 오디오 콘텐츠 등을 스트리밍하지 않고 하나의 파일 형태로 전송하면 지상파DMB 수신기에서 재생할 수 있도록 하는 프로토콜

② IP터널링

인터넷 프로토콜(IP) 기반의 데이터 전송기술로서 터널링은 송신측 부호화기 입력단에서 수신측 복호화기 출력단까지를 말하는데, IP터널링은 웹에서 이루어지는 인터넷 프로토콜 기반의 데이터 전송이 방송망(지상파DMB망)을 통해 이뤄지도록 하기 위한 기술규격이다.

③ TDC(Tranparent Data Channel : 투명데이터채널)

형식에 제한이 없는(즉, 방송사업자가 정의하는 고유 포맷으로)데이터를 전송할 수 있는 기능을 제공하는 프로토콜

④ DLS(dynamic label segment)

일정분량의 문자를 보여주는 문자방송서비스로서 오디오 스트림서비스의 X-PAD에 제공하여 음악제목, 가수정보, 교통정보 등을 제공하기 위한 데이터 전송 프로토콜

2) 세부 응용서비스

① MOT슬라이드쇼

기본 오디오서비스와 동기화된 JPEG영상들을 슬라이드쇼 형식으로 전송하는 서비스 프로토콜

② BWS(broadcastng web site : 웹사이트 방송)

MOT전송프로토콜을 이용하여 전송된 웹사이트와 관련된 모든 파일들을 수신기가 미리 수신하여 저장해둠으로써 DMB주파수를 통해 인터넷사이트에 접속한 것처럼 볼 수 있도록 하는 서비스

③ XML기반의 EPG(electronic program guide :전자프로그램안내)

문자 기반으로 방송프로그램을 안내해 주는 기능을 제공하는 프로토콜이다.

④ 음성기반의 EPG

프로그램 안내를 합성음성으로 제공 받을 수 있는 기능을 제공하는 프로토콜로 국내에서 개발한 표준이다.

⑤ 양방향서비스

지상파DMB의 시스템 표준에는 양방향이 아니지만 가입자의 선택을 통해 시청자가 인

터넷의 양방향서비스처럼 느끼도록 할 수 있는 기술규격이 포함되어 있다. 바로 MPEG-4시스템의 BIFS(BInary Format for Scene)이다.

⑥ DGPS(differential GPS)서비스

⑦ 무선호출

⑧ TMC(traffic message channel)

⑨ 재난경보방송(EWS:emergency warning system)

⑩ 교통 및 여행정보(TTI:traffic travel information)

DMB의 교통정보서비스는 텔레매틱스(Telematics)와 지능형 교통시스템(ITS: Intelligent Transportation Systems)이 결합함으로써 그 활용범위가 매우 넓을 것으로 기대되고 있다.

텔레매틱스는 이동통신기술과 위치추적기술을 자동차에 접목하여 차량사고나 도난감지, 운전경로 안내, 교통 및 생활정보, 게임 등을 운전자에게 실시간으로 제공하는 것을 말한다. 또 지능형 교통시스템은 기존의 교통체계에 전자, 정보, 통신, 제어 등의 지능형 기술을 접목시킨 차세대 교통체계이다.

앞에서 언급된 서비스표준들은 기본적으로 독립데이터 서비스인 NPAD에 해당하며 MOT스라이드쇼와 웹사이트방송 서비스 등은 PAD에도 적용될 수 있다.

지상파DMB의 데이터 서비스를 그림 5에 나타내었다.

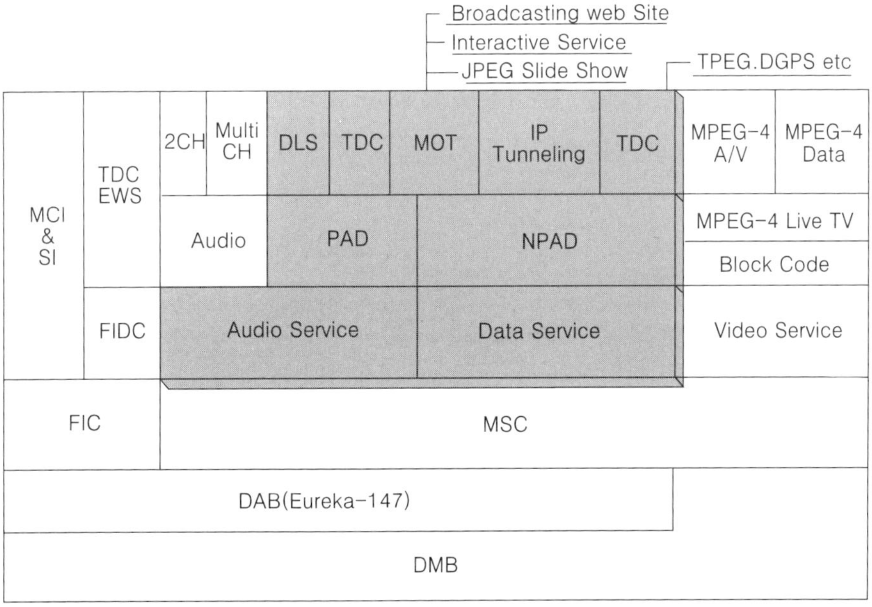

그림 5 지상파 DMB의 데이터 서비스

4. 지상파 DMB 주파수

(1) 주파수 분배 현황

우리나라의 전파환경과 수신여건 등을 감안할 때 국내 지상파 DMB용으로 가장 적합한 주파수대역은 VHF중에서도 높은 대역인 밴드III(채널7~13)이다. 그러나 이들 VHF는 아날로그 지상파 TV방송과 국가안보용(VHF10번)등으로 사용되고 있어 현재 가용주파수는 VHF12번(204~210MHz)과 8번(180~186MHz)이며, 이는 서울과 수도권에 한정된 것이다. 지방의 경우 주파수배정이 각각 다르게 되어 있어 지역별로 DMB용 채널을 조정할 필요가 있다.

따라서 지상파 DMB의 경우 주파수 여건상 전국 단일 주파수망(SFN : Single Frequency Network)에 의한 전국방송이 불가능하며, 권역단위로 SFN망을 구성하고 디지털TV 전환완료 시기에 DMB용 핵심대역을 설정하면서 주파수를 재배치하여 일부채널을 전국적인 SFN망의 형태로 구성할 계획이다.

(2) 주파수 활용 방식

Eureka-147방식을 기준으로 할 경우 1개 채널(6MHz)은 3개의 주파수블록(멀티플렉스)으로 다시 분할되며, DMB 1개 주파수 블록당 유효 데이터 전송률(비트율)은 1.5~1.7Mbps이지만 혼신을 막기 위한 경계주파수(가드밴드)와 오류정정부호의 부호율 등을 고려할 때 실제 사용 가능한 전송률은 1.2Mbps가량이다. VHF 12번과 8번 채널을 활용한 지상파DMB의 경우 모두 6개 사업자(블록주파수사업자)를 선정할 수 있고 각 사업자는 1.2Mbps의 대역폭을 여러 개의 채널로 나눠 사용하게 된다.

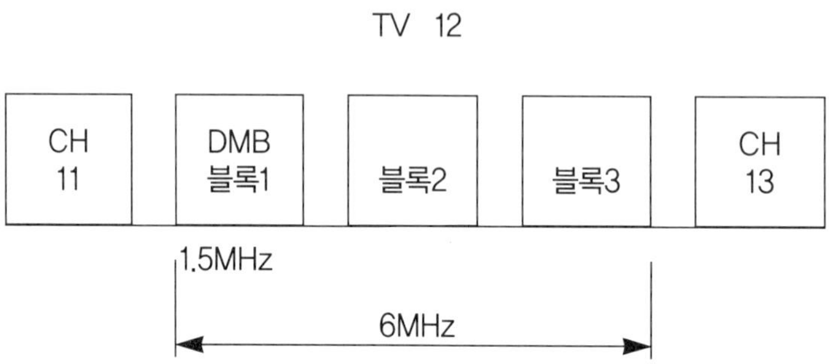

▪ 그림 6 ▪ 지상파DMB의 채널

H.264는 그림 6에서 보는 바와 같이 아날로그 1개 채널을 3개의 DMB블록으로 나누고, 각 블록에 1~2개의 TV채널을 넣고도 여러 개의 오디오와 데이터 방송 채널을 수용할 수 있게 해준다.

H.264

H.264는 비디오 압축방식으로 1998년 ITU의 VCEG(video coding expert group)이 'H.26L 프로젝트' 착수해서 2001년 12월 VCEG는 MPEG과 공동으로 합동팀 JVT(joint video team)결성하고 H.264를 완성하였다. MPEG-2에 비해서는 60%이상의 압축효율이고 MPEG-4에 비해서는 40% 이상 압출효율을 보인다. MPEG-2나 MPEG-4 보다 1/2~1/4의 데이터양을 가진다.

5. 지상파DMB의 특징

① 지상파DMB는 지상파 디지털 TV 또는 디지털 위성방송 등에 비해 선명도는 떨어지나, 기존의 아날로그TV나 FM방송 보다는 기술적으로 앞서는 것으로 나타나고 있다.

② 관악산 송신소에서 전파 발사를 시작하였다. 차량 이동수신뿐만 아니라 휴대이동수신까지 가능하도록 하기 위하여 송신출력을 1kW에서 2kW로 높이고 송신소를 남산, 용문산 등으로 확장하여 SFN을 구성하고 갭필러 구성을 위해 이동통신사와 연결하는 등 영역을 넓히고 있다.

③ DMB는 방송법의 적용을 받는다.

현행 방송법은 DMB를 명시하고 있지 않으나 관계당국 간의 합의 또는 사회적 합의에 따른 것이다.

표 7 지상파DMB와 VHF/FM 의 기술적 규격 비교

항목	지상파DMB	VHF/FM
다중경로 간섭 영향	작다(보호구간 영향)	크다
Shadowing 영향	작다	크다
잡음과 간섭 영향	작다(디지털변조특성)	크다
요구 CIR	5~10dB이상	37~40dB이상
전력사용효율	높다	낮다
요구송신 출력	수KW이상	수십kW이상
주파수 사용 효율	높다(채널당 여러 서비스를 수용)	낮다(채널당 한개 서비스 수용)
지역별 서비스 가용도	95~99%	50%
시간별 서비스 가용도	99%	90%
서비스 품질	높다(비디오→VCD급, 오디오→CD급)	낮다
이동체 수신 품질	높다(시속150km)	낮다

6. 지상파 DMB 표준화 동향

(1) 국내 표준화 동향

정보통신부는 디지털 지상파 방송의 조기 활성화를 위해 1997년 2월에 지상파 디지털화 기본계획을 수립하고 지상파 디지털 방송 추진협의회를 결성하여 오디오 방송분과위원회가 디지털오디오방송의 국내 도입을 위한 조사와 연구를 수행하였다. 또한 1999년에는 디지털 방송정책연구협의회 산하에 디지털오디오 방송 연구반을 구성하여 대역내(in-band)방식 및 Eureka-147방식에 대한 분석 및 연구가 이루어졌으며, 2000년 12월에 Eureka-147유럽방식을 국내 표준안으로 잠정 결정하였다.

또한 2002년 4월부터 실험방송 전담반을 구성, 운영하여 국내 도입을 위한 필드 테스트를 9월까지 추진하였으며, 디지털 라디오 추진위원회는 실험방송 결과 Eureka-147방식이 국내 도입에 특별한 문제가 없는 것으로 결론을 내려 국내 DMB전송 표준으로 공식 채택하였다.

2002년 5월 차세대 디지털방송 표준포럼은 지상파DMB 표준초안 작성 작업을 시작하였다.

2002년 10월에는 '방송 표준 방식 및 방송 업무용 무선설비의 기술 기준' 개정을 위한 DMB 규정에 대한 기술기준 초안이 완성되었다. 지상파 DMB기술 초안은 기본 오디오 서비스, 비디오 서비스 그리고 데이터 서비스로 구성되며 초단파 대역에 한하여 제공되는 것으로 '초단파 디지털 라디오 방송 오디오 송 · 수신 정합 표준', '초단파 디지털 라디오 방송 비디오 송 · 수신 정합 표준', '초단파 디지털 라디오 방송 데이터 송 · 수신 정합 표준' 으로 되어 있다. 송 · 수신 정합 표준 초안은 기술기준 초안과 함께 정통부에 제출되었으며, 기술기준 초안은 검토를 통해 2003년 6월에 개정된 정보통신부 고시에 포함되어 확정되었으며, 송 · 수신 정합표준은 2003년 10월에 TTA단체 표준으로 확정되었다.

한편, 2003년 6월에 MPEG-4 멀티미디어 서비스 기술위원회에서 비디오 송 · 수신 정합 표준 초안을 정보통신부로 제출했고, 2003년 10월에는 Eureka-147서비스 기술위원회가 데이터 송 · 수신 정합표준초안을 제출하였다. 그리고 TTA는 2004년 8월에 초단파 디지털 라디오 방송 비디오(지상파 DMB) 송 · 수신 정합 표준을 제정하였다. 2005년 6월 29일에는 지상파 DMB의 데이터 방송을 위한 표준안 5건을 채택하였다. 즉, ① 초단파 디지털 라디오방송 데이터 송 · 수신 정합 표준 ② MOT송 · 수신 정합표준 ③ 투명데이터 채널(TDC)송 · 수신 정합 표준, ④ 인터넷 프로토콜 (IP)데이터 그램 터널링 송 · 수신 정합표준, ⑤ MOT슬라이드쇼 송 · 수신 정합 표준 등 5건이다.

우리나라의 IT표준화

1988년 12월 TTA(Telecommunication Technology Association : 한국 기술통신 협회)설립하였다. TTA는 IT표준 제정기구이다.

국내 IT표준에는 단체표준과 국가표준이 있다. 단체표준은 IT산업체, 통신사업자, 연구기관, 대학 등으로부터 표준화 과제가 제안된 후 TTA의 표준화위원회와 표준총회를 거쳐 제정되는 표준이다. 단체표준 중에서 중대한 사안으로 판단되는 것을 TTA에서 정보통신부에 채택을 건의하며 정보통신부가 이를 60일간 관보 등에 게시하여 의견 수렴 후 국가표준으로 채택 · 고시한다.

차세대 디지털방송 표준포럼

차세대 디지털방송 표준포럼은 비디오서비스표준초안을 다루는 M2B분과위와 그 나머지를 다루는 DAB분과위가 있다. 2003년 이 두 분과위가 합쳐져 DMB분과위가 되었고, 이 분과위는 다시 MPEG-4 멀티미디어서비스 기술위원회와 Eureka-147서비스기술위원회를 두었는데 MPEG-4 멀티미디어서비스 기술위원회는 M2B분과위가 하던 일을 하고 Eureka-147서비스기술위원회는 DAB분과위가 하던 일을 그대로 한다.

(2) 국제 표준화 동향

한국의 지상파 DMB표준은 2004년 8월 현재 KBS가 주도하여 주요부분에 대한 국내 표준화가 완료된 상태이고, 국제표준을 위하여 2004년 8월 World DAB에 지상파 DMB의 영문 표준을 기고한 바 있다. 2004년 12월 World DAB TC(런던)회의에서 한국의 지상파 표준을 World DAB의 공식 표준안으로 승인받았으며, 2005년 1월 ETSI에 표준제안을 하여 같은 해 7월 표준으로 채택되었다.

추진주체 및 과정은 TTA 산하 전파방송 기술위원회(TC3)→DMB프로젝트 그룹(PG307)→지상파DMB국제 표준화 Ad-hoc 그룹(WG3071)이고, 이를 통하여 DMB전문가들이 국제 표준화를 위한 기고문의 공동 준비 및 대응전략 수립 등을 진행하였다. 이미 지난 2004년 4월 개최된 ITU-R 국제 표준화회의에 참가하여 한국의 DMB표준 및 현황에 대하여 소개하였으며 2004년 10월 회의부터 World DAB와 공동으로 국제표준화를 추진하였다. 또한 암스테르담에서 9월에 개최된 IBC2004 및 ABU 전시 및 논문발표, 주제 토의 등을 계기로 유럽 및 세계 각국에 한국 DMB의 우수성을 알리고 각국에서 채택할 수 있도록 최선을 다 하였다.

ITU는 2007년 5월 스위스 제네바에서 열린 방송연구반회의에서 만장일치로 지상파 DMB를 모바일TV 표준안으로 채택한 뒤 191개 회원국 회람을 거쳐 12월 14일 ITU 국제 표준으로 확정했다.

7. 국내 동향

(1) 출현 배경

지상파 DMB의 출발이 유럽의 DAB라고 하지만 한국에서의 DMB는 결코 DAB의 진화된 형태가 아니다. 완전히 새로운 방송의 형태를 띠고 있으며 이동전화와의 결합을 통해 세계 최초의 디지털 휴대방송의 면모를 갖추고 있다.

지상파DMB의 등장과정은 두 가지로 볼 수 있다. 하나는 아날로그 라디오방송을 디지털로 전환하는 과정에서 탄생한 것이다. 당초 라디오의 디지털 전환 차원에서 논의가 진행되어 오다 동영상 압축기술의 진보와 이에 따른 멀티미디어 서비스의 가능성이 확인되면서 '이동형 멀티미디어 방송' 의 대안으로 정부가 도입을 적극 추진하였다. 다른 하나는 디지털TV의 이동수신문제를 해결하기 위한 시도, 즉 방송의 효율화를 고민한 끝에 고안된 것이다. 말하자면 TV방송을 이동구간에서도 접할 수 있도록 하기위한 '방송의 확장' 차원에서 도입된 미디어가 지상파 DMB이다.

(2) 추진 일정

시기	내용
1997.2	정보통신부, 지상파 디지털화 기본계획 수립
.3	정통부 · 산업자원부, 지상파 디지털 라디오 방송추진 위원회 구성
1999.8	디지털오디오 방송 연구반 구성
2000.4	정보통신부, 지상파 디지털 라디오 방송 추진 전담반 구성
2002.12	• 정보통신부, 지상파 DMB를 위한 기본계획 발표. • DAB를 영문으로 DMB, 우리말로 '디지털 라디오방송'으로 명명. • Eureka-147을 국내표준으로 채택(DMB명칭 사용 시작)
2003.1	디추위(3기),디지털방송 정책 건의안 제출(방송위에)
2003.2	• 방송위원회, DMB도입정책 발표. • 오디오 · 비디오 및 데이터방송을 포괄하여 영문으로 DMB, 우리말로 '디지털 멀티미디어 방송'으로 명명. • DMB정의 'CD수준의 음질과 데이터 또는 영상서비스 등이 가능한 신규서비스'
2004.3	• 방송법 개정, DMB를 '이동멀티미디어방송'으로 새롭게 규정 • 방송위원회, '이동 멀티미디어 방송'의 근거 규정 마련.
12.	방송위원회, 사업자 선정을 위한 종합정책 방안 확정.
2005.3	방송위, 서울 · 수도권의 6개 사업자 선정 발표
12.1	본방송 실시

2004년 12월 27일 방송위 사업자 선정을 위한 종합정책방안 확정시 정책목표는 다음과 같다.

1. 사업자의 창의성과 자율성을 보장하되 보편적 지상파 방송서비스로서의 역할을 부여한다.
2. 지상파 DTV방송프로그램을 활용하되 매체 특성에 맞는 신규 콘텐츠 개발확대 및 주파수 효율적 활용을 제고한다.
3. 기존 지상파 방송사업자의 경쟁력활용과 신규사업자의 진입 보장을 통한 매체의 안정적 도입 및 다양성을 확보한다.

4. 이동 멀티미디어 방송용 콘텐츠 개발 및 기술개발 등을 통한 국내산업을 활성화하고 국제 경쟁력을 강화한다.

2005년 3월 28일 방송위는 서울 · 수도권의 6개 사업자 선정 발표하였는데 기존 지상파 사업자에 3장의 사업권 부여, 비지상파 TV방송사업자에 3장의 사업권 부여, 비지상파의 신규사업자에는 컨소시엄 구성에 의한 별도 법인의 설립을 강제하였다. 3장의 사업권을 놓고 기존 지상파 사업자들이 경쟁하여 KBS, MBC, SBS, EBS 중 EBS가 탈락하였고, 비지상파 TV방송사업자 경쟁에서는 YTN컨소시엄, 한국DMB컨소시엄, KMMB컨소시엄이 사업권을 따냈다.

2005년 12월 1일 KBS, MBC, SBS, YTNDMB는 본방송을 실시하였고 U1미디어, 한국DMB는 시험방송을 하였다.

(3) 가입자수

지상파 DMB단말기는 2008년 7월말 현재 1000만 대 이상이 보급됐고 위성DMB 가입자는 140만 명을 돌파했다.

표 8 DMB 이용자 추이 (단위 : 만명)

구분	지상파DMB	위성DMB	
2005년 12월	12.0	36.9	*지상파DMB는 단말기 보급대수, 위성DMB는 가입자 수
2006년 1월	24.7	41.7	
2월	35.8	44.4	
4월	69.8	54.0	
6월	118.9	68.0	
8월	171.8	71.6	
10월	221.9	84.3	
12월	283.3	101.8	
2007년 1월	322.8	107.8	
3월	430.7	113.0	

5월	532.7	113.0	
12월	780	120	
2008년 7월	1000	141	

* 한국의 지상파DMB를 도입한 국가는 독일, 중국, 가나 등 3개국이다. 그 동안 유럽 등 여러 나라에서 실험방송을 하였으나 2008.3.18일 EU집행위원회가 모바일TV 표준으로 DVB-H를 선택함으로써 유럽 국가들이 지상파 DMB를 채택하기는 어려울 것으로 보인다.

8. 지상파 모바일TV의 해외동향

① 일본

'원-세그(oneSeg)' 라고 하는 지상파 모바일TV가 2006년 2월 NHK를 중심으로 시험서비스가 진행되었고 2006년 4월 1일 도쿄, 오사카, 나고야 등 3대 대도시권을 포함한 29개 도.부.현.에서 서비스를 개시하였다.

② 미국

현재 미국의 1,2위 통신사인 Verizon Wireless와 AT&T가 미디어플로 방식의 지상파 모바일TV를 서비스 중이며 이들 회사는 퀄컴방식을 채택하고 있다.

③ 영국

BBC는 한국형 지상파 DMB로 2006년 6월부터 실험방송을 실시하고 있으나 아직까지 표준이 확정되지 않은 상태다.

④ 독일

2003년 현재 약 150여개의 방송국이 지상파DMB 라디오서비스를 제공하며, 독일 바이에른주는 한국형 지상파DMB 기술을 도입하여 2005년 6월 시험방송을 거쳐 2006년 상용서비스를 시작하였다.

4 위성DMB

1. DMB위성

도시바, 도요다, SK텔레콤 등이 대주주인 일본의 위성사업자인 MBCo (mobile broadcasting corperation)가 2004년 3월 13일 미국 플로리다에서 위성을 발사해 성공적으로 위성궤도(정지궤도)에 안착시켰으며 한국명으로 '한별'이다.

표 10 한별위성 제원

항목	내용
위성체	SS/L FS 1300 Space Systems Loral 제작
발사체	ATLAS IIIA International Launch Services 제작
위성궤도/수명	동경 144도/ 12년
위성출력	67dBW@s-band, 54 dBW@Ku-band
소유형태	공동소유(MBCo : SKT=65.34% : 34.66%
고출력 증폭기	Ku-band : 4기 (SKT2기 : Act1, Stby 1) S-band : 36기 (SKT12기 : Act8, Stby 4)
안테나	12m(S-band), 1.2m(Ku-band Korea), 2.4m(Ku-band Japan)

2. 위성DMB 시스템

(1) 위성DAB 시스템 종류(ITU 시스템 권고)

1979년 WARC-79의 결정에 따라 WP10-11S에서 위성DSB(digital sound broadcasting)에 대한 기술적 검토 시작

1985년 WARC-ORB-85에서 위성 DAB에 대한 추가 연구 요구

1988년 WARC-ORB-88에 제출하기 위한 보고서가 작성

1991년 DAB서비스 및 시스템의 요구사항 초안 작성

1992년 WARC-ORB-88의 요구내용을 추가하여 WARC-92에 제출하였으며 시스템 요구사항 Rec.BO.789가 채택

1993년 보고서 BO.955-2, 권고 BS.774 및 BO.789가 개정

1994년 시스템권고 ITU-R Rec.BO.1130 채택 (시스템A)

1995년 시스템권고 ITU-R Rec.BO.1130-1로 개정 (시스템B 추가)

1999년 시스템권고 ITU-R Rec.BO.1130-2로 개정 (시스템D 추가)

2000년 시스템권고 ITU-R Rec.BO.1130-3로 개정 (시스템E 추가)

2001년 시스템권고 ITU-R Rec.BO.1130-4로 개정 (시스템D를 Dh와 Ds로 분리)

2003년 시스템권고 ITU-R Rec.BO.1130-5로 개정 (시스템G 추가)

ITU 권고 위성DAB시스템에 대한 기술 및 서비스의 현황은 표 11과 같다.

표 11 위성DAB시스템에 대한 기술 및 서비스 현황

구분		System E	System A	System Dh	System Ds
서비스 현황	사업자	일본:MBCo(주) 한국:SKT	유럽 : Global Radio	미국:Sirius	미국: Worldspace
	서비스 내용	음성, 멀티미디어, 데이터	음성, text	음성, 데이터	음성, text
	서비스 대상	차량/개인용 이동단말기	고정, 저속수신기	고정, 고속수신기	고정, 저속수신기
	서비스 지역	일본전역/한국전역	유럽	미국	미국
주파수	up link	12GHz	7025~7075MHz	7025~7075MHz	7025~7075MHz
	down link	2630~2655MHz	1467~1492MHz	1467~1492MHz	1467~1492MHz
전송 방식	위성(수신/송신)	CDM and TDM /CDM and TDM TDM/CDM	OFDM	FDM or TDM MCM	FDM or TDM/TDM

전송 방식	G/F(수신/송신)	convolution (r=1/2~7/8)	convolution (r=1/3~3/4)	convolution (r=1/2)	convolution (r=1/2)
오류 정정 방법	내부	RS(204,188)	-	RS(255,223)	RS(255,223)
	외부	MPEG-2 AAC+ SBR	MPEG-1/2 계층 II	MPEG-2 계층 III	MPEG-1 계층 III
source coding	음성	MPEG-4 AVC	미정	JPEG	
	영상	가능	가능	불가능	불가능
동영상가능여부 다중경로 (multipath) 제거방법		RAKE수신기를 사용하여 다중경로 신호 복조 가능	guard interval로 하여 다중경로 및 지연된 신호를 복조	time diversity, 지상망 MCM사용	
중계기사용여부		가능	가능	가능	미사용
고속 이동 수신 가능 여부		가능	가능	가능	불가능
대역폭		25MHz	1.536MHz/채널		

(2) 국내 위성DMB 규격

정보통신부는 위성 DMB의 국가 기술 표준으로 '시스템E' 를 채택했다. 시스템E는 우리나라가 세계 최초로 상용화한 CDMA기술과 같은 코드분할다중화(CDM)방식을 근간으로 하고 있다. CDM방식은 OFDM과 마찬가지로 이동수신환경에서 다중경로간섭에 강한 특징을 갖고 있다.

위성에서 단말기, 갭필러에서 단말기까지의 전송형식을 동일하게 적용함으로써 수신단말기 구조를 단순화할 수 있다는 점도 CDM채택의 이유였다.

일본의 도시바가 시스템규격을 완성했고 이 규격을 바탕으로 자회사인 MBCo을 설립해 위성DMB사업을 시작했다. 여기에 SK텔레콤이 뒤늦게 참여함으로써 위성DMB는 한일 공동사업의 형태가 되었기 때문에 시스템E는 선택의 여지가 없었다 .

1) 시스템E 개요

그림 7은 위성DMB 시스템E의 개요를 보여준다.

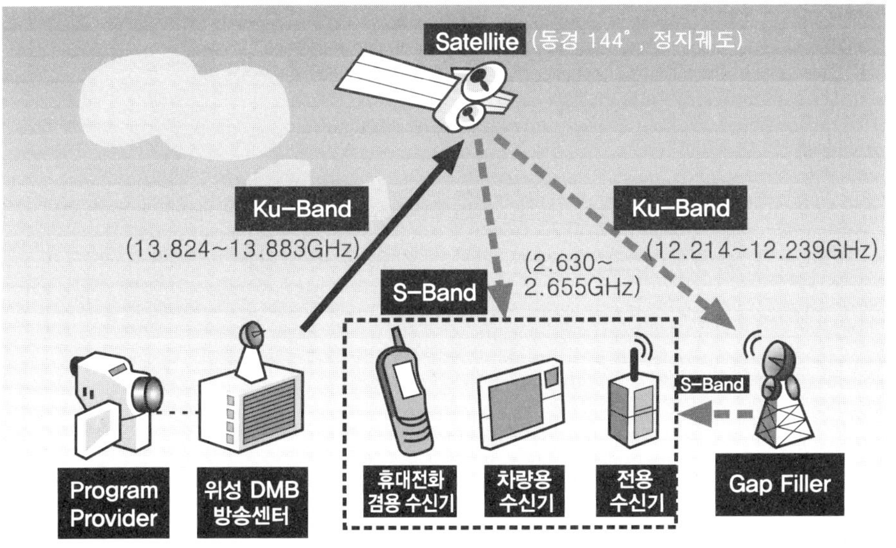

그림 7 위성DMB(시스템E)의 시스템 개요

이 시스템은 지상의 방송센터와 방송위성, 지상 갭필러(Gap Filler), 그리고 이동 및 고정용 차량안테나로 구성된다.

지상의 방송센터로부터 방송신호가 상향링크 Ku-밴드(13.824~13.883GHz)대역으로 위성을 향해 전송되며, 위성에서는 증폭을 거쳐 하향링크 S-밴드(2.630~2.655GHz)나 Ku-밴드(12.214~12.239GHz)대역을 이용하여 지상으로 송출된다.

위성에서 직접 차량이나 휴대단말기로 송출할 때는 S-밴드를 이용하고, 지상의중계기(Gap Filler)로 송출할 때는 Ku-밴드를 이용한다. 갭필러에서는 주파수 변환하여 S-밴드로 차량이나 휴대단말기로 전송한다. 그리고 위성에서 갭필러로 송출시에는 TDM을 사용하고 갭필러에서 휴대단말기로의 송출에는 CDM을 사용한다. Gap Filler는 위성방송에서 음영지역을 극복하기 위해 사용된다.

갭필러에는 크게 두 종류가 있는데 하나는 방송신호를 직접 증폭하는 것이며, 다른 하나는 주파수를 변환하여 증폭하는 것이다. 직접 증폭 갭필러(direct amplifying Gap Filler)는 'On Channel Repeater' 라고도 부르며 위성으로부터 S-밴드로 수신하여 증폭하여 송출하며 통상 500m반경이내의 line-of-sight구역에 적용된다. 주파수변환 갭필러(frequency conversion Gap Filler)는 Ku-밴드로 수신하여 주파수를 변환하여 S-

밴드로 송출하며 3km이내의 지역을 커버할 수 있다.

■ 시스템E의 특징

1. 방송위성서비스 BSS를 위해서 할당된 2630~2655MHz주파수대역을 사용 한다.
2. 다른 디지털 방송서비스들을 상호 이용하고 많은 방송서비스들의 유연성 있는 다중화를 위해서 MPEG-2 시스템구조를 채택한다.
3. 오디오 원천부호화를 위하여 MPEG-2 AAC+SBR를 채택한다. 오디오 압축기술인 ACC는 질 좋은 오디오 서비스를 제공하는 효율적인 압축성능을 보여준다.
4. 고속 이동체에서도 안전한 수신이 가능하다.
5. 위성신호는 이동체의 두 안테나를 이용한 다이버시티 기술과 단일 무지향성 안테나를 사용하여 수신할 수 있다.

2) CDM 송신기 구조

CDM방식의 디지털시스템E의 송신기 블록도는 그림 8과 같다. 먼저 소스비트(source bit)가 MPEG-2에 의해 다중화 된다. 페이딩 왜곡에 의해 발생하는 오류를 정정하기 위해 직렬 채널 부호화를 사용하며 외부호로는 RS부호를 사용한다.

외부 부호화된 비트의 연집오류를 분산시키기 위해 바이트 단위의 길쌈 인터리빙이 사용되는데 이는 DVB-S, DVB-T, ISDB-S, 및 ISDB-T에서 사용되는 것과 동일하다. 이와 같은 외부 인터리빙에 이어 내부호로 구속장이 7인 길쌈부호화가 이루어진다. 길쌈부호의 부호율은 1/2, 2/3, 3/4, 5/6, 7/8 중에서 선택할 수 있으며 선택된 부호율은 파일럿 채널을 통해 수신기에 전송된다. 파일럿채널은 가장 높은 부호율인 1/2를 사용한다.

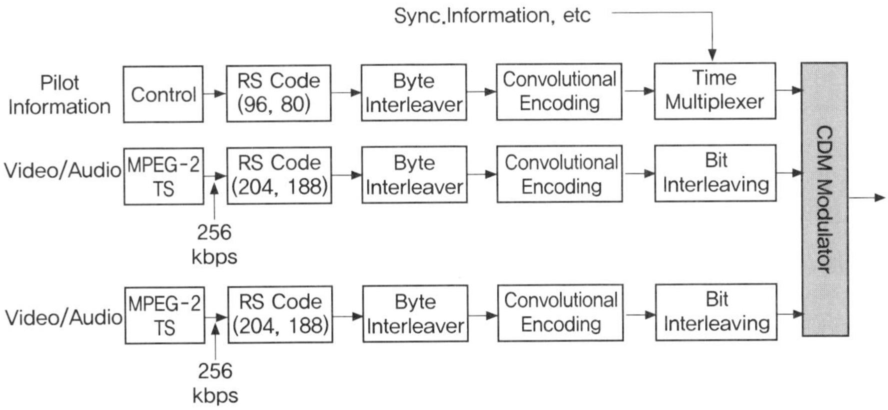

그림 8 CDM방식의 송신기 블록도

그런데 음영효과에 의해 신호가 왜곡될 경우에는 커다란 연집오류가 발생되며 오류정정기능이 상실되므로 이를 방지하기 위해 비트 인터리빙을 사용한다.

내부 인터리버를 통과한 비트는 그림 8과 같이 CDM변조기에 입력된다. CDM변조기에서는 먼저 직렬로 입력되는 비트를 순서대로 I와 Q를 병렬로 정렬시키고 I와 Q에 해당하는 시퀀스를 확산시킨다. Walsh부호로 채널 구분을 하고 PN시퀀스로 일본과의 구분을 한다.

이론적으로 이 시스템은 64개 칩의 월시코드를 채택하였으므로, 64개의 CDM채널들이 가능하다. 그러나 다중경로 환경 하에서의 안정적인 수신 성능을 확보하기 위하여 30개의 CDM채널이 사용된다. CDM채널 당 256kbps의 데이터를 전송하므로 25MHz대역에 총 7.68Mbps의 페이로드 데이터전송이 가능하다. 비디오 데이터의 경우 2개의 CDM채널을 이용하여 전송하며, 오디오 데이터의 경우 1개의 CDM채널을 이용한다.

3) CDM수신기 구조

그림 10은 CDM방식의 수신기 기능 블록을 나타낸다. RF단을 통해 기저대역으로 변환된 신호는 PN시퀀스와 Walsh부호와 상관이 이루어지며 이를 위해 수신기에서 부호의 동기화가 선행되어야 한다. 상관기의 출력은 레이크 수신기에 입력되며 레이크 수신기는 채널 추정을 통해서 얻은 다중경로 채널의 특성을 이용한다. PN시퀀스는 일본과의 구분

을 위하여 사용되고 Walsh 부호는 채널을 구분하기 위하여 사용된다.

채널 추정을 위해 기저대역 신호는 정합필터를 통과한다. 정합필터는 다중경로 페이딩 신호로부터 칩간격 단위의 시간지연을 갖는 각각의 경로신호를

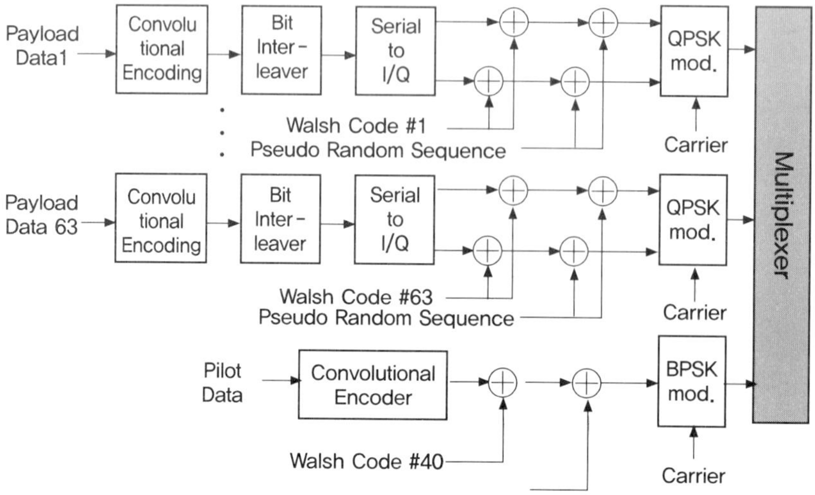

그림 9 CDM변조기의 상세블록도

분리해 내며 그 결과를 이용하여 채널추정을 수행하는데 가장 전력이 큰 6개의 경로를 선택하게 된다. 이때 파일럿채널을 통해 전송된 파일럿심볼이 사용된다. 레이크수신기는 채널추정을 통해 얻은 각 경로의 특성을 이용하여 수신 신호로부터 위상 정정 및 시간조정을 수행하여 전송된 QPSK심벌을 복원하게 되며,I와 Q채널비트는 직렬비트로 변환되어 디인터리빙과 복호화 과정을 통해 전송비트가 복원된다, 수신기의 성능을 향상시키기 위해 2개의 수신 안테나를 사용하여 안테나 다이버시티 기능을 수행한다.

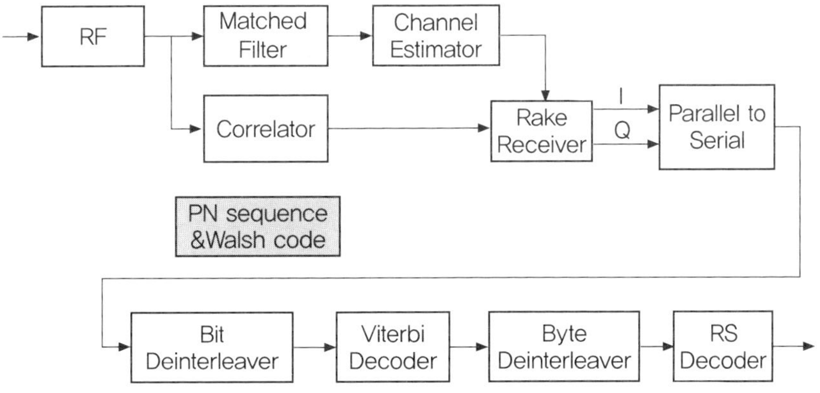

그림 10 CDM방식의 수신기 블록도

위성DMB가입자 단말기 동작 구성도는 그림 11과 같다. 수신복조기에는 파일럿획득(pilot acquisition), 반송파복원, AGC, 데이터검출, 그리고 데이터복원 기능 등이 있다.

CDM수신 복조기는 탐색기(searcher), 레이크 수신기 및 디지털 신호처리 부분으로 구성된다. 탐색기는 수신된 파일럿 채널을 통하여 단말기 내부의 PN발생기를 동화시키고(pilot acquisition과정), 레이크 수신기는 파일럿획득과정에서 구한 위상정보를 기준으로 각 핑거(finger)를 통해 들어온 신호를 결합시킨다. 특히, 레이크결합 수신 기술과 안테나 다이버시티 기술을 사용하여 다중경로페이딩 환경에서 수신기의 성능을 높일 수 있다.

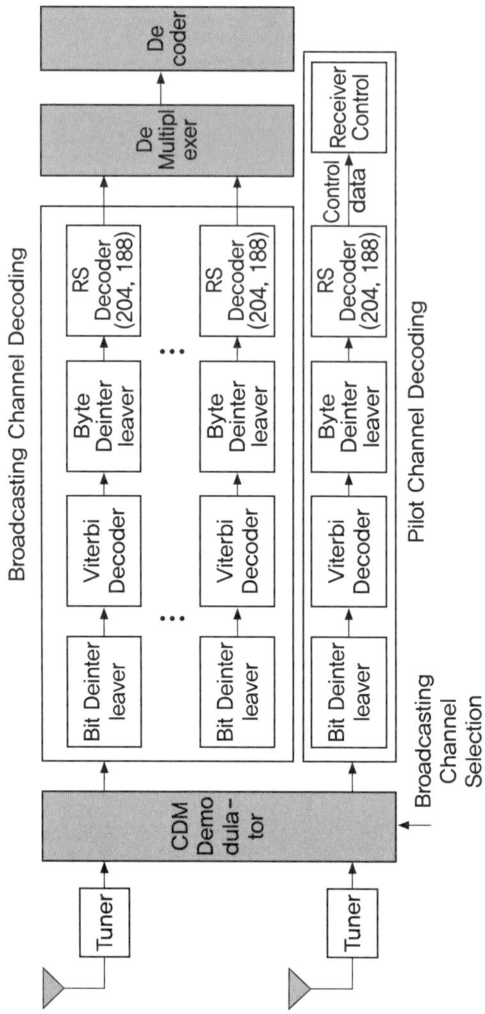

: 그림 11 : 위성 DMB 단말기 블록도

3. 위성DMB 주파수

(1) 세계의 주파수분배

디지털음성 위성방송용 주파수로 1992년 세계무선주관청회의 (WARC-92)는 L밴드 (1452~1492MHz) 및 S밴드(2310~2360MHz/2535~2655MHz)대역을 배분하였으며 먼저 상위 25MHz에서만 서비스를 시작하도록 하였다. 이후 WRC-2000(1992년 이후 WRC로 통합)회의에서 미국의 경우 하위 25MHz를 추가로 배정하였다. 또한 2535~

2655MHz 대역의 배정 국가수가 12개국에서 9개국으로 축소되었으며, 2535~2655MHz 대역은 제3지역에서 한국을 포함한 9개 국가에 방송 위성 업무를 일차 업무로 배분했다. WRC-2003 회의에서는 한국에 2605~2655MHz를 배정하여, KT가 2605~2630MHz, SK텔레콤이 2630~2655MHz를 승인 받았다. 한편, 지상망 보호를 위해 위성의 출력을 일정수준이하로 제한하는 조치인 PFD(power flux density)제한 규제가 없어졌다.

표 12 위성 DAB주파수 이용 대역

주파수	분배지역	ITU분배내용	공통
1452~1492MHz (40MHz,L밴드)	유럽, 아프리카, 미주, 아시아	상위 25MHz사용 Worldspace 사의 서비스 대역	power flux
2310~2360MHz (50MHz,S밴드)	미국, 인도, 멕시코 등 3개국	XM Radio, Sirius 사의 서비스대역	density (PFD)
2535~2655MHz (120MHz,S밴드)	한국, 일본, 중국 등 9개국	한국과 일본에서 2630~2655MHz대역 사용	limit 규제 없음

(2) 국내 주파수

지상의 방송센터에서 위성으로 쏘아 올리는 up-link는 Ku밴드주파수(13.824~13.883GHz)이고 위성에서 지상으로 보내는 down-link는 S밴드(2630~2655MHz)이다. 위성신호를 직접받기 어려운 난시청지역에서는 위성에서 갭필러(Gap Filler)라는 지상의 중계기까지는 Ku밴드(12.214~12.239GHz)를 통해 보내고 갭필러에서 가입자 단말기까지는 S밴드를 통해서 보내진다.

4. 위성DMB 기술

(1) 위성DMB 표준화 일정

일정	표준화 내용
2003.2	방송위원회,기존의 DAB개념에 비디오 및 데이터방송을 추가한 DMB 도입 정책 발표
2003.3	위성DAB표준화추진위원회는 '시스템E'를 국내 위성DMB 기술 표준으로 잠정 결정
2003.4	정통부, 시스템E 기술표준으로 확정
2003.5	위성DMB 기술 기준반을 구성하여 기술기준 및 표준 작성
2003.7	KT위성 DMB주파수(2605~2630MHz)추가 확보
2003.12	정보통신부, '방송표준방식 및 방송 업무용 무선설비의 기술 기준' 개정
2004.3	• 한별위성(MBSat)발사(SKT와 MBCo)공동투자) • 방송법 개정, 이동 멀티미디어 방송 개념 도입
2004.9	• 방송법 시행령 개정 • 데이터 방송 부분을 제외한 위성 DMB송 · 수신 정합 표준 제정(TTA)
2004.12	위성DMB방송사업자 선정 (TU미디어)
2005.5	위성DMB 본방송 시작

(2) 비디오 신호처리 기준

- 비디오 부호화 : MPEG-4 Part10 AVC (ISO/IEC 14496-10) 또는 ITU-R Rec. H.264
- 비디오 해상도 : QVGA(320*240)이상의 해상도 및 초당 15프레임 이상처리
- 표본화 비트수 : 6비트 또는 8비트
- 데이터 전송량 : 비디오와 관련된 오디오 포함 최대 512kbps처리
- 비디오신호의 처리시 : 최소 1채널 이상의 오디오 신호 동시 처리
- 비디오신호부는 시간계위로 부호화된 스트림 처리

(3) 오디오 신호처리 기준

- 오디오 부호화 : MPEG-2 AAC(ISO/IEC13818-7)+SBR
- 표본화주파수 : 최대 48kHz
- 양자화 비트 수 : 최대 24비트
- 복호 가능 채널 수 : 하나의 오디오 데이터 채널 당 최대 2채널 복호
- 오디오 복호 기능 : 싱글모드, 듀얼모드, 스테레오 등의 오디오 모드 복호
- 오디오 모드 식별 및 표시 : 싱글모드, 듀얼모드, 스테레오의 오디오 모드에 대해서 이들의 식별 및 표시 기능이 있어야 함.

(4) 위성DMB 프로토콜 구조

그림 12는 위성 DMB의 프로토콜 구조를 나타낸 것이다. MPEG-2 TS를 이용하여 오디오, 비디오 서비스로 AAC 및 H.264를 사용하고, MPEG-2섹션정보를 통해 기본 데이터 서비스를 위한 시스템정보를 전송하며, 데이터는 DSM-CC데이터 캐로셀(data carousel)을 이용한다는 것을 보여주고 있다.

* DSM-CC(digital storage media - command and control) : 데이터를 저장하는 표준으로 User-to-Network 프로토콜(data carousel)과 User-to-User프로토콜(object carousel)이 있다.

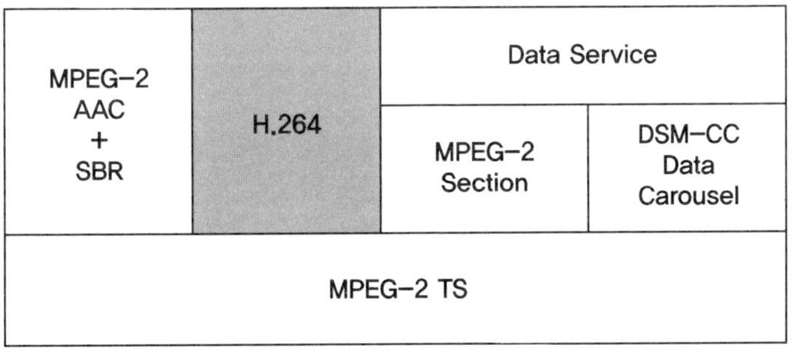

1)AAC:Advanced Audio Coding
2)SBR:Spectral Band Replication
3)DSM-CC:Digital Storage Media-Command and Control

그림 12 위성DMB프로토콜 구조

표 13 위성DMB와 지상파 DMB기술 비교

항목		지상파DMB	위성DMB
전송방식		시스템A(유럽방식)	시스템E(일본방식)
용도		지상파, 위성 모두 가능	위성용으로 표준화
동영상가능여부		가능	가능
지상중계기(G/F)사용		가능	가능
고속이동수신		가능	가능
상대적 장점		주파수이용효율이 우수	전력효율이 우수
주파수 이용효율		0.5~1.1bits/Hz	0.4~0.7bits/Hz
전송	위성(수신/송신)	OFDM/OFDM	CDM 및 TDM/CDM 및 TDM
	지상중계기(수신/송신)	OFDM/OFDM	TDM/CDM
오류정정		길쌈부호	RS(204,188),길쌈부호
다중화		MPEG-2TS,MPEG-4SL	MPEG-2
변조		DQPSK	QPSK
오디오부호화방식		MPEG계층II(MUSICAM) 과 MPEG-4 BSAC-ER	MPEG-2 AAC+SBR
비디오부호화방식		H.264	H.264
주파수		CH12 : 204~210MHz CH8 : 180~186MHz	2630~2655MHz
전송용량		6.912Mbps 사업자당 : 1.152Mbps	7.68Mbps

5. 국내외 동향

(1) 국내 동향

1) 국내 출현 배경

일본이 위성DMB용 위성궤도와 주파수를 선점한 상태에서 국내 1위의 이동통신사업자인 SK텔레콤이 자사의 신규 사업 비전을 수립하는 단계에서 위성을 이용한 DAB사업을 발견했고 이 사업을 추진하던 일본 MBCo (mobile broadcasting corperation)사에 막대한 자금을 투자하면서 시작됐다. MBCo는 도시바의 자회사이다.

지상파DMB가 정부차원의 국가 프로젝트라면 위성DMB는 민간에서 비롯돼 정부가 행정적으로 지원하는 형식이다.

2) 위성DMB 추진 일정

2001년 8월 SK텔레콤이 일본의 MBCo사와 양해각서(MOU)체결
(위성DMB 발점)
9월 ITU위성망 국제등록 신청
(SK텔레콤이 정보통신부에 위성망 국제등록을 신청하였고 정통부는 ITU에 위성등록을 신청)
11월 무선 실험국 개설(분당)

2002년 10월 일본 MBCo 사와 사업협력 계약 체결
11월 무선 실험국 개설(서울)
12월 방송센터 기본 설계 완료
2003년 2월 방송위원회, 위성DMB정책방안 의결
4월 정통부의 위성DMB기술표준 확정(시스템E)
9월 MBCo와 위성 공동소유 계약체결
12월 TU미디어 설립

2004년 2월 방송센터 구축 완료
3월 방송법 개정
위성DMB전용위성 한별위성(MBsat) 발사 성공
9월 방송법 시행령 공포
12월 위성DMB사업자 선정(TU미디어)

2005년 1월 10일 시험방송 서비스 개시

5월 1일 본방송 개시(세계최초 이동전화를 이용한 이동 · 휴대방송)

위성DMB사업자인 TU미디어는 일본의 MBCo와 공동으로 2004년 3월에 위성을 발사했으며 2005년 1월 10일 시범서비스를 시작하여 5월에는 한 달간 무료 본방송 서비스로 4만 2천명의 가입자를 확보했고 비디오8개 채널과 오디오 24개 채널로 본격 유료 서비스에 돌입하였다. 위성 DMB는 사업자당 10개의 TV방송 20여개의 라디오 방송, 3~4개의 데이터방송을 제공할 수 있으며 광고수입과 함께 가입비, 월정액의 이용요금 등을 추가로 징수하여 운영하고 있다.

위성DMB사업자의 성패는 지상파 재송신에 달려있다. TU미디어는 2007년 7월 16일 MBC와 계약을 맺고 현재 지상파DMB에서 방송하는 'MY MBC' 채널을 위성DMB를 통해 재송신하기로 했다. TU미디어는 이에 따라 방송위원회에 지상파 방송 재송신 계획서를 제출하고 재송신 승인을 요청했다. 아울러 7월17일부터 수도권지역에서 시험방송에 나섰다.

그러나 2007년 8월14일 방송위는 전체회의를 열고 TU미디어의 MBC DMB채널 재송신 허용여부에 대해 논의했으나 의결을 보류했다.

표 15 지상파 재송신 찬반 입장

찬성	반대
-방송매체간의 균형발전 도모 -시청자의 권익 보장 -통신방송융합형 서비스와의 형평성 -지상파DMB와의 형평성 -케이블TV사업자(SO), 위성방송사업자 (스카이라이프)등 유료방송과의 형평성	-보편적 무료서비스인 지상파방송의 유료서비스와 반대 -지역방송사의 고사 -위성DMB콘텐츠 개발을 통한 국가지원 낭비 방지 -위성DMB반대(통신재벌이익 위해 추진된 특혜사업)

(2) 해외 동향

1) 일본

위성 DMB서비스는 도시바의 자회사이자 TU미디어(한국의 위성DMB사업자)의 사업 파트너인 MBCo에 의해 2004년 6월 1일 시험서비스가 시작됐고, 2004년 10월 20일부터 상용서비스가 시작됐다. 그러나 차량용단말기에 의한 서비스였다. 이 때 운용 채널은 비디오 9개, 오디오 55개, 데이터 타이틀 60개로 서비스를 시작하였다.

문 제 QUESTION

1. DMB의 정의를 설명하시오.
2. 지상파DMB와 위성DMB의 개념을 비교 설명하시오.
3. 지상파 모바일TV방식 4가지를 들고 간단히 설명하시오.
4. DVB-H기술의 특징에 대해서 설명하시오.
5. 지상파DMB 기술규격에 대해서 설명하시오.
6. MOT에 대해서 설명하시오.
7. 텔레매틱스에 대해서 설명하시오.
8. PAD와 NPAD을 비교 설명하시오.
9. 지상파DMB의 사용 주파수대역에 대해서 설명하시오.
10. 위성DAB시스템의 종류를 들고 설명하시오.
11. 위성DMB는 시스템E를 채택하고 있다. 시스템E의 특징을 설명하시오.
12. 위성DMB 송신기 구조에 대해서 설명하시오.
13. 위성DMB 비디오와 오디오 규격에 대해서 설명하시오.

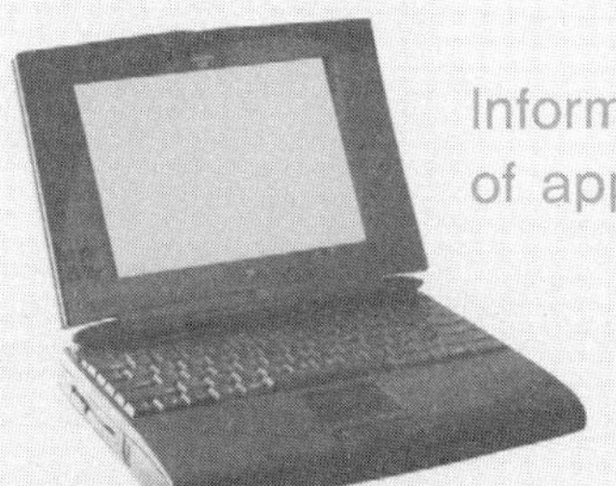

Information & Communication
of appreciation

9
CHAPTER

초고속인터넷

1 광대역 통신망

통신망은 크게 무선통신망과 유선통신망으로 분류되며, 무선통신망은 다시 인공위성을 이용한 위성통신망과 이동체 단말을 지원하는 이동통신망으로 분류된다. 또 통신망은 가입자망(액세스망)과 백본망(전달망)으로 나눌 수 있다. 가입자망은 단말에서 나오는 트래픽을 전달망으로 전해주는 역할을 하며 크게 유선가입자망과 무선가입자망으로 구분할 수 있다.

현재 유선가입자망으로는 ADSL(Asymmetric Digital Subscriber Line), VDSL, HFC(Hybrid Fiber/Coax), FTTC(Fiber To The Curb), FTTH(Fiber To The Home) 등이 있고 무선가입자망으로는 B-WLL, 무선랜 등이 있다. 또 영상서비스를 지원할 수 있는 전달망은 광대역의 데이터뿐만 아니라 다양한 형태의 정보를 처리할 수 있어야 하므로 이를 충족시킬 수 있는 교환기술로 ATM(asynchronous transfer mode)이 사용되고 있다. 영상서비스에서 요구되는 광대역통신망을 구축하기 위해서는 보다 유연한 새로운 통신망 환경이 구현되어야 한다. 패킷교환망으로 처리되는 데이터, 회선교환망으로 처리되는 음성 등을 통합하여 하나의 망에서 처리하여야 하며 이를 수용할 수 있는 것이 ATM

이다. ATM은 한마디로 음성, 데이터, 화상 그리고 영상이 통합된 신호로 처리할 수 있는 국제 표준화된 전송표준으로 고속 패킷교환방식을 채택하고 있다.

ATM교환기는 디지털신호를 일정길이의 셀로 분할하여 전송한다. 셀은 53바이트로 구성되며 48바이트는 정보용이고 5바이트는 헤더라고 해서 채널번호(수신주소)가 부착되어 있다.

STM(synchronous transfer mode)은 모든 채널의 전송속도가 같거나 정수비인데 비해서 ATM은 채널의 전송속도가 채널에 따라서 다르다. 따라서 셀의 수를 전송속도에 비례해서 전송할 수 있다. 이때 셀을 메모리에 저장해 두었다가 시간을 조정하므로 시간지연이 발생한다.

ATM은 액세스 채널별 정보유무에 따라 필요시만 채널이 할당되므로 고정적으로 채널이 할당되는 STM에 비하여 전송효율이 증가되고 채널속도의 가변성으로 인하여 다양한 속도의 서비스가 가능한 장점이 있으나 헤더의 추가에 따른 처리기능이 요구되는 단점이 따른다.

2 유선 가입자망

1. xDSL

xDSL이란 기존 구리선, 즉 일반 전화선을 이용하여 Mbps급 데이터전송이 가능한 서비스를 제공할 수 있도록 하는 기술을 의미한다. 데이터 전송속도에 따라 비대칭(Asymmetry : ADSL), 속도적응(Rate-Adaptive : RADSL), 대칭(Symmetric : SDSL), 고속(High bit rate : HDSL), 초고속(Very high speed : VDSL)로 구분된다.

이들 기술은 대역폭과 거리 관계에 따라 구분된다. ONU(DSLAM)와 이용자 사이의 선로길이가 길면 대역폭은 낮아진다. 예를 들면 ADSL의 경우 5.4km거리까지 전송할 수 있는 데이터 속도는 약 1Mbps정도이며, 3.6km의 거리에서는 6Mbps데이터 속도를 낼 수 있다. VDSL의 경우 1.35km거리는 13Mbps의 데이터속도를 낼 수 있고 600m거리는 데이터 속도는 2배, 300m거리는 다시 2배가 돼 52Mbps가 된다.

ADSL은 상향과 하향의 주파수 대역으로 분리되어 전송속도를 달리하는 방식으로 현재 하향 트래픽이 상향 트래픽 보다 많은 인터넷에 널리 사용되며, VDSL은 ADSL보다 훨씬 넓은 주파수대역을 사용하여 최대 54Mbps의 속도제공이 가능하여 인터넷은 물론 고품질 영상서비스 등 멀티미디어 서비스 제공에 적합한 기술방식이다. VDSL은 전송거리에 따라 전송속도가 민감하게 변하는(가까운 거리에서 더 빠른 속도 보장) 단점을 가지고 있으나 높은 전송속도라는 장점을 가지고 있다. SDSL과 HDSL방식은 상하향 동일한 전송속도를 보장하여 서버 운영자나 상향트래픽이 많은 가입자 위주로 특화되어 기업용 서비스 제공에 유리하다.

xDSL은 1989년 Bellcore에서 기존의 구리선 전화선을 사용해 VOD의 상용화 서비스를 위하여 개발하였으나 VOD의 상용화가 진척되지 않아 크게 부각되지 못하다가, DSP(Digital Signal Processing)와 VLSI 기술의 급속한 발달로 기존의 전화선을 이용하여 압축된 디지털 영상신호를 전송하는 것이 가능하게 되어 1995년 인터넷 붐과 함께 재조명하게 되었다.

(1) ADSL

가입자선로 거리는 3~5km까지 가능하다. 1996년을 전후로 미국의 주요 통신 사업자들이 ADSL시범서비스를 추진했고 1997년 이후 상용서비스로 발전했다. 국내에서는 1999년 서비스가 시작되었다.

1) 구조

ADSL에서 비대칭성(asymmetry)이란 교환기에서 가입자로 전송(다운 스트림:down-stream)되는 영상신호는 고속 전송이며 가입자에서 교환기로 전송(업스트림:up-stream)되는 제어신호는 저속 전송임을 뜻한다. ADSL은 디지털 전송신호와 마찰 없이 동일한 통신망을 통하여 음성통화(전화)가 가능하다는 장점을 지닌다. 음성신호는 ADSL 경로 상의 저역필터와 스플리터(splitter)를 통하여 삽입되므로 영상신호와는 다른 물리적인 접속이 가능하게 된다.

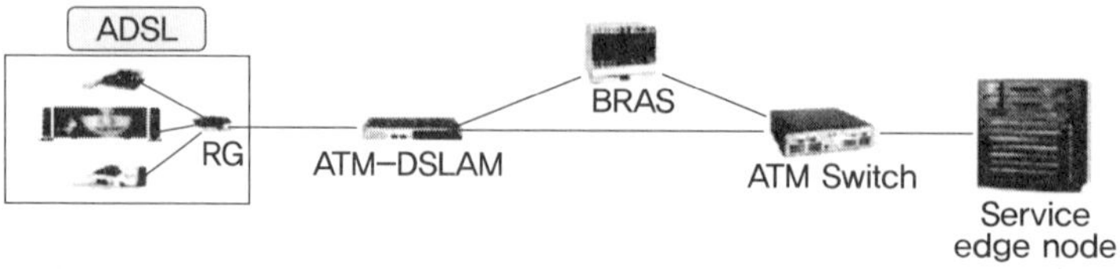

그림 1 ATM기반 ADSL 시스템

ATM기반 ADSL시스템을 그림 1에 나타내었다.

DSLAM(digital subscriber line access multiplexer)은 각 가입자의 ADSL신호를 VC(virtual circuit)또는 VP(virtual path) 단위로 집선화하여 ATM네트워크로 전달해 주는 역할을 수행한다. 이렇게 전달되어진 가입자 트래픽은 BRAS(broadband remote access server)을 거쳐 ATM교환기에 전달되고 백본망에 연동된다.

BRAS는 ATM 및 이더넷 인터페이스를 제공하며, QoS 제공을 위한 자원예약, 과금을 위한 트래픽 측정 기능을 제공한다.

2) 변조방식

ADSL의 변조방식에는 다중 반송파 변조방식인 DMT(Discrete Multi -Tone)와 직교 진폭변조(QAM)방식의 일종인 CAP(Carrierless Amplitude /Phase)가 있다.

① CAP

CAP은 QAM의 일종으로 1.5~6Mbps의 고속 전송에 용이하도록 설계되어 있으며 QAM에 비해 유연성이 뛰어나고 DMT에 비해 구조가 단순하여 구현비용이 적은 장점을 지닌다. 그러나 DMT에 비해 전송거리가 제한된다. DMT와는 달리 CAP은 선택된 비트율에 따른 고정주파수 스펙트럼을 사용하므로 주파수대역이 알려진 간섭원을 피할 수 있다.

② DMT

DMT은 ANSI T1E1.4에서 ADSL 전송표준으로 승인한 FDM을 이용한 다중 반송파

변조방식으로 1.544Mbps에서 6.3Mbps까지 지원한다. 특히 DMT는 간섭원 주위에 전력스펙트럼을 위치시키는 방법으로 간섭을 최소화하여 고품질의 영상전송이 가능하다.

다양한 변조방식과 주파수 할당 안이 연구되어 1993년 3월의 T1E1.4 실무반 회의 에서 DMT를 근간으로 하는 인터페이스 표준이 결정되었다. 우리나라도 DMT방식을 사용한다.

3) 속도

ADSL은 '비대칭' 이라는 이름에서 알 수 있듯이 하향속도와 상향속도의 차이가 있다. 상향의 경우 최대 640kbp까지, 하향속도는 최대 8Mbps까지 속도를 가진다. 따라서 ADSL서비스는 그다지 상향속도에 구애받지 않는 서비스 예를 들면 인터넷검색, 홈쇼핑 서비스, 원격교육, VOD 등에 사용된다.

(2) VDSL

VDSL기술은 FTTC, FTTB(building) 등의 가입자망의 전화선구간(1.5Km이내)에 비대칭 52Mbps/6.4Mbps, 대칭 34Mbps의 데이터전송이 가능하여 인터넷방송, 주문형비디오(VOD), 원격과외/교육(EOD), 고화질 TV등 대용량의 멀티미디어서비스를 경제적으로 제공할 수 있다.

1) VDSL 망 구조

ADSL DSLAM에서는 백본망으로 나가는 선로가 ATM교환기로 들어가 NAS라는 일종의 ATM Router를 거쳐 IP망으로 들어갔으나 IP기반 VDSL에서는 DSLAM에서 바로 IP망으로 들어가게 된다.

IP기반 VDSL가입자망은 IP-DSLAM과 L2/L3 스위치장비로 구성된다. 원격에 설치된 IP-DSLAM에서는 각 가입자의 VDSL신호를 집선화하여 상위 L3스위치 장비로 넘겨주는 역할을 한다. 이렇게 처리된 가입자 트래픽은 국사에 있는 L3스위치에서 집선되어 백본과 연동된다.

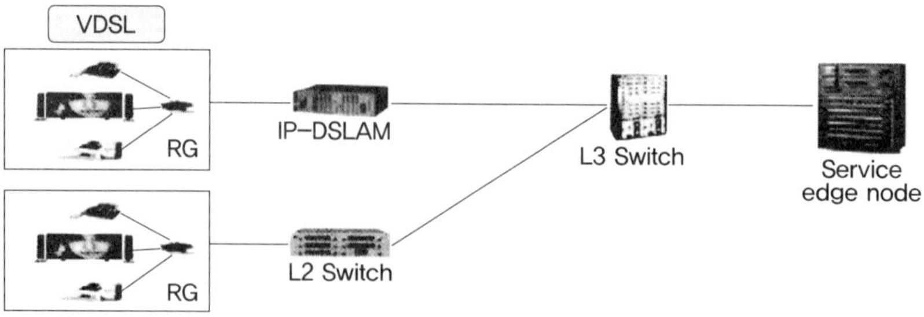

그림 2 IP를 기반으로하는 VDSL

2) VDSL기술

VDSL 변조방식은 QAM(Quadrature Amplitude Modulation)방식과 DMT(Discrete Multi-Tone)방식 등 두 가지가 있다.

ANSI에 이어 IEEE도 2003년 7월 DMT변조방식을 VDSL표준으로 채택하였다. 이제 VDSL관련표준은 ITU 결정만을 남겨두고 있다.

KT는 2002년 세계 최초로 VDSL상용서비스를 추진하면서 당시 먼저 상용화 된 QAM방식을 도입했다.

2007년 6월 현재 VDSL(very high data rate digital subscriber line)기술의 국제표준화는 ITU-T G.993x에서 진행 중이다.

DMT 변조방식은 QAM방식과 달리 사용하는 전체 신호대역을 다수개의 부채널로 나누어 각 부채널 별로 채널 및 잡음에 의한 영향을 측정한 후 채널 상태에 따라서 각 부채널에 비트 할당을 달리 하는 방식이다. DMT기술은 이론적으로 Shanon Capacity 에 근접한 성능을 보이며 특히 주파수 선택적인 잡음에 강하다. 또 가입자들마다 상이한 전화선 환경에 능동적인 적응이 가능하므로 설치와 유지 보수에 소모되는 비용이 적게 든다. 그러나 채널의 특성을 파악하기 위한 과정이 추가로 필요하여 초기화과정이 복잡하고 시간이 오래 걸리며 하드웨어가 복잡하다.

QAM방식은 적응형 등화기에 전적으로 의존하여 채널 결함을 보상하며, 채널 모델에 대해서는 우수한 적응 성능을 보인다. 그러나 모든 채널 결함에 대해 적응하기에는 한계가 있으며 또한 국제 표준에서 제시된 4-band(2 up, 2 down)방식을 준수하기 위해서는 2개씩의 변복조기 및 등화기가 필요하여 복잡도가 매우 높아지게 된다.

표 1 ADSL과 VDSL 기술 비교

구분	ADSL	VDSL
전송속도	비대칭 상향 : 640kbps 하향 : 8Mbps	비대칭 상향 : 3~26Mbps 하향 : 6~52Mbps 대칭 13~26Mbps
최대전송거리	5.4km	0.3~1.5km
표준	DMT	QAM, DMT 중 표준 미정
고객가치	초고속인터넷	고선명 영상+초고속인터넷
제공서비스	데이터+음성	영상+데이터+음성
응용서비스	고속 데이터통신	유료TV,원격진료,원격교육,VoD,HDTV,홈쇼핑
단말기	PC, 전화	TV, PC, 전화기

3) 국내 현황

2002년 8월부터 KT와 하나로통신은 VDSL서비스를 시작했다. 초기에 13Mbps급과 20Mbps급 장비로 시작하여 2003년 초부터 하향 25Mbps를 제공하는 비대칭 VDSL이 공급되기 시작하였으며 2003년 7월경부터 50Mbps를 제공하는 비대칭 VDSL이 시범사업을 마치고 본격적으로 공급되었다. 2007년말 현재 KT 메가패스 VDSL은 최대속도 하향 100Mbps, 상향 10Mbps이다. 2003년 3월말 기준으로 VDSL서비스 가입자는 56만 명이었다.

표 2는 현재 국내의 초고속 인터넷서비스 매체별 가입자 현황이다.

표 2 초고속인터넷 가입현황 (2007.12월말)

구분	xDSL	HFC	광LAN	FTTH	위성	계	비율
KT	4,102,718		1,609,269	603,173	381	6,515,541	44.3%
하나로텔	410,865	1,883,636	1,122,065	241,549		3,658,115	24.9%
드림라인	303	895	314			1512	0.0%

LG데이콤	1220	17202	49371			67793	0.5%
LG파워콤		803,479	917,849			1721,328	11.7%
종합유선방송	54,428	2,332,252	120,530			2,507,210	17.0%
중계유선방송	1807	7561	6640			16,008	0.1%
전송망	5722	45765	6573			58061	0.4%
별정통신	26,362	275	17,793			164,430	1.1%
계	4,603,425	5,091,066	4,170,404	844,722	381	14,709,998	100.0%
비율	31.3%	34.6%	28.4%	5.7%	0.0%	100.0%	

* 정보통신부가 발표한 2007년 우리나라 초고속인터넷 사용현황에 따르면 전체 초고속인터넷가입자 1470만9908명 중 50M급 이상 이용자는 약 절반에 이르는 700만 9783명인 것으로 나타났다. 50M급 이상 이용자는 IPTV를 이용할 수 있다.

(3) xDSL의 부가서비스

1) VoIP

VoIP는 인터넷망 계층 프로토콜인 IP(Internet Protocol)상에서 데이터와 음성서비스를 동시에 가능하도록 지원하는 기술로서 단순한 음성전화 이외에 멀티미디어 기능이나 부가서비스를 제공한다.

2) VoDSL

VoDSL은 xDSL을 물리적 전송 매체로 하여 음성과 데이터를 패킷방식으로 제공하는 서비스이다. VoDSL 은 음성과 데이터신호를 패킷으로 지원하는 DSL방식에 음성회선을 추가로 할당하는 기술이다. 이 기술은 기존 전화선을 이용, 고속의 데이터통신과 음성통신을 가능하게 한다. 음성과 데이터를 패킷으로 동시에 지원하는 방식은 본래의 xDSL과 다를 게 없다. 하지만 게이트웨이 장비에서 음성신호를 별도로 분리해 전송한다는 측면에서 IP망을 통해 전달하는 기존 인터넷전화(VoIP)에 비해 사용자들에게 보다 좋은 통화음질을 구현할 수 있다. 또한 VoIP기술은 통신망에 상관없이 PC와 인터넷전화기를 통해 서비스되는 반면 VoDSL은 xDSL망을 사용하는 통신이용자들에게만 지원된다.

VoDSL은 경제적인 측면에서 매우 우수한 솔루션이라 할 수 있으며 기존 음성과 동일한 품질을 보이며 최대 24회선을 제공할 수 있는 강점을 지닌다.

SK브로드밴드는 2001년 11월부터 VoDSL시범서비스를 실시하였고, 기업고객과 신규 아파트의 가정 고객 대상으로 2001년 12월부터 상용서비스를 제공하였으나 현재는 서비스가 중단된 상태이다.

3) VoD

VoD(Video on Demand)는 xDSL선로를 이용하여 기존의 초고속인터넷 서비스 외에 TV기반의 양방향 고화질 동영상서비스를 제공하여 부가가치를 극대화할 수 있는 대표적인 서비스중의 하나이다.

VoD서비스는 여러 사업자들이 PC기반으로 제공하였고 DMC(Digital Media Center)를 통한 CATV기반으로 제공하고 있다. 또한 xDSL을 이용한 TV기반의 VoD서비스가 초고속 인터넷 사업자 중심으로 활발히 추진되어 하나로통신은 2006년 7월부터 '하나TV'라는 IPTV를 통해 VoD서비스를 하고 있다.

VoD서비스를 위해서는 VoD서버와 Setop Box 그리고 Middle Ware 등 여러 가지 구성요소를 갖추어야 한다.

SK브로드밴드는 RVoD(Realtime VoD)서비스 형태로서 2002년 6월 개인 고객에게 시범서비스를 실시하였다.

2. HFC망

HFC망은 광케이블과 동축케이블로 구성된 망으로서 백본망에서 광단국(ONU:optical network unit)까지는 광케이블을 이용하고 광단국에서 가입자까지는 동축케이블을 이용하여 많은 양의 데이터(인터넷, 케이블TV, 방범, 방재, 원격검침, 자동제어 등)를 전송할 수 있는 광대역 전송망이다.

(1) HFC 망구조

HFC망은 백본망에서 ONU까지의 광케이블구간은 스타형으로 구성되고, ONU에서 가입자 댁내까지의 동축케이블 구간은 나무와 가지형(수지형)으로 구성된다. 광케이블 구간은 광송수신장치와 광케이블을 이용하여 상/하향 광전송선로를 별도로 구성하고, 동축케이블 구간은 동축증폭기(TBA), 수동소자(Splitter, Tap-off 등), 동축케이블을 이용하여 동일 동축케이블에 주파수대를 분리하여 상/하향 전송로를 구성한다.

HFC망은 그림 3과 같이 SO(service operator:방송국 운영자)내 지역을 가입자 규모에 따라 여러 셀로 나눠 설치하는데 각 셀은 광케이블로 연결된 ONU에서 시작해 트리와 분배 구조를 갖는 동축케이블로 구성된다.

HFC가입자망의 중요한 구성 요소에는 CMTS(cable modem termination system)와 CM(cable modem)이 있으며 CMTS는 집선 기능의 역할을 하고 CM은 단말의 역할을 한다.

CMTS에서는 가입자당 전송속도 제어가 가능하며, 가입자에 대한 보안을 확보하기 위해 DOCSIS에서 규정한 BPI(baseline privacy interface)기능을 제공하여야 한다.

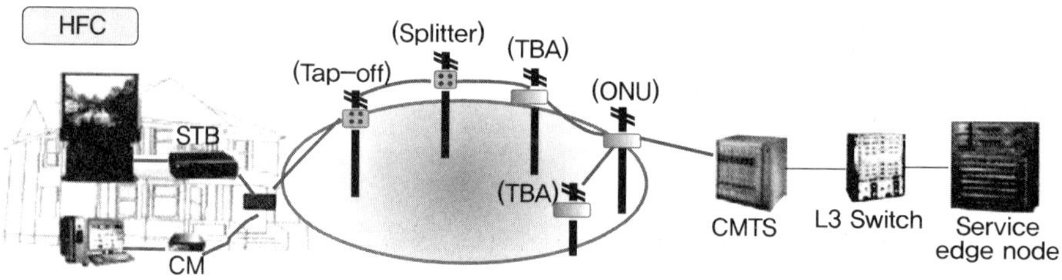

그림 3 HFC 가입자망의 구조

HFC망은 광케이블의 대역폭 중 방송신호를 전송하고 남는 여유 대역을 이용(6MHz를 1CH로 할당)하여 인터넷 등 데이터를 전송한다. 현재 활용 가능한 상향 통신용 대역은 5~42MHz, 하향 통신용 대역은 54~750MHz이며 향후 디지털 방송 서비스용으로 550~750MHz의 하향 주파수대역을 사용하게 될 것이다.

(2) HFC망의 기술

HFC기술은 북미 케이블방송협회 기술표준인 DOCSIS(data over cable system

interface specification)를 따르는데 2003년 버전이 1.0에서 1.1로 전환이 이루어져 본격적으로 제공되고 있다. 2006년 현재 2.1이 사용되고 있다.

DOCSIS 2.1 기술표준은 HFC에서 상하향 데이터 전송을 30Mbps가 가능하도록 하였다. 10Mbps 정도만 가능했던 기존의 서비스에 비해 3배가 향상된 것으로 기존 기술로는 구현하기 어려웠던 화상회의, 일대일 또는 일대 다자간의 데이터 전송서비스와 같은 여러 응용서비스를 가능하게 한다.

SK브로드밴드는 2006년 9월 유럽의 네트워크 장비업체가 개발한 ETTH (Ethernet To The Home)에 기반한 100Mbps 시범서비스를 실시하고 2007년 1분기에 상용서비스를 시작하였다. 이는 HFC망에서 이루어지는 세계 최초의 100Mbps 급 서비스이다. 현재 '뉴드림' 이라는 브랜드명으로 서비스하고 있다.

DOCSIS 3.0은 당초 2007년 표준화가 될 예정이었으나 2008년 2분기 이후로 연기된 상태이고, HFC망에서 100Mbps 속도를 지원하는 시스코, 에릭슨, 모토로라, 빅밴드 등이 개발 중인 일명 DOCSIS 2.0b(와이드밴드 CTMS)기술은 일본에서 2007년 3월 시범서비스를 실시하였다.

(3) HFC망의 특징

HFC망의 장점은 최고 100Mbps의 초고속인터넷을 제공하고, 컴퓨터를 켬과 동시에 별도의 접속 과정 없이 인터넷을 바로 사용할 수 있고 인터넷, TV시청은 물론 디지털TV 전환시 양방향서비스나 T-commerce구현이 용이하고, 서비스구역이 여러 개의 독립된 셀로 구성되어 있기 때문에 가입자 증가시 셀분할 등으로 즉각 대응이 가능하다는 것이고, 단점은 동축 구간이 옥외에 설치되어 있어 기후 등 외부의 환경적 영향을 많이 받을 가능성과 상향잡음의 유입으로 디지털 전송망에 비교하여 상대적으로 어려움이 있을 수 있으나 현재는 NMS(망관리시스템) 등의 발달로 안정적인 부가서비스가 가능하다.

(4) 국내 현황

1995년 종합유선방송의 시작으로 HFC망이 시설되었으며 1997년에는 양방향 케이블 모뎀 시범서비스를 성공하였고 1998년부터 두루넷 등이 한국전력의 HFC망을 이용한 초고속인터넷사업에 참여하게 되었다.

2000년 1월에는 기간통신사업자인 파워콤이 설립되어 ISP(두루넷, 하나로통신, 온세통신 등)들에게 HFC망을 제공하게 되었다.

HFC망은 2002년 4월말 기준으로 우리나라 초고속인터넷가입자 850만 명 중 약 35%인 300만 명 이상이 사용하였고 2007년 12월말 기준으로 초고속인터넷가입자 1470만 명 중 35%인 500만 명 이상이 사용하고 있다.

국내 ISP의 경우 두루넷, 하나로통신, 온세통신 등이 HFC망을 통해 초고속인터넷 서비스를 하고 있으며 이 중 약 63%는 파워콤의 망을 이용하여 서비스 중이다.

현재 HFC망에서 인터넷서비스는 망구축사업자기 늘어나면서 다양한 소유형태의 망이 구축되어 운용되고 있으며 최대규모의 HFC망을 보유 (약48,000Km)한 파워콤을 위시하여 두루넷, 하나로통신 등 기간통신사업자 및 종합유선방송사업자, 중계유선방송사업자 등이 HFC망을 보유하고 있다.

HFC망을 이용한 초고속인터넷서비스는 방송 구역당 1개 ISP에게만 제공하던 기존의 방식을 탈피하여 연구개발을 통해 여러 ISP가 같은 방송구역 내에서 공동사용이 가능한 M-ISP(Multi Internet Service Provider)기술을 파워콤에서 개발하였다.

3. FTTH

FTTH(Fiber To The Home)는 가입자댁내까지 광섬유를 연결하는 것으로서 북미에서는 FTTP(Fiber To The Premise)의 용어를 사용하는데 FTTH와 같은 의미이며 단지 FTTH가 일반 가정만을 대상으로 하는데 반해 FTTP는 모든 가입자를 대상으로 한다는 의미가 있다. 최근 국내에서 사용하는 FTTP는 전봇대까지 광으로 연결한다는 FTTPole을 의미하며 FTTC의 한 형태이다.

(1) 방식

FTTH에는 point-to-point 전송 방식인 AON(active optical network) 과 point-to-multipoint 방식인 PON(passive optical network)이 있다. AON방식은 Remote Node(아파트 통신실 등)에 Ethernet Switch(L3 스위치)와 같은 능동 장비에 의하여 동

작하는 반면, PON방식은 splitter와 같은 수동 구동장비에 의하여 동작하므로 경제성과 용이한 장비운영 때문에 AON방식보다 PON방식이 더 많이 사용되고 있다.

1) PON방식

① PON방식의 특징

- 광섬유의 효율적 사용을 통한 광선로 비용 절감
- PON기술은 광섬유의 무한대의 대역폭, 고신뢰성 활용이 가능하고 광송수신 모듈의 저가화, 음성, 데이터, 영상서비스 등 통합서비스 제공 및 QoS와 보안성이 보장된다.

② PON방식의 분류

ⓐ TDM 방식

중앙국(CO)에서 전가입자에게 신호를 브로드캐스팅하면 가입자장치(ONT:optical network terminal)에서 자신에게 온 신호만을 선택해서 수신하고 반대루 가입자에게서

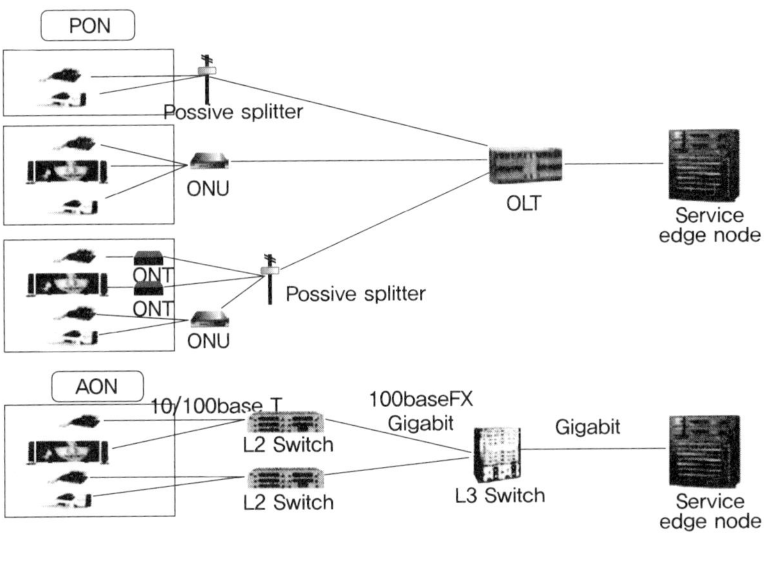

그림 4 FTTx 가입자망의 구조

CO로 보내지는 신호는 각각의 프로토콜을 사용하여 TDM방식으로 가입자신호를 다중화하게 된다.

TDM-PON은 프로토콜에 종속적이며 A(ATM)-PON, B(broadcast)-PON, E-PON, G-PON(Gigabit-Ethernet)으로 분류된다.

이 가운데 E-PON은 이더넷이 갖는 가격 경쟁력을 이용하여 저렴한 비용의 서비스를 제공할 수 있어, PON기술 중 가장 경제성을 갖춘 것으로 평가되고 있다. E-PON은 다른 가입자망 솔루션에 비해서 구조가 간단하고 효율적이며 경제적이다. 또한 복잡한 하드웨어가 적게 소요되고 옥외 전자설비가 필요 없으므로 설치가 용이하다는 장점이 있다.

ⓑ WDM(wavelength division multiplexing)방식

한 가닥의 광섬유를 통해 여러 파장의 광신호를 전달하는 방식으로 각 파장은 가입자와 1:1로 매칭되어 있기 때문에 다중/역다중화를 위한 복잡한 다중접속방식이 필요하지 않다.

WDM-PON은 TDM-PON보다 광학부품의 가격 때문에 경제적 측면에서 취약성을 갖는다.

표 3 PON기술간 비교

항목	WDM-PON	TDM-PON
대역폭 확장	용이함	용이하지 않음
보안	보장됨	보장 안 됨
선로 감시	용이함	용이하지 않음
서비스 투명성	투명성 보장	프로토콜이 고정되어 있기 때문에 곤란
분기수 확장	용이함(파장 확장)	대역폭을 공유하기 때문에 속도 저하 유발
ONT오작동 영향	파장별로 독립된 광원을 사용하므로 영향없음	하나의 ONT가 오작동하면 전체 시스템의 오작동으로 연결될 수 있음
OLT광원 이중화	독립광원이므로 이중화 필요 없음	OLT광원을 공유하므로 시스템 광원 이중화가 요구됨

일반적인 PON의 계층적 구조는 ONU, ONT(optical network terminal), OLT(optical line terminal)로 구분된다. ONU 및 ONT는 광네트워크의 가입자측 종단 장치로서 ONT는 하나의 단말만 수용이 가능하지만 ONU는 복수의 단말 수용이 가능하다. OLT는 PON신호를 집선화하여 상위 장비와 연동시켜주는 장비이다.

WDM-PON에서는 OLT가 ONU별로 트래픽을 파장으로 분리하여 송수신하는 형태로 망구성이 되기 때문에 프로토콜에 투명하게 트래픽을 전달할 수 있다. WDM-PON망은 TDM-PON과 비슷한 계층구조를 가지는데 ONU와 OLT 간 전송은 특별한 프로토콜이 존재하는 것이 아니라, 프로토콜에 투명하다는 점이 다르다. 따라서 망확장성, 보안 문제에 있어서 TDM-PON보다 성능이 뛰어나다고 할 수 있다.

WDM(wavelength division multiplexing)

WDM은 파장이 다른 다수의 레이저를 사용하여 단일 광섬유를 통해 동시에 다수의 광파를 보내는 기술로서 DWDM(Dense WDM)과 CWDM (Coarse WDM)으로 구분된다.

각 광신호(광파 또는 채널)는 이종의 다양한 서비스 (즉, IP, SDH / SONET, GbE, ATM 등) 트래픽을 전달할 수 있으며 채널당 전송속도는 2.5Gb/s, 10Gb/s 또는 40Gb/s로 동작할 수 있다.

WDM시스템의 적용 영역은 장거리전송망에서 메트로망으로 확대되었다.

2) AON방식

AON은 Active star라고도 하며 광분배 네트워크 중간에 능동형 장비가 설치되며, 그 장비로부터 각 가입자(또는 노드)까지 star형태로 구성된다. 이더넷 방식과 망구성이 동일하며 댁내(또는 노드)까지 광으로 연결된다는 점만 다르다.

(2) 표준화

IEEE는 2001년 E-PON의 표준작업을 시작하여 2004년에 현재의 IEEE 802.3ah 표준을 완성하였다. IEEE 802.3의 E-PON은 2001년 100Mbps 급의 E-PON시스템들이 일부 상용화된 바 있기 때문에 이와 구별하기 위해서 GE-PON으로 불리기도 한다.

2006년 3월부터는 차세대 10G E-PON 표준을 IEEE에서 추진, 하향10Gbps, 상향 1 혹은 10Gbps 서비스 공급을 논의하고 있다. 2005년에는 하향2.5Gbps, 상향 1.2Gbps 속도로 20km전송이 가능한 G-PON 표준 ITU-T G.984.1이 표준화되었다.

표 9 PON기술 비교

구분(링크프로토콜)	하향	상향	표준
A-PON(ATM)	155Mbps broadcast 622Mbps broadcast 1.244Gbps broadcast	155Mbps TDM 622Mbps TDM (1998년)	ITU-T G.983.1
B-PON(ATM)	155Mbps broadcast 622Mbps broadcast 1.244Gbps broadcast	155Mbps TDM 622Mbps TDM	ITU-T G.983.3 (2001년)
E-PON(Ethernet)	1.25Gbps broadcast	1.25Gbps TDM	IEEE 802.3ah (2004년6월)
G-PON (ATM, variable packet)	155Mbps broadcast 622Mbps broadcast 1.244Gbps broadcas 2.488Gbps broadcast	155Mbps TDM 622Mbps TDMt	ITU-T G.984.1 (2005년)
WDM-PON	Not standardized 100Mbps dedicated 1.25Gbps dedicated	Not standardized 100Mbps dedicated 1.25Gbps dedicated	

(3) FTTH의 활용

기존 인터넷서비스에 VoIP(인터넷전화)와 IPTV를 결합하는 트리플플레이서비스(TPS)가 전 세계적으로 새로운 통신서비스모델로 급부상하고 있다.

FTTH 가입자망의 구축은 단순히 고속의 데이터 전송서비스를 제공하는 단계를 벗어나 IPTV서비스, HD급의 원격교육, 원격 영상진료, 건강진단 등 새로운 서비스를 창출할 수 있는 전기가 될 것이다.

일본의 경우 주요 FTTH사업자들이 FTTH회선을 사용해 VoIP서비스와 IPTV서비스를 제공하고 있다.

이탈리아의 fastWeb은 지난 2000년 자사 FTTH 가입고객을 대상으로 IPTV를 개시하였다.

(4) 국내 동향

① KT

KT는 2005년 1월부터 광주 상무지구 아파트 80가구와 서구 화정동 주택가 20가구 등 총 100가구에서 100Mbps급 WDM-PON기반의 FTTH 시험서비스를 제공하였다. 2007년부터 E-PON 서비스를 개시하였다. 2008년 5월 현재 가입자 70만 명이다.

② SK브로드밴드

SK브로드밴드는 2006년 9월말부터 G-PON기술을 기반으로 한 FTTH 시범서비스를 실시하였고 2007년부터 본격적인 서비스를 실시하였다. 이 G-PON기술은 회선당 2.4Gbps(30가입자 이상 배분 가능)의 속도를 제공할 수 있다. 2008년 5월 현재 가입자 30만 명이다.

(5) 해외 동향

FTTH서비스는 일본에서 2001년 3월부터 NTT 동(東)일본과 서(西)일본이 시작하여 A-PON, B-PON에 의한 100Mbps급 서비스에 이어 2004년 9월부터 E-PON(GE-PON)에 의한 서비스도 제공되기 시작하였다. 2007년 8월 현재까지 1000만 명 가입자를 확보하였고 2010년까지 3000만 가입자를 목표로 하고 있다. 일본에서 서비스를 제공하는 회사는 NTT동, 서, USEN, 동경전력, KDDI, CTC, QT Net, ST Net, OT Net, Energia, 케이, 옵티콤 등이 있다.

일본에서는 2004년 상반기까지는 주로 B-PON, AON 방식으로 FTTH망을 구축하였으나 2004년 하반기부터는 E-PON중심으로 FTTH망을 구축하고 있다.

미국에서는 2005년부터 FTTH서비스를 도입하고 있는데 사업자에 따라 채용하는 방식이 다르다. 버라이즌(Verison)은 FTTP(fiber to the premise), AT&T는 diplexer를 채택한 FTTN(fiber to the node)상용서비스가 진행되고 있다.

4. 광랜

광랜은 아파트 단지까지는 광케이블로 연결하고 각 가정까지 LAN으로 연결하는 최대속도 100Mbps 초고속인터넷 서비스이다. 우리나라는 2002년 5월 기준 62만 명, 2004년 말 100만가입자 돌파 이래 2005년 9월말 기준 가입자는 140만 명이고 2007년 12월 현재 가입자는 417만 명으로 전체 초고속인터넷 가입자의 28.4%를 차지한다. 2007년 현재 KT의 엔토피아, SK브로드밴드의 하나포스 광랜, LG파워콤의 엑스피드 등의 서비스가 제공되고 있다.

3 무선 가입자망

1. 광대역 무선가입자망(B-WLL)

B-WLL(Broadband Wireless Local Loop)은 밀리미터파 대역의 광대역주파수를 이용하여 기지국과 가입자장치 간은 무선, 가입자장치와 가입자PC 간은 유선으로 연결하여 초고속인터넷서비스를 제공할 수 있는 고정 무선접속 시스템이다. 국내에서의 광대역 가입자 회선용 주파수는 20GHz대역에서 양방향 광대역서비스용으로 하향으로는 25.5~26.7GHz의 1.2GHz를, 상향으로는 24.25~24.75GHz의 500MHz를 할당하였다. 국내 B-WLL시스템은 FDD방식으로 상.하향 주파수를 분리하여 전송한다. 따라서 B-WLL은 사용되는 대역폭이 크므로 25Mbps ATM서비스, E1/T1급 전용회선서비스, 10BaseT급의 인터넷서비스, 일반전화 및 ISDN용도로 사용될 수 있다. 기술적인 특성상 B-WLL은 LOS(Line Of Sight) 여부, 강우감쇠 등에 의해 서비스의 품질에 문제가 발생할 수 있는 단점이 있고, 전파신호의 손실이 큰 고주파를 사용하기 때문에 기지국과 고정가입자 장치 간의 셀룰러 개념의 망구조로 운영된다. 또한 QPSK와 QAM의 디지털 변조방식을 적용하므로 고화질 서비스가 가능하며 사용주파수의 직선성 및 편향파방식 적용으로 전파간섭, 반사파 영향 등이 없다.

통신사업자의 관점에서 볼 때 B-WLL은 LOS를 요구하므로 기지국과 가입자 장치 간에 높은 지형지물이 있는 경우 설치가 어려워 이미 포설된 유선망을 이용하여 송수신장치만 설치하면 되는 초고속 유선가입자망과 경쟁에서 다소 어려운 상황에 처해 있다고 볼 수 있다. 반면에 초고속유선망이 포설되어 있지 않은 지역에 B-WLL을 사용할 경우 가입자까지의 망구축을 무선화하기 때문에 유선망보다 설치비용이 저렴하고 설치기간도 짧게 소요되며 상당한 대역폭을 확보하고 있으므로 고속데이터, 인터넷 액세스, 그 밖의 멀티미디어 서비스제공이 가능한 장점을 가지고 있다.

(1) 시스템

B-WLL이란 정보통신부 공고 제 1997-49호에서 공고한 '가입자 회선용 상향 24.25~24.75, 하향 25.5~26.7GHz 대역의 무선주파수를 사용하여 전화, 고속데이터, 전용회선, 영상분배 등의 서비스를 유선과 동일한 품질로 제공하는 고정 무선통신 시스템' 으로 정의한다.

표 5 B-WLL 상향 및 하향 기술

항목	상향	하향
외부호화(outer coding)	RS	RS(204,188)
내부호화((inner coding)	길쌈부호	길쌈부호(구속장7 1/2,2/3,3/4,5/6,7/8)
변조방식	QPSK,16-QAM(선택) 64-QAM(선택)	QPSK,16-QAM(선택) 64-QAM(선택)
다원접속	TDMA	TDM
이중화방식	FDD	FDD

B-WLL 시스템은 기지국 장치와 가입자 장치 간의 점대 다중점(PMP)통신시스템으로 기지국 장치와 가입자 장치 간에는 가시거리(LOS)가 확보되어야 한다. 또한 상향 다원접속방식으로 TDMA방식을 이용하며, 상향채널 및 하향채널의 할당을 위하여 이중화방식으로 FDD를 기준으로 하고 있다.

기지국 및 가입자 장치는 신호를 자유공간으로 방사하는 평판 혹은 혼안테나와 RF장치로 구성된 옥외장치(ODU:out door unit)와 RF신호를 기저대역신호로 변환하거나 그 역의 기능을 수행하는 IF유니트와 변복조, 채널코딩, MAC 처리를 수행하는 기저대역 처리부, 10Base-T나 일반전화, 전용선과의 인터페이스를 담당하는 망인터페이스로 구성된 옥내장치(IDU:in door unit)로 구성되어 있다. 그림 5는 B-WLL시스템을 나타낸 것이다.

(2) 국내 동향

2002년5월 기준 가입자는 KT 941명, SK브로드밴드 34,944명이다.

SK브로드밴드는 2009년까지 B-WLL을 광랜, 100Mbps VDSL, FTTH로 전환할 계획이다. 또 SK브로드밴드는 와이브로 설비 구축시 B-WLL 기지국사를 재활용하여 초기 투자비를 절감한다는 계획이다.

(3) 해외 동향

국외 광대역 무선 접속 시스템은 미국의 LMDS, 및 캐나다의 LMCS, 일본의 FWA등이 전 세계적으로 2001년 현재 상용서비스를 하고 있다. 최초의 주파수 면허를 부여하고 서비스를 시작한 미국의 LMDS를 비롯하여 캐나다의 LMCS, 일본, 한국 등의 서비스 현황을 표 6에 나타내었다.

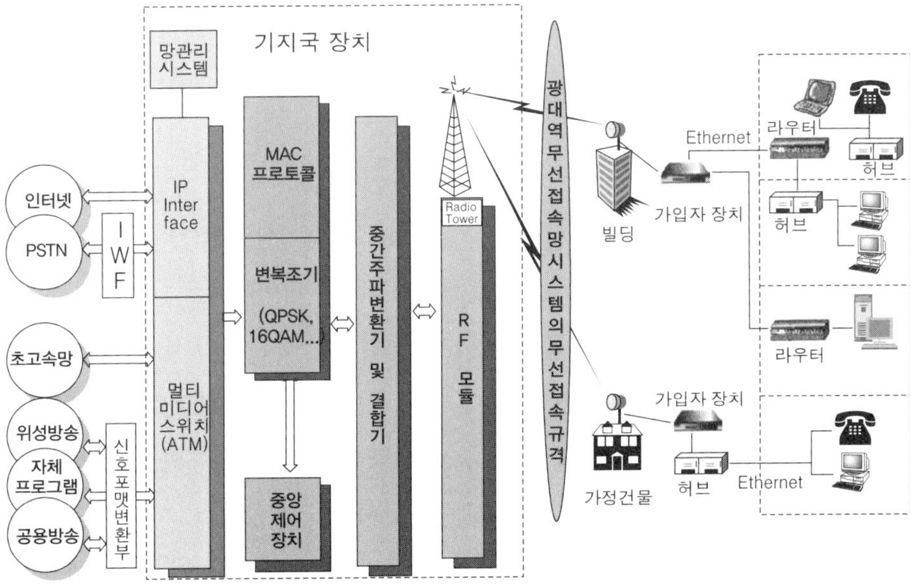

그림 5 B-WLL 시스템

표 6 각국의 광대역 무선접속 시스템 서비스 현황

국가	주파수대역(GHz)	대역폭(MHz)	면허지역	용도	주요 사업사
미국(LMDS)	27.5~28.35 29.10~29.25 31.00~31.30	850 150 300	493BTA	LMDS용 LMDS용	WinStar 등
캐나다(LMCS)	24.25~24.45 25.05~25.25 25.35~28.35 38.2~38.4 38.4~38.6	5×40/40 6×500 14×50+50 4×50	전국	LMDS용 PP,PMP PP 단방향PP	MaxLink 등
일본(FWA)	22.0~22.4 22.6~23.0 25.2~527.0 38.05~38.5 39.05~39.5		동경,나고야, 교토,삿뽀로	PMP,PP	Sony등
한국(B-WLL)	24.25~24.75 25.5~26.7	사업자당 UL150 DL360	서울,부산,제주 등 대도시	PMP	SK브로드밴드, KT

PP : point-to-point, PMP : point-to-multipoint, BTA:basic trading area

2. 무선 LAN

(1) 무선LAN 개요

무선LAN(WLAN : Wireless Local Area Network)이란 실내 또는 실외 환경에서 유선 대신 무선을 이용하여 구축하는 근거리통신네트워크를 의미한다.

무선LAN의 구성은 크게 네트워크 간 통신을 지원하는 일종의 무선 모뎀장치인 무선 LAN카드, 이동통신의 기지국과 같은 역할을 하는 것으로 단말기와 네트워크 간의 통신을 위한 게이트웨이 장치인 액세스포인트(Access Point : AP), 일종의 중계장치인 브리지, 단말의 PCMCIA카드형의 RFNIC카드로 구성된다.

무선LAN이 이용하는 주파수는 세계적으로 무선국 허가나 신고를 하지 않고 ISM(Industrial, Scientific, Medical)대역에서 상호 간섭을 용인하며 공동 사용토록 하고 간섭의 최소화 측면에서 소출력으로 사용하도록 규정하고 있다. ISM밴드란 뜻 그대로 산업용, 과학용, 의료용 전자응용설비를 위해 사용되는 주파수대역을 말한다. ITU-R 규정상 ISM밴드를 사용하는 무선기기는 전파혼신을 용인하는 조건으로 사용할 수 있게 되어있다.

무선LAN에서 사용하는 주파수대역은 2.4GHz대역과 5GHz대역으로 구분된다. 현재 상용화되고 있는 것은 2.4GHz대역으로 주파수 이용범위는 2.4~2.4835GHz이며, 5GHz대역의 제품은 주파수 이용범위는 당초 ISM대역인 5.725~5.825GHz(100MHz)뿐이었으나 일부국가(영국, 미국, 일본 등)를 중심으로 ISM대역의 혼신문제를 덜기 위해 이외에 추가적인 주파수 5.150~5.350GHz, 5.470~5.725GHz를 분배하여 비면허 형태로 이용하고 있다.

우리나라는 5GHz대역에서 소출력 무선 LAN용으로 사용할 수 있는 주파수는 기 분배된 ISM대역, 즉 5.725~5.825GHz대역이 있으며, ITU에서 분배를 검토하고 있는 주파수 5.150~5.350GHz, 5.470~5.725GHz에 대하여는 ITU의 분배여부 및 국제적 추이를 고려하여 세부 이용방안을 결정할 예정으로 있다.

무선LAN의 주파수대역이 2.4GHz대역에서 5GHz대역으로 이동하는 이유는 첫째, 높은 주파수대역으로 이동함으로서 데이터속도를 높이기 위함이고, 둘째로 2.4GHz대역은 전자렌지, 가정용 조리기기, 의료용 설비, 기타무선기기가 공존하기 때문에 혼신의 발생 우려가 계속 높아지기 때문에 혼신의 가능성이 없는 대역을 찾게 된 것이다.

(2) 무선랜의 활용

무선LAN기기의 응용은 학교, 병원, 기업 등에서 내부사용자의 LAN접속을 무선으로 제공하거나 또는 가정이나 SOHO 등의 자가 무선망 구축에 활용하거나 호텔, 공항, 식당, 대학 등 인구밀집도가 높은 공공장소(Hot Spot)를 중심으로 그 시설이용자에게 인터넷 접속 서비스를 제공하기 위한 인터넷 접속망 구축, 그리고 특정건물 또는 지역 간의 데이터 전송 링크망 구축에 활용되고 있다.

또, 무선LAN은 ADSL과 결합하여 무선 댁내망으로도 활용될 계획이다. 무선LAN이 무선 댁내망을 위한 일반적인 솔루션으로 자리 잡게 될 경우 그 시장 잠재력은 공중 무선 LAN을 훨씬 넘어설 것으로 전망된다.

이와 같이 무선LAN은 유선LAN의 대체라는 기존개념을 넘어 공중망과 무선 댁내망 등으로 그 영역을 확대하기 시작하였으며, 궁극적으로는 이동통신망과의 연동 및 통합을 통해 무선LAN서비스가 제공되는 Hot Spot에서는 보다 고속의 무선LAN서비스를 이용하고 그 지역을 벗어나게 되면 자동적으로 전국적인 커버리지를 갖는 이동통신망에 접속하는 형태로 발전될 전망이다. 이에 따라 이용자는 하나의 단말을 가지고 가정, 사무실, 학교, 호텔, 공항 등 장소에 관계없이 고속의 무선 인터넷서비스를 이용할 수 있게 될 것이다.

일반적으로 무선랜은 그림 6과 같이 단말기 사이를 직접 연결하는 ad-hoc 망과 AP(Access point)를 통한 망 구축이 가능하다.

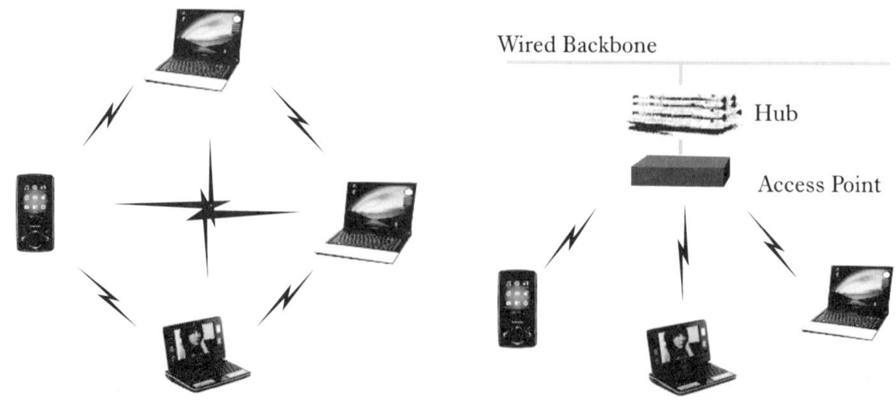

(a)ad-hoc LAN (b) AP접속형 LAN

그림 6 무선LAN

(3) 무선랜의 전송방식

무선랜에서는 전송방식으로 OFDM기술을 사용한다.

다중경로 페이딩을 갖는 무선통신 채널에서 고속 데이터 전송시 단일 반송파 전송방식을 사용하게 되면 심볼간 간섭이 더욱 심해지기 때문에 수신단의 복잡도가 크게 증가하는 반면, 다중 반송파(multicarrier)방식의 경우에는 데이터 전송속도를 그대로 유지하면서 각 부반송파에서의 심볼 주기를 부반송파의 수만큼 확장시킬 수 있기 때문에 하나의 탭을 갖는 간단한 등화기로 다중경로에 의한 심각한 주파수 선택적 페이딩채널을 잘 대처할 수 있다. OFDM방식에서는 상호 직교성을 갖는 복수의 반송파를 사용하므로 기존의 주파수 분할 다중화 방식에 비해 대역폭 효율이 높아지고, 송수신단에서 이러한 복수의 반송파를 변 · 복조하는 과정은 각각 IFFT와 FFT를 사용하여 고속으로 구현할 수 있다.

단일반송파와 다중반송파의 변복조기술 비교를 표 7에 나타내었다.

표 7 단일반송파와 다중반송파의 변복조기술 비교

파라미터	단일반송파	다중반송파(OFDM)
PAPR	일정(GMSK)~7dB(QAM-64)	〉12dB
위상잡음 요구조건	적절	〉10times stringent than SC
전력증폭기의 비선형특성으로 인한 열화	1dB(GMSK)~4dB(QAM-64)	〉7dB

스펙트럼 효율	GMSK는 적절하며 64-QAM은 높음	높음
Power efficiency	GMSK는 우수하며 QAM 계열은 적절	열악
주파수 선택성 페이딩에 대한 내구성	GMSK는 적절하며 QAM은 높음	우수함 우수함
등화기	비 가시영역인 경우 복잡함	간단함
구현비용	Baseband 부분이 높음	RF부분이 높음

(4) 무선랜의 표준화 동향

무선랜은 미국의 IEEE 802.11 WG와 유럽의 ETSI가 표준을 주도하여 왔다. IEEE 802.11 WG는 1997년 IEEE 802.11 규격을 확정하였으며, 1999년 9월에는 동 기술을 확장하여 2.4GHz대역에서 최대 11Mbps까지 전송할 수 있는 IEEE 802.11b와 5GHz대역에서 최대 54Mbps까지 전송 가능한 IEEE 802.11a규격을 추가로 확정하였다. IEEE 802.11g.는 2002년에 규격이 확성되있다. 현재는 IEEE 802.11a와 IEEE 802.11g기술이 주로 사용되고 있다.

ETSI는 5GHz대역에서 최대 54Mbps까지 전송 가능한 HiPERLAN/2에 대한 표준화를 2000년 4월 완료하였다.

1) IEEE 820.11

산업, 과학, 의료용인 ISM대역의 2.4GHz대역을 이용하고 하나의 MAC계층과 3가지의 물리계층 기술로 구성되어 있다. 물리계층 기술은 주파수호핑(FHSS), 직접시퀀스대역확산(DSSS), 적외선 통신 기술 등이며 전송속도는 1~2Mbps를 지원하다. 이 중에서 DSSS방식은 802.11b에 반영되었다. 변조방식은 PSK이다. 제품사이에 호환성이 부족하여 널리 사용되지는 않았다.

2) IEEE 820.11b

DSSS방식이 FHSS방식에 비하여 다중경로채널 환경에서 강하기 때문에 DSSS가

IEEE 802.11b로 발전할 수 있었고, IEEE 802.11b주파수대역 역시 DSSS와 정확히 같은 대역을 사용하고 있다.

IEEE 802.11b는 CCK(complimentary code keying)라는 변조방식을 사용한다. 선택모드로 PBCC(packet binary convolution code)-11을 사용하는데 이 방식은 구속장이 7이고 부호율이 1/2인 길쌈부호기와 QPSK 변조방식을 사용한다.

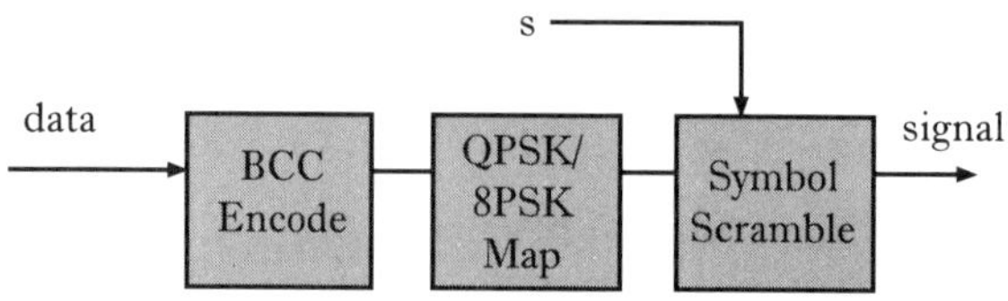

그림 7 PBCC 송신부 구조

3) IEEE 802.11a

IEEE 802.11a는 OFDM변조방식을 사용하는 것을 가장 큰 특징으로 한다. OFDM은 넓은 대역의 단일 반송파 대신 상호 중첩된 좁은 대역의 여러 부반송파를 병렬로 보내는 다중반송파 변조방식으로 주파수 선택적 페이딩 채널에서도 좁은 대역의 각 부채널은 flat fading특성을 갖게 된다는 사실에 기반한 방식이다.

6Mbps부터 최대 54Mbps의 가변 데이터 전송률을 지원하며, 전송 속도 중 6, 12, 24Mbps는 필수규격이고, 그 나머지 속도(9, 18, 36, 48, 54Mbps)는 선택규격이다. 데이터 전송속도에 따라 BPSK, QPSK, 16-QAM, 64-QAM 중 하나의 부반송파 변조방식이 이용되며, 또한 오류정정부호의 부호율 역시 1/2, 3/4, 2/3 중 하나가 선택된다.

표 8 IEEE 802.11a 물리계층 파라메터

반송주파수	5.150-5.350, 5.725-5.825 GHz							
전송률(Mbps)	6	9	12	18	24	36	48	54
변조방식	BPSK		QPSK		16-QAM		64-QAM	
채널부호화 (convolutional code)	1/2	3/4	1/2	3/4	1/2	3/4	2/3	3/4
부반송파의 수	52(64-point FFT, 4 pilot carriers)							

OFDM 심볼폭	4 μs
cyclic prefix duration	0.8μs
대역폭	16.6MHz
채널간격(클럭속도)	20MHz

4) IEEE 802.11g

IEEE 802.11g는 기존의 802.11b의 필수 모드를 반드시 포함해야 하고 802.11b의 선택사항인 short preamble모드를 지원해야 한다. 그리고 802.11b의 채널 파라미터를 사용하면서 802.11a OFDM방식의 모든 필수 모드를 지원하는 것을 필수로 하고 있다. 선택모드로는 CCK-OFDM과 PBCC(packet binary convolution code)-22, PBCC-33이 있다.

PBCC-22방식은 PBCC-11을 확장한 방식으로 256상태, 부호율 2/3의 이진 길쌈부호기와 8-PSK변조방식을 사용한다.

802.11g의 클럭속도는 802.11a의 20MHz에서 22MHz로 증가하였고 이로 인해 데이터속도와 대역폭이 802.11a에 비해 10% 증가한다.

5) HIPERLAN/2

ETSI는 2000년 5GHz 대역 무선랜인 HIPERLAN/2를 위한 대부분의 규격에 대한 표준화를 완료하였으며 그 후 IEEE 1394 브리지 규격 등에 대한 추가적인 표준화를 진행해 왔다. HIPERLAN/2는 CSMA/CA를 기반으로 한 IEEE 802.11과 달리 데이터교환을 위한 연결을 미리 설정해 두는 연결지향방식이며, 다중접속방식으로는 TDD/TDMA를 사용한다. 따라서 IEEE 802.11에 비해 QoS의 지원이 대단히 용이하다는 장점이 있다.

표 9 무선랜 표준 현황

구분	IEEE 표준			ETSI
	802.11b	802.11g	802.11a	HIPERLAN2
주파수대역(GHz)	2.4~2.4835	2.4~2.4835	5.150~5.250 5.725~5.825 5.250~5.350	5.150~5.350 5.470~5.725
최고속도(Mbps)	11	22~54	6~54	6~54
전송방식	단일반송파	OFDM, CCK-OFDM	OFDM	OFDM
변조방식*	DSSS,CCK PBCC	DSSS,CCK, PBCC,	16,64-QAM BPSK,QPSK	16,64-QAM BPSK,QPSK
액세스방식	CSMA/CA	CSMA/CA	CSMA/CA	TDMA/TDD
승인시기	1999	2002	1999	2000
채널크기(대역폭)	22MHz	22MHz	20MHz	
채널수	13(overlapped)	13(overlapped)	4	

*데이터율에 따라서 변조방식이 달라짐

표 10 IEEE802.11 변조방식

		802.11a		802.11b		802.11g	
주파수(GHz)		5.2		2.4			
데이터율 (Mbps)	반송파	변조 방식					
		필수	선택	필수	선택	필수	선택
1	단일			DSSS		DSSS	
2	단일			DSSS		DSSS	
5.5	단일			CCK	PBCC	CCK	PBCC
6	다중	OFDM				OFDM	CCK-OFDM
9	다중		OFDM				OFDM,CCK-OFDM
11	단일			CCK	PBCC	CCK	PBCC
12	다중	OFDM				OFDM	CCK-OFDM
16	다중		OFDM				OFDM,CCK-OFDM

22	단일						PBCC
24	다중	OFDM				OFDM	CCK-OFDM
33	다중						PBCC
36	다중		OFDM				OFDM,CCK-OFDM
48	다중		OFDM				OFDM,CCK-OFDM
54	다중		OFDM				OFDM,CCK-OFDM

6) 802.11n

초고속 무선랜은 반경 100m 내외 지역에서 270~600Mbps의 전송속도를 제공하며 노트북PC, PDA 등의 단말기를 사용해 무선으로 초고속 멀티미디어 서비스뿐만 아니라 셀룰러폰에 무선랜 칩을 탑재하여 휴대인터넷 및 VoIP서비스를 제공한다.

IEEE 802.11n은 270~600Mbps급의 차세대 고속 무선랜의 표준으로서 2008년 3월 현재 표준화작업이 진행 중이다.

IEEE 802.11n 표준에는 무신통신의 다양한 기술들이 표준으로 채택될 전망이다. 논의되고 있는 기술들로는 물리계층에서의 다중안테나(MIMO)의 사용, 송신빔 형성, 듀얼밴드 그리고 LDPC(low density parity check) 등의 기술과 MAC계층에서의 집합전송, 블록전송, 링크적응기법 등의 채택이 논의되고 있다.

2006년 3월 발표된 802.11n draft 표준안은 표 11과 같다.

표 11 802.11a/g 와 802.11n(안)의 비교

전송방식	802.11a/g	802.11n	
		필수	선택
최대전송속도(Mbps)	54	130	600
대역폭(MHz)	20	20	40
부반송파수 (데이터+pilot)	52 (48+4)	56 (52+4)	114 (108+6)
11a/g호환성		보장	

multi antenna 기법	Single antenna	2Tx MIMO	3,4 Tx MIMO Tx BF, STBC
채널 부호화	길쌈부호 1/2,2/3,3/4	길쌈부호 1/2,2/3,3/4,5/6	LDPC 1/2,2/3,3/4,5/6
변조	BPSK, QPSK, 16QAM, 64QAM		
Spatial stream수	1	1~2	1~4
Guard Interval(ns)	800	800	400

- STBC(space time block codes) : 다중 송신 안테나에서 같은 데이터를 전송하여 전송 다이버시티 효과로 수신 신호대 잡음비를 향상시키는 기술
- Tx BF(beamforming) : 수신단에서 각 전송된 spatial stream의 수신 에너지를 최대화하여 수신 신호대 잡음비를 향상시키기 위한 기술

(5) 국내 동향

무선랜 규격에는 1~14번까지 14개의 채널이 있으며 국가별로 사용할 수 있는 채널은 다를 수 있다. 우리나라와 대부분의 유럽 국가는 1~13번 채널을 사용하고 있다. 북미는 1~11번, 일본은 1~14번을 사용한다.

하지만 서로 전파가 충첩될 수 있는 좁은 공간에서 여러 대의 AP(access point)를 설치하는 경우(여러 개의 무선 네트워크가 존재하는 경우) 각각의 AP채널은 4개 채널 이상 이격시켜야 서로간의 간섭을 최소화할 수 있다. 즉 4대의 AP를 설치할 경우 채널을 각각 1, 5, 9, 13으로 설정하는 것이 최적의 상태로 무선랜을 사용할 수 있다(정통부 권고안에서도 1,5,8,13 채널만 사용하도록 권장하고 있다.)

각 채널의 주파수 간격은 5MHz이고 국내에서 사용할 수 있는 채널과 중심주파수는 표 12와 같다.

표 12 채널 및 중심주파수

채널	중심주파수(MHz)
1	2412
2	2417
3	2422
4	2427
5	2432
6	2437
7	2442
8	2447
9	2452
10	2457
11	2462
12	2467
13	2469

그런데 무선랜 통신시 사용되는 주파수범위(대역폭)는 전후 합해서 20MHz 정도이다. 그래서 4개 채널을 이격시켜야 셀반경(무선네트워크 통신 범위)이 중첩되더라도 간섭 없이 통신할 수 있다.

2004년 12월 정통부에서 무선랜 주파수로 5GHz대를 분배하였다. 5150~5350MHz(200MHz), 5470~5650(180MHz) 범위의 주파수로 총 380MHz이다. 이는 세계전파통신회의(WRC)가 2003년 회의에서 5GHz 대역에서 총 450MHz를 무선랜 대역으로 지정한데 따른 것이다.

정통부는 5GHz 대역의 주파수 용도를 무선랜으로 한정하지 않고 광의의 개념으로 '무선랜을 포함한 이동용' 으로 확대 적용하기로 했다. 이는 5GHz 대역은 무선랜 용도로 사용할 수도 있고 홈네트워크용으로 사용할 수도 있다는 의미이다.

또한 정통부는 당초 사업용과 민수용으로 구분해 분배하려던 방침을 철회하고 모두 민

수용으로 분배키로 결정, 누구나 주파수를 이용해 사업을 할 수 있도록 했다.

KT '네스팟' 은 802.11b/g를 사용하고 있다.

KT의 '네스팟' 이 2002년 상용서비스를 시작했고 뒤를 이어 SK브로드밴드의 '하나포스윙', LG데이콤의 '에어랜' 이 상용서비스를 시작하였으며 SK텔레콤이 시험서비스를 시작했다. 현재 무선랜 초고속인터넷의 최대 전송속도는 100Mbps이다. 가입자수는 KT가 2004년 말 60만 명이었으나 2008년 6월 현재 45만 명이고 SK브로드밴드는 현재 8만2000명이다.

와이브로, HSDPA 휴대인터넷 등 새로운 무선인터넷이 등장함에 따라 KT나 SK브로드밴드는 신규 투자를 중단했고 LG데이콤은 2007년 가정용은 중단하고 기업용만 계속하고 있으며 SK텔레콤은 2002년부터 대학 등 39개 지역에 서비스를 무료로 시험 제공해 왔으나 2008년 8월 20일자로 서비스를 중단하기로 결정했다.

와이브로, HSDPA 휴대인터넷이 활성화되면 통신회사의 무선랜 초고속인터넷 서비스는 자취를 감출 것으로 전망된다.

표 13 국내 무선LAN 초고속인터넷 현황

구분		KT	SK브로드밴드	LG데이콤	SK텔레콤
서비스시기		2002.2(상용)	2002.2(상용)	2002.2(상용)	2002년(시험)
초기제공지역		72개HotSpot	100개HotSpot	21개HotSpot	19개HotSpot
초기 요금		3~6만원	3~6만원		
핫스팟	2004년	1,200개	350		30
	2008년	12,000개	1,500	중단	39
가입자수(2008.6)		45만 명	8만2천 명		2008.8.20중단

4 인터넷전화(VoIP)

1. 개요

VoIP기술은 음성과 데이터를 IP기술을 이용하여 패킷형태로 통합하여 실시간으로 전송하는 기술을 말하며 최근에는 영상정보까지 통합 전송하는 형태로 발전하고 있다.

VoIP기술을 실현하기 위한 VoIP시스템은 인터넷에서는 물론이며 PSTN망과 연동하도록 구성이 된다. VoIP망은 ITU-T 및 IETF 등에서 표준화하고 있는 H.323, SIP, MGCP의 VoIP프로토콜들이 포함되어 구성된다.

2. VoIP 시스템

그림 8과 같은 VoIP망에서 동작되는 VoIP구현방식은 3가지로 구분된다. PC to PC 방식은 말하는 사람의 PC프로그램에서 마이크를 통해 들어온 음성신호를 디지털화하고 이를 압축하여 H.323, SIP, RTP/RTCP 등의 프로토콜을 이용하여 패킷화된 음성을 인터넷을 통해 듣는 사람의 PC로 보내며, 상대방의 PC는 수신된 압축된 음성 패킷을 풀고 디지털화된 것을 음성신호로 바꾸어 스피커를 통해 송신자의 음성이 복원되는 방식이다. 두 번째로 PC to Phone 방식이 있다. PC에서는 Gateway를 통해 전화망으로 연결되어 전화기를 연결하여 통화가 이루어지도록 한다. 마지막 Phone to Phone 방식은 PSTN-IP-PSTN 순으로 연결이 되어 전화통화가 가능하도록 하는 방식이다.

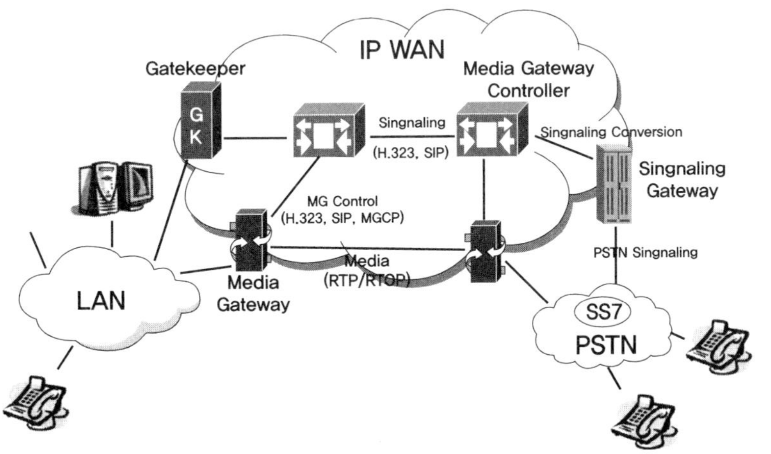

그림 8 VoIP 시스템 구성망

(1) SIP 프로토콜

SIP(Session Initiation Protocol) 프로토콜은 인터넷 환경에서 멀티미디어 세션의 개설, 변경, 종료 등을 수행하기 위해 개발되었다.

SIP프로토콜은 ITEF에서 1999년 3월에 RFC-2543으로 표준화가 이루어진 이후에 계속적인 변경을 거듭하여, 2001년 12월 IETF 52 Meeting이후 2002년 1월에 RFC-2543bis06, 2002년 2월에 RFC-2543bis07이 제정되었다.

SIP프로토콜의 특징은 응용계층 프로토콜이며, TCP, UDP 모두를 지원하고, 1개 또는 2개 이상의 세션을 제어할 수 있으며 HTTP와 유사한 TEXT기반 프로토콜이다.

SIP은 어플리케이션 레이어 제어(application-layer control)프로토콜로서 호스트간 또는 단말간에 VoIP를 위한 호설정 뿐만 아니라 다양한 서비스의 제어용 프로토콜이다. ITU-T의 H.323에 비해 간단하며 확장성이 뛰어나다.

(2) MGCP(Media Gateway Control Protocol)

네트워크 상의 각각의 미디어 게이트웨이를 외부에서 제어하기 위한 프로토콜로서 1999년 IETF에서 정의하였다.

(3) MEGACO(Media Gateway Control)

MEGACO는 IETF의 워킹그룹으로 VoIP서비스를 위한 네트워크 구성에서 미디어 게이트웨이(Media Gateway)를 외부요소인 MGC(media gateway controller)로 제어할 수 있는 프로토콜을 표준화하는 그룹이다.

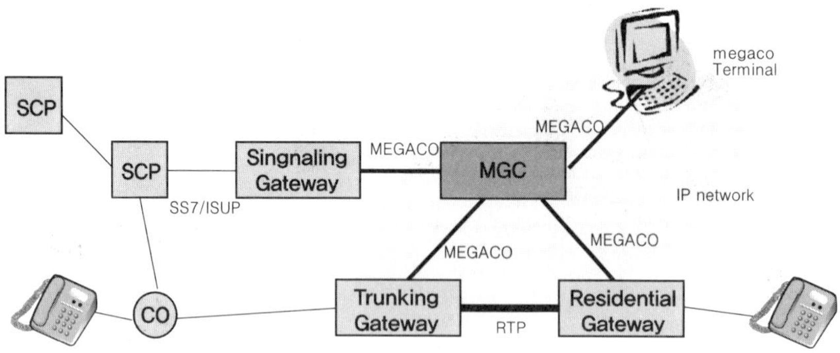

그림 9 MEGACO 시스템 구조

미디어 케이트웨이는 전화회선에서 전달되는 정보와 인터넷에서 전달되는 데이터 패킷들을 상호 변환해 주는 네트워크 요소이다. 미디어 게이트웨이는 Trunking gateways, Access gateways, Network Access Servers 등이 될 수 있다.

(4) ENUM(telephony number mapping)

전화번호를 인터넷주소체계로 변환하는 프로토콜이다. 유/무선 전화 PC 등 단말의 종류에 관계없이 실시간 양방향 통신이 가능하게 한다.

(5) 호처리 언어(CPL:call process language)

인터넷 전화 서비스를 기술하고 제어할 수 있는 툴. 즉 인터넷전화서비스의 부가서비스 예를 들면 호 전환, 무응답 혹은 통화 중 착신 전환, 호 예약, 통화 중 대기, 회의 기능, 그룹 혹은 개별 당겨 받기 서비스 등을 사용자가 선택 · 기술 · 등록하여 자신이 수신하는 호를 제어할 수 있도록 하는 도구이다. 초기에는 웹기반 혹은 자바 기반의 호 처리 언어에서 좀 더 손쉬운 에디팅 인터페이스를 제공하고 여러 종류의 수송계층 프로토콜 사용이 가능하며 처리시간이 비교적 빠른 XML기반의 호처리 언어가 탄생하게 되었다.

3. 표준화 동향

2002년 현재 인터넷 전화서비스를 위한 국제표준으로 ITU-T의 H.323과 IETF의 SIP표준이 있다. H.323은 ITU-T에서 1996년에 제정하였고 LAN상에서 실시간 음성/데이터/영상 전송을 목적으로 만들어 졌다. 그러나 프로토콜이 복잡하고 구현하기 어려워서 확장성이 떨어지는 단점을 보여 향후 SIP프로토콜에 밀려 사라질 것으로 예상된다. SIP은 IETF에서 1999년에 인터넷상에서 멀티미디어 서비스 지원을 목적으로 제정한 프로토콜로서 인터넷에서 유연하면서 확장성도 우수하여 차세대 프로토콜로 주목받고 있다.

국내에서는 2000년 4월 정보통신부의 정책적 지원 아래 한국전자통신연구원이 구심점이 되어 VoIP기술에 대한 산학연 관련 기관의 협력체제 구축 및 표준화 활동을 목표로 '인터넷 텔레포니 포럼(VoIP Forum)' 이 창립되어 현재 활동하고 있다.

4. 인터넷전화의 특징

① 요금이 저렴하다.

가입자끼리는 통화요금이 무료이다. 또, 시내전화요금은 기존 집전화와 비슷하지만 전국 단일 요금제가 적용돼 시외전화도 시내요금만 내면 된다.

② 다양한 부가서비스를 제공한다.

휴대폰처럼 발신번호 표시, 통화연결음, 문자메시지(SMS), 전화번호부 등이 가능하다. 또, 별도 데이터 통화료 없이 뉴스, 날씨, 증권정보 검색, 메일송수신, 쇼핑 등 인터넷 기반 서비스를 이용할 수 있다.

③ 가입하면 070으로 시작하는 새 번호를 받는다. 하지만 '기존번호서비스' 에 가입하면 쓰던 전화번호로 걸려오는 전화를 받을 수 있다.

2008년 '번호이동성제도' 가 실시되면 번호 이동 없이 쓰던 번호 그대로 인터넷전화로 바꿀 수 있게 된다.

④ 인터넷전화는 집에서만 쓰는 전화가 아니다. 초고속인터넷이 설치된 곳이면 어디서든 집전화처럼 사용할 수 있다. 출장중이나 휴가 중에도 인터넷전화기를 갖고 다니면서 근거리통신망(LAN)이 있는 곳이면 어디서나 꽂아 쓸 수 있다.

⑤ 무선 인터넷 전화기도 있다. 무선 와이파이(WiFi)폰을 이용, 무선 AP가 설치된 도서관 등지에서도 단말기만 있으면 접속해 쓸 수 있다.

⑥ 인터넷전화는 지역 구분 없고 시내외 단일 요금제를 적용한다.

⑦ 인터넷전화는 시내전화와 달리 위치확인이 불가능해 119 등 긴급통신이나 정전시 통화가 가능하지 않다. 2008년 상반기 중 긴급통화를 할 수 있게 된다.

⑧ 기존 전화기를 그대로 둔 채 인터넷전화용 모뎀만 달면 서비스를 이용할 수 있다. 인터넷전화구입비는 5만~10만 원선이다.

5. 인터넷전화 방식

(1) 하드폰

전용전화기를 꽂아 쓰는 방식으로 LG데이콤의 'myLG070', 삼성네트웍스의 '삼성와이즈070' 등이 있다.

myLG070 같은 하드폰의 경우 국내에서 가입한 인터넷전화기를 해외로 가지고 나가서 인터넷선에 연결해 쓰면 국내요금으로 한국과 통화할 수 있다.

(2) 소프트폰

PC에 소프트웨어를 깔아 쓰는 방식으로 스카이프, 네이버폰, 네이트폰 등이 있다.

• 표 14 전화 유형별 3분당 통화 요금 비교 (2008.4.18)

구분	인터넷전화(myLG070)	집전화(KT)	이동전화(SK텔레콤)
시내통화	38원	39	324
시외통화	38	261	324
이동전화로 걸때	210.6	261	324
국제통화	150	846	1170

6. 국내 동향

인터넷전화는 1998년부터 KT를 비롯한 기간통신사업자는 물론 많은 별정통신사업자가 틈새시장 공략 및 시장 방어를 위해 서비스를 시작하였다.

인터넷전화는 기업용과 가정용(인터넷 집전화)으로 구분되며 기업용이 먼저 출시되었고 가정용은 2007년 6월 LG데이콤의 'my LG070'이 기간통신사업자 최초로 출시되었다.

인터넷전화 서비스에는 기본서비스와 기본서비스의 호처리 기능을 이용한 부가서비스가 있다. 인터넷전화는 전화번호를 부여받아 착 · 발신이 가능한 '070' 서비스와 발신만 가능한 '발신용' 서비스가 있다.

인터넷전화 서비스 사업자 유형은 기간통신사업자와 별정통신사업자로 구분된다. 기간통신사업자는 전기통신회선설비를 설치하고 이를 이용하여 인터넷전화 기간통신역무를 제공하는 사업자로서 KT, SK브로드밴드, LG데이콤, SK텔링크, SK네트웍스, 온세텔레콤, 드림라인, 세종텔레콤, KCT 등이다. 별정통신사업자는 별정1호와 별정2호로 구분되며 별정1호는 자체교환설비를 보유하고 기간통신사업자의 전기통신회선설비를 이용하여 인터넷전화 기간통신역무를 제공하는 사업자이고 별정2호는 기간통신사업자의 전기통신회선설비 뿐만 아니라 교환설비 등도 이용하여 인터넷전화 역무를 제공하는 사업자이다. 070번호를 직접 부여 받은 별정통신사업자로는 삼성네트웍스, 애니유저넷, 새롬리더스, 무한넷코리아, 한화S&C 등 5개 사업자가 있다.

국내 인터넷전화 가입자수는 2006년 기준 88만 명이다.

표 15 국내 인터넷전화 가입자수(2006년 기준)

	합계		
	070	발신용	계
하드 폰	87,887	83,223	171,110
소프트 폰	12,677	696,810	709.487
계	100,564	780,033	880,597

(1) KT

2007년 12월 2일 KT는 '광대역 멀티 코덱(G.729.1)' 을 인터넷전화 단말기에 탑재해 네트워크에서 성능을 확인하는 등 상용화를 위한 시범서비스를 시작해서 2008년 가정용 인터넷전화 상용서비스를 시작했다. 이 기술은 원천기술 확보를 위한 정보통신부 계획에 따라 한국전자통신연구원과 홈네트워크산업협회 소속 KT, 에세텔, 온넷기술, 넷코덱 등이 공동 개발한 것으로 2006년 5월 국제표준으로 채택됐다.

이 기술은 300~3400Hz인 통화대역을 50~7000Hz로 넓혀 자연음에 가까운 통화가 가능하게 하고 통화량이 많아 인터넷에 과부하가 걸릴 때는 전송률을 조절해 통화품질을 유지한다.

KT는 2008년 8월 경쟁업체의 VoIP에 대응하는 새로운 개념의 인터넷전화 SoIP(service over IP)를 출시한다.

SoIP

- 영상전화를 기본으로 생활정보, 어학강좌, 오락, 뱅킹, 생활기반서비스를 제공
- 홈ATM서비스 : 은행의 ATM기기와 같은 계좌이체, 내역조회 등의 금융서비스 가능. 영상형 인터넷전화기와 전용카드리더기가 필요.
- 와이파이(WiFi) 방식에서의 통화품질 저하와 배터리 발열 문제를 해결하기 위해 1.7GHz의 주파수 대역을 활용한 DCP(digital cordless phone)방식으로 설계

상품에는 기업용으로 'Biz'가 있고 개인용으로는 하드폰인 '인터넷전화home'과 소프트폰인 '인터넷전화 메신저폰'이 있다.

표 16 KT 인터넷전화 'home'의 부가서비스

구 분	내 용	요 금
발신번호 표시(CID)	통화개시 전 수신된 전화번호의 확인이 가능한 서비스	1,000원/월
착신통화전환	수신전화를 지정 번호로 전환하는 서비스	무료
통화중 대기	착신전화가 통화 중일 때 걸려온 전화를 수신하는 서비스	무료
부재중 안내	발신자에게 부재중으로 인해 전화를 받을 수 없음을 안내하는 서비스	무료
3인 통화	발신자가 두명의 착신자를 호출하여 동시에 통화할 수 있는 서비스	무료
링고 통화연결음 Home	발신자가 이용고객에게 전화를 걸었을 때 단순한 통화연결음 대신 음악 등 다양한 소리를 들려주는 서비스	1,000원/월

	통화연결음 Biz	발신자가 이용고객에게 전화를 걸었을 때 단순한 통화연결음 대신에 다양한 소리(기업광고, 홍보 등)를 들려주는 서비스	2,200원/월
	음원이용료 (ARS/WEB)	고객이 ARS 또는 Web을 통해 음원을 선택하는 경우 건당 이용료	700원/건
	통화연결음 실속정액형	KT가 제공하는 음원풀 내에서 고객이 음원을 선택하여 사용하는 링고의 요금 정액형 서비스	1,000원/월
SMS	유선전화	인터넷전화기(IP폰)에서 유선전화(070포함)로 단문 메시지 전송 서비스	10원/건
	이동전화	인터넷전화기(IP폰)에서 이동전화로 단문 메시지 전송 서비스	15원/건
	SMS 착신전환	수신될 SMS 메시지를 자신이 지정한 이동 전화로 착신 전환하는 서비스	-유선: 10원/건 -무선: 15원/건
	등기SMS	상대방의 SMS 수신여부를 송신자에게 SMS로 전송해주는 서비스	※등기 SMS 정액형: 500원/월
	부재중안내 SMS	부재중 걸려온 발신전화번호를 SMS로 착신자에게 통보하여 주는 서비스	
수신자부담 통화		지능망 1541에 호접속하여 사용	-070 → 시내/외 : 155원/180초 -070 → 이동전화 : 237원/90초
선불카드 통화		지능망 161에 호접속하여 사용	137.4초 이용 /유니트(50원)
발신번호 제한		고객이 지정한 번호로만 발신이 가능하도록 하는 서비스	무료
Call Type 제한		국제전화, 이동통신, 060 등에 대한 발신 제한 서비스	무료
지정번호착신금지		SPAM 방지 등을 위하여 특정번호의 착신을 제한하는 서비스	500원/월
MMS	텍스트	80Byte 초과 2,000Byte 이하의 문자 메시지를 전송하는 서비스	30원/건
	이미지(사진/그림)	이미지(사진/그림)를 전송하는 서비스	100원/건
	동영상/배경음악	동영상/배경음악을 전송하는 서비스	200원/건
	이미지+동영상	이미지와 동영상을 동시에 전송하는 서비스	200원/건
	이미지+배경음악	이미지와 배경음악을 동시에 전송하는 서비스	200원/건

	동영상+배경음악	동영상과 배경음악을 동시에 전송하는 서비스	200원/건
MMS 컨텐츠	이미지(사진/그림)	이미지 전송시 KT제공 이미지(사진/그림)를 이용하는 서비스	100원/건
이용료	배경음악	배경음악 전송시 KT제공 배경음악을 이용하는 서비스	100원/건
폰꾸	벨소리 다운로드	단말기의 벨소리를 다운로드하는 서비스	500원/건
미기	배경화면 다운로드	단말기의 배경화면을 다운로드하는 서비스	500원/건

(2) SK브로드밴드

1999년 국제 인터넷전화 서비스를 시작으로 2000년 국내외 통신 사업자를 대상으로 VoIP망 개방화 및 네트워크 임대서비스를 제공하였다.

SK브로드밴드는 H.323기반의 VoIP네트워크를 구축하여 VoIP서비스를 실시하였다. 2000년 12월에 안양지역의 CATV초고속인터넷(HFC) 가입자와 서울지역의 기업가입자 대상으로 시범서비스를 실시한 이후 기업용 VoIP전화는 2001년 7월 상용서비스을 제공하고 2002년 4월에는 CATV초고속인터넷 가입자 대상 상용서비스를 시작하였다.

또한 2002년 4월에는 PSTN평생번호와 VoIP 발신기능을 연계한 '하나원 0506' 서비스를 제공하였다. 하나원서비스는 지능망 개인번호인 0506을 VoIP착신번호로 이용하는 Web to Phone 서비스로 유무선전화로 착신이 가능하도록 사용자가 웹상에서 설정을 변경한다. 그러나 2004년 11월 정통부는 인터넷전화 착신번호로 070 국번을 부여한다는 방침을 정한바 있어 통신번호 체계에 혼란을 야기할 우려가 있다는 이유로 하나원0506 상품에 시정명령을 내렸다.

SK브로드밴드는 2008년 8월 주요통신사업자로는 KT,LG데이콤에 이어 가정용 인터넷전화 상품을 출시했다. 브랜드명은 '하나폰인터넷전화' 로서 기존 집전화기를 그대로 쓰면서 인터넷망에 연결해 통화를 할 수 있으며 이 상품은 인터넷신호를 음성신호로 바꿔주는 컨버터(CPG)를 기존 구리전화선(PSTN) 전화기에 연결하기만 하면 된다.

(3) LG데이콤

LG데이콤이 2007년 6월 20일 기간통신사업자로는 처음으로 가정용 인터넷전화 서비스를 시작하였다. 서비스 브랜드는 '마이(my) LG 070' 이다.

'마이(my) LG 070' 은 무선랜(와이파이) 기반의 인터넷전화 서비스로 초고속인터넷을 사용하는 가정에서 무선랜 중계기(AP)를 설치하면 집안에서는 휴대폰처럼 들고 다니며 통화할 수 있다.

LG데이콤은 초기에는 자회사인 LG파워콤의 초고속인터넷 가입자를 대상으로 고객확보에 나섰으나 2007년 9월부터 KT, SK브로드밴드 등 타사 초고속인터넷 이용자를 대상으로 서비스를 확대했다. SK브로드밴드와 케이블TV사업자의 광동축혼합망(HFC)기반 인터넷 이용자도 고객으로 끌어들일 계획이다.

표 17 집전화 요금비교 (2007.6.20) (단위:원)

	LG데이콤	KT	SK브로드밴드
가입비	0	60,000	30,000
기본요금	2,000	5,200	4,500
시내전화(3분)	38	39	39
시외전화(3분)	38	261	250
가입자간	무료	시내외 요금	시내외요금
국제전화(1분)	미국 50 일본 50	미국 282 일본 696	미국 276 일본 672
전화기가격	9만원(부가세별도)		

LG데이콤과 마이크로소프트 온라인 서비스 사업부는 전략적 제휴를 맺고 윈도라이브 메신저 이용자를 대상으로 2007년 12월 시범서비스를 거쳐 2008년 1월부터 소프트폰 방식의 메신저 인터넷전화 상용서비스에 나설 계획이다. 윈도라이브 메신저에서 일반전화와 휴대폰으로 통화할 수 있게 된다.

또 LG데이콤은 수신자부담전화, 그룹통화 등 부가 기능도 제공할 계획이다. 이번 제휴로 윈도라이브 메신저 이용자는 메신저 사용 중 일반전화나 휴대폰, 국제전화를 걸 수 있고 070 전화번호를 부여받으면 걸려오는 전화도 받을 수 있게 된다.

표 18 LG데이콤 인터넷전화 가입자 추이 (단위: 명)

연도	2007.7	2007.8	2007.9	2007.12	2008.7.6	2008.12
가입자수	29,000	53,000	80,000	200,000	800,000	140만(예정)

(4) 삼성네트웍스

삼성네트웍스의 인터넷전화 브랜드는 'Wyz070' 으로 기업용으로 ' Wyz070 Biz' 와 가정용 'Wyz070 Home' 이 있다.

삼성네트웍스는 2007년 10월 1일 삼성전자, SK텔레콤과 손잡고 국내 최초로 휴대폰으로 사용할 수 있는 인터넷전화 '삼성와이즈원폰' 시범서비스에 이어 2008년 1월 25일 상용서비스를 시작했다. 이 서비스는 무선인터넷 접속(무선랜)이 가능한 지역에서는 휴대폰이 인터넷전화로 작동하고, 무선인터넷 연결이 불가능한 곳에서는 3세대 이동 통신용 휴대폰으로 쓸 수 있다. 인터넷전화로 작동시에는 인터넷으로 무료 통화를 하기 때문에 같은 가입자끼리는 통화료를 내지 않는다.

그러나 무선인터넷망에 접속할 수 없는 외부 휴대폰 이용자나 유선전화에 전화를 하면 요금이 부과된다. 물론 이 요금도 인터넷전화 요금이 적용돼 일반통화에 비해 저렴하다. 다만 이 서비스를 이용하려면 삼성전자의 스마트폰인 블랙잭(SCH-M620)이 필요하다.

(5) SK텔링크

케이블TV방송사인 씨앤엠과 손잡고 케이블TV, 초고속인터넷, 인터넷전화를 합친 트리플플레이서비스를 내놓았다(2007.9).

(6) 큐릭스

케이블TV방송사인 큐릭스도 한국 케이블텔레콤(KCT)과 제휴해 '빅박스 070인터넷전화' 상품을 출시했다(2007.9). 이 서비스는 기존에 집에서 쓰던 전화기를 그대로 사용할 수 있다는 것이 장점이다.

(7) 온세텔레콤

2007년 10월 가정용 인터넷전화 사업을 시작하였다.

(8) CJ헬로비전

2008년 1월 7일 '헬로폰(hello phone)'이라는 인터넷전화 서비스를 시작하였다. 부산(중구, 동구, 영도구)과 인천(부평구, 계양구) 지역에서 헬로폰 서비스를 시작하고 4월까지 서울 양천구와 은평구를 비롯한 CJ헬로비전 전 방송권역으로 확대하기로 했다.

7. 해외 동향

유럽이나 미국 등에선 최근(2008.4) 휴대폰으로 사용할 수 있는 모바일 인터넷전화가 인기다.

유럽의 '자자', '프링', '트루폰', 미국의 '기즈모' 등 이미 해외에서는 이동통신망을 이용하는 전문 모바일 인터넷 전화 회사까지 등장했다. 통화료도 10초당 과금하는 기존 방식과 달리 이동통신회사의 데이터서비스에 가입한 사람은 무료로 쓰거나 소액의 정보료만 더 내면 된다. 사용자 입장에서는 휴대폰 하나로 이동전화와 인터넷전화를 함께 쓰며 요금을 크게 줄일 수 있게 된 것이다.

(1) 일본

소프트뱅크 BB의 ADSL서비스 'Yahoo! BB'의 IP전화기능인 ' BB폰 '은 2002년 4월 서비스가 개시되었으며 2003년 10월 약 300만 명의 가입자를 확보하고 있다. 일본의 가입자수는 2006년 말 기준 1375만 명이다.

표 19 일본의 주요 IP전화 사업자

사업자	서비스명	개시시기
소프트뱅크 BB	BB폰	2002.4.
NEC	FUSION IP-Phone for BIGLOBE	2003.3.
NTT Com.(OCN)	OCN.Phone	2003.3

Matsushida	hi-ho전화-C	2003.3.
KDDI(DION)	KDDI-IP전화	2003.4

(2) 미국

미국 인터넷전화는 유무선 통신업체, 케이블TV서비스업체, 순수 인터넷전화업체 등이 경쟁하는 구조로서 미국 인터넷전화 가입자의 71%가 케이블TV서비스업체가 제공하는 인터넷전화 서비스에 가입하고 있다. 미국의 인터넷전화 가입자수는 2006년 기준 935만 명이다.

표 20 미국 케이블TV 서비스업체별 인터넷전화 가입자 수(2006년)

업체	가입자 수(만명)
타임워너(Time Warner)	186
컴캐스트(Comcast)	185
케이블비전(Cablevision)	122

순수 인터넷전화 업체로는 2006년 기준으로 보나지(Vonage)가 222만 명으로 미국 인터넷전화 시장 점유율 23.7%를 나타내고 있다. 그 외에 Verizon VoiceWing, AT&T CallVantage, American Online 등이 8.5%의 시장점유율을 보이고 있다.

문 제 QUESTION

1. ATM교환기에 대해서 설명하시오.
2. xDSL의 정의를 설명하시오.
3. ADSL의 비대칭성에 대해서 설명하시오.
4. ATM기반 ADSL시스템에서 DSLAM의 기능에 대해서 설명하시오.
5. VDSL의 변조방식으로 사용되는 QAM의 장단점을 설명하시오.
6. ADSL과 VDSL을 전송속도와 최대전송거리 면에서 비교 설명하라.
7. IP기반 VDSL망구조에 대해서 설명하시오.
8. HFC망의 정의를 설명하시오.
9. HFC망의 구조에 대해서 설명하시오.
10. HFC망의 장단점을 설명하시오.
11. FTTH의 정의를 설명하시오.
12. FTTH를 AON과 PON으로 나누는 기준에 대해서 설명하시오.
13. PON방식의 특징을 설명하시오.
14. E-PON의 장점을 설명하시오.
15. WDM방식에 대해서 설명하시오.
16. TDM-PON과 비교해서 WDM-PON의 장점에 대해서 설명하시오.
17. 광랜의 정의를 설명하시오.
18. 광대역무선가입자망(B-WLL)에 대해서 설명하시오.
19. 무선랜에서 사용하는 주파수대역에 대해서 설명하시오.
20. 무선랜의 주파수가 2.4GHz에서 5GHz로 이동하는 이유에 대해서 설명하시오.
21. Ad-hoc LAN 의 정의를 설명하시오.

22. 무선랜에서는 다중반송파 전송방식을 많이 사용하는데 단일반송파방식과 비교한 장점을 설명하시오.
23. PBCC방식에 대해서 설명하시오.
24. 무선랜 IEEE 802.11a의 주파수대역 및 최고 전송속도에 대해서 설명하시오.
25. 무선랜 IEEE 802.11n 의 특징을 설명하시오.
26. VoIP기술에 대해서 설명하시오.
27. SIP프로토콜의 특징을 설명하시오.
28. MGCP프로토콜에 대해서 설명하시오.
29. 인터넷전화의 특징을 설명하시오.
30. 인터넷전화 방식의 종류를 들고 간단히 설명하시오.

Information & Communication
of appreciation

CHAPTER 10

유비쿼터스

1 유비쿼터스 개념

1. 정의

1989년 미국 제록스사의 마크 와이저(Mark Weiser)가 '유비쿼터스 컴퓨팅' 이라는 용어를 사용하면서 처음으로 등장한 유비쿼터스(Ubiquitous)는 물이나 공기처럼 시공을 초월해 '언제 어디서나 존재한다' 는 뜻의 라틴어로 사용자가 컴퓨터나 네트워크를 의식하지 않고 장소에 상관없이 자유롭게 네트워크에 접속할 수 있는 환경을 말한다.

2. 유비쿼터스 네트워크

유비쿼터스 환경은 언제 어디서나 사용자가 원하는 다양한 서비스에 접속할 수 있는 것으로 광대역통합망에 기반한 네트워크 환경이다.

단말은 여러 개의 이종망을 끊김 없이 접속할 수 있는 지능형 통합단말이어야 하며 유비쿼터스 컴퓨팅이 지원되는 센서, MEMS, RFID 등이 활용될 것이다. 또한 광대역 멀티미디어 서비스 제공을 위해 서비스 플랫폼은 개방형구조에 기반하여 개인화, 차별화 및 주문화된 서비스의 제공이 가능한 통합서비스 플랫폼이 되어야 한다. 데이터는 품질 및 보안이 보장된 다양한 유무선 네트워크를 통해 전달되어야 한다.

BcN 기반의 유비쿼터스 네트워크 실현을 위해 필요한 몇 가지 요소기술들을 살펴보면

1. 이종망간의 수직연동이 동반되어 서비스 및 네트워크의 단절이 없어야 한다.
2. multi-mode, multi-band 기능 또는 SDR 기능이 탑재된 통합단말이 필요하다.
3. 수평 및 수직 핸드오버가 지원되어야 한다.
4. Context 기반의 서비스가 제공되어야 한다.

유비쿼터스 기본개념을 이행하기 위해서는 주변상황을 감지하는 센서기술이 필요하게 된다. 유비쿼터스 컴퓨팅을 위한 소형화, 지능화, 무선화는 최근의 센서기술개발 동향이다. 지능화는 컴퓨터기술과의 결합에 의해서 센서기능을 대폭적으로 향상시킨 스마트 센서를 가능케 하고 있고, 소형화는 최근의 나노기술, 특히 MEMS기술의 발전과 더불어 기술향상이 이루어지고 있다. 무선화는 UWB무선통신 및 Zigbee 무선통신 등을 이용하여 구현되고 있다.

3. 유비쿼터스 센서 네트워크(USN:Ubiquitous sensor network)

USN은 사람이나 사물에 부착된 태그를 이용해서 정보를 인식하거나 어떤 상황을 센서를 통해서 인식하는 네트워크이다.

정보통신부는 2003년말 IT-839 정책을 발표하고 RFID/USN기술을 BcN 과 IPv6를 포함하여 3대 인프라 중의 하나로 정의하였다. 그 후 RFID기술에 대해서는 많은 연구비와 기금을 투입하여 시범사업을 추진하였지만 IEEE802.15.4 WPAN 프로토콜과 Zigbee프로토콜 정도를 USN에 적용 가능한 프로토콜로 인식할 뿐 USN에 대한 구체적인 아키텍처는 아직 연구 결과가 미비한 상태이다.

1) RFID(Radio Frequency IDentification)

RFID는 무선주파수를 이용해 상품과 사물에 내장된 정보를 먼 거리에서도 읽어내는 기술로서 미래 컴퓨팅 기술인 USN(ubiquitous sensor network)의 기초 기술이다.

전 세계적으로 RFID기술에 대한 관심도가 증가하면서 유통물류분야를 시작으로 국방, 환경, 의료, 항공 등 다양한 분야에 RFID기술을 적용하고 있다. 특히 Wal-Mart와 Tesco와 같은 대형 유통회사를 시작으로 2005년부터 RFID보급이 가시화되고 있으며, 특히 2005년에는 EPCglobal에서 제안한 2세대 RFID(Gen 2)규격이 ISO18000-6 Type C로 국제 규격화되면서 전세계 단일 표준의 RFID규격이 도입되었다.

① RFID 통신 기본 구조

일반적으로 RFID 시스템은 하나의 리더(reader)와 많은 태그들로 이루어진다. RFID 시스템에서 이용되는 수동형 RF태그는 그 능력이 매우 제한적이어서 다른 태그들과 통신을 할 수 없고 단지 리더와만 통신할 수 있다.

일반적으로 RFID시스템의 리더가 태그를 인식하는 과정은, 리더는 모든 태그에게 일단 요청메시지를 브로드캐스트한다. 요청메시지를 받은 태그들은 리더에게 데이터를 전송하게 되는데 이 경우 하나의 리더에 많은 태그들이 데이터를 전송하게 되는 다중접속이 이루어진다.

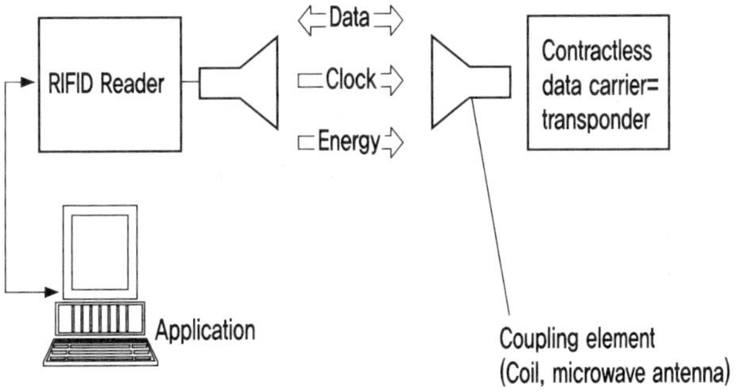

그림 1 기본적인 RFID 시스템

RFID시스템은 무선통신접속방식에 따라 상호유도방식과 전자기파방식으로 나눌 수 있다.

ⓐ 상호유도 방식

- 근거리(1m 이내)
- 코일 안테나 이용
- 수동형태그-태그의 IC칩이 동작하는데 필요한 모든 에너지는 리더기에 의해 공급

ⓑ 전자기파 방식

- 중장거리용
- 고주파안테나 사용
- 능동형태그-태그는 IC칩을 구동하기 위한 충분한 전력을 리더기로부터 공급을 받지 못하므로 추가적인 전지를 포함한다.

② RFID 서비스 네트워크 구조

RFID서비스 네트워크는 RFID코드체계, 태그, 리더, 미들웨어, 검색시스템, 객체정보시스템, 객체이력시스템, 관련 어플리케이션 등으로 구성된다.

ⓐ RFID코드 체계

현재 전 세계적으로 사용되는 RFID코드 체계는 ISO/IEC 15459, ISO/IEC 15963, ISO/IEC 11784(동물코드), ISO/IEC 10374(컨테이너코드), EPC, ucode 등이 있으며 국내에서 도출한 모바일 RFID 코드 등이 있다.

ⓑ 미들웨어

RFID미들웨어란 이기종 RFID환경에서 발생하는 대량의 태그 데이터를 수집, 필터링하여 의미있는 정보로 요약하여 응용시스템에 전달하는 시스템 소프트웨어이다.

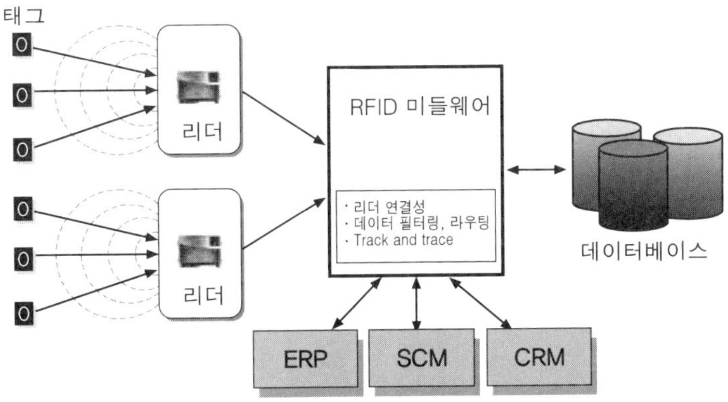

그림 2 RFID미들웨어 구조

ⓒ RFID검색서비스

RFID태그에 삽입된 RFID 코드와 관련된 물품정보가 있는 서버의 위치(URL)를 알려주는 서비스이다.

ⓓ RFID정보서비스

RFID태그가 부착된 물품에 대한 생산자 정보나 이동경로, 속성 및 상태 정보를 저장하여 활용하는 서비스이다.

ⓔ RFID이력서비스

정보추적(traceability)이란 제품의 정보를 추적하는 것이다. 제품의 정보라는 것은 원재료나 부품 정보, 생산자 정보, 물류과정에 관한 정보, 사용내력에 관한 정보 등에 관한 이력정보이다. 전자태그를 데이터 식별자로 이용하여 이러한 이력정보를 수집·축적해 언제든지 조회할 수 있도록 하는 서비스가 이력서비스이다.

③ RFID기술

RFID기술은 각국마다 주파수 대역, 채널 대역폭 및 다중접속 규격이 상이하므로 각국의 실정에 맞는 최선의 RFID규격을 제정하여야 한다. 국내에서는 908.5~914MHz의

5.5MHz의 주파수대역에서 한 채널 당 200kHz의 채널 대역폭을 선정하고 있으므로 상측 보호대역과 하측 보호대역을 빼더라도 27개의 채널이 있으며, 유럽의 LBT(listen before talk)와 미국의 FH(frequency hopping)방식을 병행하여 사용하고 있다.

UHF대역의 RFID특성을 주요 국가별로 살펴보면, 미국은 902~928MHz의 ISM 대역을 RFID주파수대역으로 사용함에 따라 한 채널의 점유대역폭이 500kHz로 50개 이상의 채널을 사용하는데 비해, 유럽의 경우 한 채널의 점유 주파수 대역폭이 200kHz로 제한되어 있으며 총 채널수도 15개이다.

이렇게 상이한 국가별 전파 규격을 만족하기 위해서 Gen2 규격에서는 다양한 코딩방식 및 모뎀방식을 제안하고 있다. 따라서 나라별로 Gen2 규격중 각각의 전파기술 기준에 맞는 규격을 선별적으로 사용하여야 한다.

Gen2규격의 주요 특징은 다양한 세부규격과 선택규격을 가지고 있다는 것과 Dense모드를 적용하는 것이다.

④ RFID 액세스 기술

과거 RFID기술(도서대출/반납 시스템 등)은 13.56MHz의 저주파시스템이 주로 사용되었기 때문에 인식거리가 수 cm에 불과해 간섭이 문제가 되지 않았으나 UHF대역의 RFID가 도입되면서 인식거리가 늘어남에 따라 주파수간섭 문제를 줄이기 위한 다양한 액세스 기법이 제시되고 있다.

표 10 RFID medium access 기술 비교

	reader interference	다중리더태그 interference	장단점	규격화
FH	△	×	-구현용이 -리더간 간섭을 확률적으로 회피	-간섭의 해결 불가능
SDMA	o	o	-고정형 리더에서만 가능	-Deployment Issue
FDMA	o	×	-HW복잡도 증가 -국가별 채널상황 고려필요	-Gen2규격화 (선택)

Beacon	o	o	-Beacon채널필요 -용량에 제한	-pulse protocol (개념만 제안)
TDMA	o	o	-리더간 동기 필요	-colorware -synchronized Gen2 로 일부 규격화
CSMA	o	×		-유럽규격 (LBT)

2 홈 네트워크(디지털홈)

1. 디지털홈의 개요

홈네트워킹이 구축된 미래 가정을 나타내는 용어로는 커넥티드홈(Connected Home), 스마트홈(Smart Home), 그리고 디지털홈(Digital Home) 등이 있다. 이들 각각의 용어는 많은 부분을 공통적인 개념으로 사용하고 있지만 커넥티드홈은 가정 내 디지털기기들의 연결을 강조하고, 스마트홈은 가정 내의 기기들을 로컬 내지 원격에서 제어/관리할 수 있는 홈오토메이션 서비스에 비중을 많이 두고 있다. 그에 비하면 디지털홈은 음악, 사진, 비디오 등 디지털 미디어를 공유하고, 인터넷망과 연계하여 디지털컨텐츠 서비스를 가정에 제공하는데 중심을 두고 있다.

정보통신부에서 제시하는 디지털홈은 "가정 내의 모든 정보 가전기기가 유무선 홈네트워크로 연결되어 누구나 기기, 시간, 장소에 구애받지 않고 다양한 홈 디지털 서비스를 제공받을 수 있는 미래지향적인 가정 환경"을 의미하며 가정의 이용자가 인터넷과 댁내 자원의 공유뿐만 아니라 외부의 복합적인 네트워크 환경을 활용하여 원격교육, 원격진료, 홈오토메이션 및 멀티미디어 서비스 등 다양한 서비스를 제공받는 환경이다.

디지털홈 기술은 기금까지의 초고속인터넷 공유, 파일공유, 그리고 주변장치 공유를 위해 추진되던 단순한 홈 네트워킹이나 스마트홈의 개념을 뛰어 넘어 가정 내의 홈 네트워크 환경과 외부의 서비스 네트환경을 연계하여 보다 고차원의 서비스를 제공하는데 그 목표가 있다.

디지털홈은 홈네트워크기술, 정보가전 기술, 소프트웨어 플랫폼, 솔루션 및 컨텐츠 등 다양한 IT분야의 기술들이 통합된 것이다.

2. 디지털홈 기술

디지털홈은 외부망과 가정을 연결하고 가정 내 다양한 서비스를 관리하여 안전한 유무선 통합 홈네트워크 환경을 제공하는 홈게이트웨이, 홈서버기술 및 디바이스 인증, 접근제어 등의 홈 보안 기술을 포함하는 홈플랫폼이 그 주축이 된다. UTP케이블, 전화선, 전력선, 동축케이블의 매체 위에 Ethernet, HomePNA, HomePlug, IEEE1394 프레임을 송수신하는 유선홈네트워크와 공기를 매체로 하여 WLAN, Bluetooth, UWB, Zigbee프레임을 송수신하는 무선홈네트워크가 서로 조화를 이루어 홈네트워크를 구축하게 된다.

(1) 유선홈네트워킹 기술

① 이더넷

이더넷은 이미 안전성과 신뢰성을 검증을 받은 기술로서 1Gbps까지의 통신속도를 제공하며 홈 네트워크의 기반을 이루고 있다. 2005년 현재 1Gbps전송속도의 IEEE802.3a가 표준화가 완료되어, 이 기술을 이용한 장비가 출시되고 있다. 최근의 신형 PC들이 기본적으로 이더넷을 장착하고 있으며 셋톱박스, PVR, DVD 플레이어, 비디오게임 콘솔, 디지털 오디오 수신기 등에도 이더넷이 탑재된 IP기반 제품들이 출시되고 있다.

② HomePNA

HomePNA(phone-line networking alliance)는 기존의 댁내 전화선로를 이용하여 정보통신 기기들을 연결하므로 허브나 라우터 등의 별도 장비 없이 홈네트워크를 구축할 수 있다는 장점이 있다. 최신 규격인 HomePNA H3.0은 변조방식으로 QAM/FDQAM(frequency diverse QAM)을 사용하며 QoS를 강화시킨 최대 데이터 전송속도 128Mbps이다.

HomePNA는 1998년 6월 AT&T, Hewlett-Packard, Motorola 등에 의해 결성된 단체로서 홈네트워크를 구축할 때 이를 위한 별도의 선로를 설치하지 않고 유선전화에 사용되고 있는 동선선로를 이용하여 방과 거실에 산재되어 있는 댁내PC 등의 장비를 상호 연결하여 인터넷 등 가입자망을 공유할 수 있는 모뎀 기술의 표준화 및 보급을 추진하고 있다. 국내의 ETRI, 삼성전자를 포함하여 154개의 회원사가 가입되어 있다.

③ PLC(power line carrier)

PLC는 전기를 공급하는 전력선을 데이터 전송에 활용하는 것으로 HomePNA 와 동일하게 새로운 배선이 필요 없는 기술이다. 음성과 데이터를 50 혹은 60Hz의 저주파 신호에 고주파 신호를 활용하여 데이터를 실어 나르는 통신기술이다. X-10, CEbus, ANSI/EIA 709.1 등 다양한 통신기술 들이 백색 가전기기에 대한 저속의 제어용 홈네트워크 시장에서 활용되고 있다.

2001년말에는 HomePlug에서 14Mbps의 고속데이터통신이 가능한 규격1.0을 발표하였으며, 2005년 현재는 HDTV 및 SDTV 포함해서 데이터와 멀티스트림 엔터테인먼트 제공에 초점을 둔 차세대 스펙인 HomePlug AV가 개발되고 있다.

이 기술을 이용할 경우의 장점은 다음과 같다.

- 기존의 전력선을 이용하므로 별도의 배선이 필요 없다.
- OFDM을 사용할 경우 최대 200Mbps의 전송 속도를 가진다.
- QoS 및 CoS가 보장된다.
- 각 수용가별로 별도의 인증키가 있어 다른 수용가와 통신이 불가능하기 때문에 보안성이 우수하다.
- 기존 셋톱박스 혹은 xDSL 모뎀과 연결성이 용이하다.
- 설치의 간편성으로 Plug&Play를 지원한다.

2006년 현재 PLC칩을 개발하는 업체들은 주로 중소기업이며, 전 세계적으로 소수의 업체만이 개발에 성공하였다. 주요 고속 PLC첩셋 제조업체로는 미국의 Intellon, 스페인의 DS2, 한국의 Xeline 등이 있다.

(주)젤라인은 국내 전력선통신 표준을 만족하는 24Mbps 및 200Mbps 고속 전력선 통신 칩을 기반으로 다양한 전력선 채널환경 하에서 최적의 통신을 보장하는 전력선 통신 시스템을 제공하고 있다.

④ IEEE 1394

IEEE 1394는 AV기기 간에 대용량의 멀티미디어 데이터 교환을 목적으로 개발되었으며, 최대 63개의 단말기 접속이 가능하다. IEEE 1394a의 경우 4.5m 거리에서 최대 400Mbps까지 그리고 IEEE 1394b는 100m거리에서 최대 3.2Gbps의 전송속도로 통신할 수 있다. 1995년 이후 IEEE 1394 인터페이스를 내장한 디지털카메라, 디지털VCR, 그리고 고용량 데이터 저장장치들이 다수 출시되고 있다.

3. 무선PAN

무선PAN(WPAN : wireless PAN)이란 사람에게 인접해 있는 PC, PDA, 주변기기, 무선전화기, 호출기, 가전제품 등이 상호 통신을 할 수 있도록 무선으로 연결해 주는 근거리 무선접속기술을 말한다.

무선PAN의 표준화는 IEEE 802.15 WG 의 여러 개의 TG(task group)에서 각 용도에 따라 진행 중이다.

(1) 블루투스

블루투스(Bluetooth)는 전자제품 간의 데이터 송수신을 기존 케이블 대신 무선으로 연결해 주는 기술로 10세기 덴마크 부족을 통일한 '헤럴드 블루투스' 왕의 이름에서 따온 말이다. 1998년 5월 에릭슨, 노키아, IBM, 도시바, 인텔 등 5개사가 중심이 되어 Bluetooth SIG(Special Interest Group)라는 컨소시엄을 구성하여 1999년 6월 1차 포럼에서 '블루투스 1.0' 규격을 정하였다. 1999년 12월에는 업그레이드된 Bluetooth Specification ver.1.0B가 제정되었으며 2001년 2월에는 기존의 사양 내용을 보다 명확히 하고 piconet의 개념을 확실하게 정립한 Bluetooth Specification ver.1.1이 발표되었다. 2007년 현재 Bluetooth SIG 컨소시엄의 회원수는 1천여 개가 넘고 있다.

1) 블루투스 기술

블루투스 기술은 2.4GHz의 비면허 ISM대역을 사용함으로써 무선사용 규제에 대한 법적인 제한이 없으며, GFSK(Gaussian FSK)방식을 이용하여 최대 1Mbps(블루투스2.0

은 10Mbps)의 전송속도를 지원하고 음성통신과 대칭 및 비대칭 데이터통신을 위해 각각 다른 전송속도를 적용하고 있다. 1MHz의 대역폭을 가진 79개의 채널로 이루어져 있으며 초당 1600회의 주파수호핑으로 전송한다.

마스터로부터 10m 이내의 거리에 슬레이브 단말기가 들어오면 Frequency Hopping Sequence를 Master로부터 수신한 후 이를 이용하여 데이터를 송수신하므로 경우에 따라 Association 시간이 약 3초 정도 걸리는 것이 단점이다. 무선으로 모든 정보를 교환하므로 가장 편리한 네트워킹 방법이지만 기기 간의 간섭문제를 해소하기 위해 주파수 호핑 대역확산방식을 사용함으로써 기술을 사용하는 기기 사이에 간섭을 피할 수 없으며 높은 대역폭을 갖는 통신을 기대할 수 없다.

2) 표준화

블루투스 표준의 구성을 보면 크게 코어 규격과 프로파일 규격으로 구분된다. 코어 규격은 블루투스 기술이 어떻게 작동되는지를 보여주기 위한 부분으로 물리적부분과 그에 필요한 펌웨어 등 하드웨어적인 설계규격에 대해 기술하고 있고 프로파일 규격은 응용분야와 기기 상호간의 호환성을 위해 마련된 것으로 소프트웨어적인 상호운용 가이드라인을 기술한 부분이다.

블루투스2.0은 10Mbps의 전송속도를 지원하는 기술로 2006년 6월 현재 완성된 표준이지만 블루투스1.1과는 하방 호환성이 지원되지 않는 것이 문제이다.

블루투스의 기술적 표준은 다른 근거리 무선통신기술과 마찬가지로 IEEE 802.15 산하의 분과위원회에서 정하고 있는데 Bluetooth SIG에서 3Mbps를 지원하는 버전 2.0+EDR(Enhanced Data Rate)를 발표하였으며, 다른 칩셋업체에서도 이에 대응하는 칩셋을 내놓고 있다.

2006년부터는 UWB기반의 블루투스3.0 표준이 WiMedia Alliance에서 진행되고 있다.

3) 국내 동향

국내에서는 GCT Semiconductor가 블루투스 SIG로부터 칩(RF, 베이스밴드)에 대해

인증을 받았고 삼성전자와 하이닉스도 칩을 개발하였다.

블루투스 기술에 있어 국내업체가 외국업체에 비해 다소 열세에 있다. 핵심기술인 칩의 경우 해외에서 먼저 개발이 시작되었고 2007년 6월 현재 블루투스 SIG로부터 제품의 인증을 받고 있다.

블루투스 SIG에서 로고인증제도를 마련하는 등 핵심적 활동을 하고 있다. 로고인증제도란 블루투스가 제각각 개발되어 장착될 경우 상호 접속성이 떨어지기 때문에 만든 제도로서 블루투스 제품과 PRD를 BQTF(인정테스트 하우스)에 보내 인증을 받는 것이다.

4) 해외 동향

블루투스의 싱글칩은 CSR, TI, Broadcom, RFMD 등이 출시하고 있으며 Broadcom과 RFMD은 퀄컴의 베이스밴드에 내장된 블루투스 베이스밴드와 연동이 가능한 트랜시버IC를 별도로 출시하고 있다. 퀄컴은 블루투스 기능을 자사의 MSM칩에 내장하고 있다.

5) 활용

블루투스 기술은 휴대폰을 위한 핸즈프리 서비스를 가능하게 해주는 헤드셋 프로파일이나 PC의 큰 스크린을 이용한 무선 인터넷 서비스를 가능하게 해주는 Dial-Up Networking Profile 서비스에 활용되고 잇다.

블루투스 기술이 소개된 초기에는 많은 활용이 기대되었으나 낮은 데이터전송률과 동시에 통신에 참여할 수 있는 최대의 기기 수가 8개로 제한되어 있다는 점, 그리고 Mater-Slave모드로 동작한다는 데에 한계가 있다.

특히 무선 홈네트워킹 구현에 사용하기에는 다음과 같은 큰 문제점이 있다. 홈네트워킹은 매우 분산적인 환경에서 동작하는 상황이므로 가전기기를 제조할 때 어떤 기기는 Master로 만들고 어떤 기기는 Slave로 만들 것인지는 하나의 조직이 관리하기에도 불가능한 일이며 만약 Master기기에 문제가 발생하면 전체 기기가 네트워크화 되지 않으므로 하나의 Master기기의 의존도가 너무 높은 것이 문제이다.

(2) UWB

UWB(ultra wide band)란 FCC 정의에 의하면 '중심주파수 대비 대역폭이 20%이상이거나 500MHz이상의 주파수 대역폭을 차지하는 무선전송기술' 을 의미한다.

UWB는 일반적으로는 3.1GHz~10.6GHz 대역에서 100Mbps 이상 속도로 기존의 스펙트럼에 비해 매우 넓은 대역에 걸쳐 FCC part15(미약전파)의 EIRP기준 (-41.3dBm/MHz)의 낮은 전력으로 초고속통신을 실현하는 근거리 무선통신기술로 규정하고 있다.

펄스 기반 기술은 근거리에서 최대 1Gbps급의 초고속전송이 가능하고 출력전력을 낮출 수 있으므로 에너지 사용 효율을 향상시킬 수 있으며 다중경로페이딩의 여러 문제점에 대응 가능하며 펄스의 도달시간으로부터 수 센티미터 정도의 정밀도로 장치간 거리를 계산할 수 있어 위치기반 응용에 활용 가능하다는 여러 장점이 있다.

UWB기술은 광대역에 넓게 퍼진 에너지를 수신하여 신호를 검출하므로 협대역 통신신호에 의한 간섭특성이 우수하고 보안통신에도 적합하며 펄스폭이 매우 좁고 duty cycle이 작아 다중경로페이딩에 의한 영향이 적다. 또한 반송파 발진기가 필요 없고, 고출력 통신을 행하지 않을 경우에는 선형 증폭기도 필요 없으며, 중간주파수단도 사용하지 않으므로 시스템이 간단하다.

또, 정확한 거리 및 위치 측정이 가능한 높은 해상도를 제공하며 기존의 무선 시스템과는 달리 무선 반송파를 사용하지 않고 기저대역에서 통신이 이루어지므로 송수신기의 구조가 간단해짐으로써 낮은 비용으로 송수신기를 제작할 수 있는 장점이 있다. 반면, 복수 사용자의 신호를 분리하는 것이 복잡한 단점도 있다.

IEEE 802.15.3a는 UWB를 사용하여 전송속도를 크게 증가시키는 표준화 작업을 하고 있다.

1) 기술 진화 과정

UWB무선기술은 1897년 마르코니가 보여준 최초의 무선시스템에서 시작되었다. 한동안 진전이 없던 이 기술은 1960년대에 들어 근거리 고해상도 레이더 분야인 sensing 분야에서 연구개발이 재개되었다.

현대 UWB기술의 기초는 1980년대에 Sperry Research Center에서 정립되었다.

1980년대와 1990년대 시간도메인의 전자장 원리가 무선통신에 응용되었고 특히 다중경로가 밀집된 환경에서의 근거리 통신에 응용되었다.

2002년 4월에 미국FCC는 UWB를 위한 주파수대역을 할당하였다(상업적 허용).

2) 표준화

UWB는 Radar 등 주로 군사적 목적으로 사용되었는데 2002년 FCC에서 상용화를 허용한 이후 IEEE 802.15.3a와 IEEE 802.15.4a에서 각각 고속 UWB와 저속UWB 표준화가 시작되었다.

고속UWB는 IEEE 802.15.3에서 표준화된 2.4GH 고속 WPAN에서 제공하는 11~55Mbps의 전송대역을 확장하기 위하여 연구되었으며, 물리계층 기술채택에 있어서 DS-CDMA방식과 MB-OFDM 방식이 제안되어 표준안 도출을 위한 노력이 오랫동안 지속되었으나 표준안 도출에 성공하지 못하여 2006년 1월 IEEE 802.15.3a의 활동 중단을 선언하였다. 이후 각 방식의 표준활동은 MB-OFDM방식의 WiMedia(Wireless Multimedia) Alliance와 DS-CDMA방식의 UWB Forum에서 진행하고 있다.

WiMedia Alliance는 Intel, Microsoft, TI 등이 주축이 되어 2002년 'PAN에서 장치들 간의 무선 멀티미디어 연결과 상호 운용성을 장려' 하기 위하여 구성되었다.

저속 UWB는 IEEE 802.15.4a에서 센서 네트워크 용도로 표준화되고 있다.

3) 기술

UWB통신시스템에서는 반송파를 사용하지 않는다. 따라서 일반적인 협대역 통신방식에서 요구되는 반송파 주파수 및 위상 복원 절차가 필요하지 않으며 이에 따라 보다 간단하게 구현될 수 있다.

연속적인 정현파를 사용하는 기존의 무선통신시스템과는 달리 UWB시스템은 1ns 이하의 매우 좁은 폭을 갖는 펄스 또는 임펄스를 전송한다. 이러한 UWB의 장점은 높은 채널 용량과 데이터 전송률을 가지며 다중경로에 대한 세밀한 분해가 용이하여 위치예측과 Rake수신이 가능하다는 점이다.

① 물리계층

MBOA와 DS-CDMA 기술비교를 표 2에 나타내었다.

표 2 MBOA와 DS-CDMA 기술비교

구분	MB-OFDM	DS-CDMA
제안사	MBOA(Intel, TI 등)	모토로라, PC&CRL
주파수운용방식	-14개(대역폭:528MHz) -3개(Mandatory): 3168~ 4752 MHz	2개(대역폭:2GHz, 4.8GHz) -single band : 3.1~4.9GHz -dual band :3.1~4.9GHz 6.2~9.7GHz
변조방식	OFDM(128-point FFT) /QPSK	CDMA/BPSK or 4-BOK
FEC	길쌈부호	길쌈부호
데이터전송률	53.3~480Mbps	27.5Mbps 1.32Gbps
Multiple Access	FDM/TF-interleaving	FDM/CDM/TDM
Piconet 수	4~16개	6~12개
회로 복잡도	FFT/IFFT구조	Rake 수신기 구조
location 인식	cm단위의 resolution	cm단위의 resolution
전송방식 특성	Peak-to-average ratio문제	-채널, 타 시스템간 간섭에 강인

② MAC

2.4GHz 고속 WPAN 규격인 IEEE802.15.3에서 정의하고 있는 MAC프로토콜은 PNC(Pico-Net Coordinator)의 제어를 따르는 중앙집중식으로 Past Connection, Ad-Hoc Network, QoS, Security, Dynamic Membership 등의 기능을 제공하며, CSMA/CA를 사용하여 자원을 요청하고, Slotted-ALOHA와 TDMA를 사용하여 사용자 데이터를 전송한다. DS-CDMA방식은 중앙집중식MAC를 채택한 반면 MBOA방식에서는 분산형 MAC프로토콜을 채택하였다.

③ 변복조 기술

변조방식은 PPM방식(Time Domain사에서 사용)과 BPSK방식 (Xstream 사에서 사용. PPM보다 S/N비에서 3dB이점과 전송 용량면에서도 2배의 이점을 가지나 multipath에 의한 위상변화 문제점을 가지고 있다.)을 이용하며 수신단에는 대부분 상관기(correlator)를 이용하여 데이터를 수신한다.

④ 송수신시스템

UWB은 수퍼헤테로다인 방식을 쓰지 않고 호모다인 방식을 사용하므로 송/수신기에서 주파수천이 과정이 필요치 않으므로 수퍼헤테로다인 구조에 비해 구성이 상대적으로 간단하다. 따라서 저전력을 사용하는 소형칩으로 구현이 가능하고 밧데리를 오래 사용할 수 있다.

⑤ 국내 동향

2006년 7월 정보통신부에서 산업 활성화가 예상되는 낮은 대역(3.1~4.8GHz)과 높은 대역(7.2~10.2GHz) 등 2개 대역에 주파수를 분배하였으며, 저주파수대에서는 기존 이용 주파수 및 차세대 이동통신 주파수와의 간섭을 고려, 간섭회피기술(DAA)을 적용한 UWB 시스템만 사용할 수 있게 하였다. 그러나 차세대이동통신 주파수 결정과 이용 시기 등을 고려해 4.2G~4.8GHz 대역은 DAA적용을 오는 2010년 6월까지 유예하기로 하였다.

한국전자통신연구원은 2003년 2월부터 MBOA와 DS-CDMA 방식의 UWB소자를 개발하였고, 이 가운데 MBOA소자는 삼성종합기술원과 공동연구를 수행하여 2005년 소자개발을 완료하였고 2006년 1월 CES(consumer electronic show)에서 시연한 바 있다.

삼성전자는 HDTV 등 디지털 가전기기에 UWB 기술을 적용하는 것을 목표로 MBOA와 DS-CDMA 기술의 양 진영에 참여하고 있다.

중소개발업체로는 삼성전자와 공동으로 OFDM방식의 UWB모뎀을 개발한 에이로직스, 2002년부터 개발을 추진해 오던 신화정보시스템 등이 있다.

(3) 지그비

지그비는 저전력, 저가격, 사용의 용이성을 가진 WPAN기술 중 하나로 꿀벌의 의사소통 수단인 춤에서 인용된 기술이다. 꿀벌은 Zig-zag로 춤을 추면서 꽃의 위치, 거리, 방향을 알려주는데 이것이 경제적인 통신수단으로 알려져 있으며 무선네트워크에서 이런 혁신적인 기술을 도입한다는 측면에서 Zig-zag의 Zig와 꿀벌의 Bee를 합성하여 지그비(Zigbee)라는 용어를 탄생시켰다.

1) 기술

IEEE 802.15.4는 20~250kbps의 낮은 전송속도와 매우 저렴한 가격, 매우 긴 배터리 수명, 간단한 구조 및 연결성을 제공하여 10m 이내의 작은 범위 내에서의 무선 연결을 요구하는 분야에 적합한 표준이다.

IEEE 802.15.4에서는 두 가지 물리계층(multi band, multi rate)을 지원하며 이들 물리계층은 낮은 duty cycle과 저 전력 동작을 위하여 동일한 패킷 구조를 갖는다. 두 물리계층 사이의 근본적 차이는 주파수대역이며, 일반적으로 널리 활용되는 ISM밴드인 2.4GHz와 유럽과 미국의 868/915MHz 대역으로 유럽에서는 868MHz를, 미국에서는 915MHz대역을 사용한다. 그리고 물리계층의 사용대역에 따라 전송속도가 다르며 2.4GHz대역에서는 인접한 네트워크 및 시스템과의 간섭에 강인한 기능을 수행할 수 있도록 OQPSK변조방식에 의해 250kbps의 전송속도를 제공하고, 868/915MHz 대역은 BPSK변조방식에 의해 각각 20kbps와 40kbps전송속도를 제공한다.

IEEE 802.15.4에서는 3개의 주파수대역에 27개의 채널을 갖는다. 868/915MHz에서는 868.0MHz와 868.6MHz 사이의 대역에서 1개의 채널을, 902.0MHz와 928.0MHz대역에서 10개의 채널(채널간격 2MHz)을 제공한다. 2.4GHz에서는 2.4GHz와 2.4835GHz사이의 대역에서 5MHz간격으로 16개의 채널을 제공한다.

그러나 2006년 8월 현재 국내에서는 이러한 ISM밴드 대역 중 900MHz 대역이 배정되어 있지 않기 때문에 무선PAN 및 RFID 등의 기술들의 주파수 배정 및 사용 문제가 대두되고 있다.

2) 표준화

Zigbee에서는 PHY와 MAC는 IEEE 802.15.4 WPAN 기술의 PHY와 MAC를 사용하고 있으며, 네트워크 계층과 응용계층과 같은 상위계층에서의 프로트콜은 Zigbee Alliance에서 정의하고 있다. IEEE 802.15.4 표준화작업은 2003년 완료되었고 상위계층에 대한 표준화 작업은 Zigbee Alliance에서 진행 중이다.

비영리 조직인 Zigbee Alliance는 안정적 데이터 전송을 위해 IEEE 802.15.4의 PHY 및 MAC 기반으로 그 상위에 네트워크 구조, 라우팅, 보안 등을 추가하였다.

이 조직은 2007년 5월 현재 220여 업체가 멤버로 등록되어 있으며 2006년 12월 Zigbee-2006 규격을 발표하였다.

3) 활용

지그비는 센서네트워크와 같은 수직 어플리케이션 영역의 짧은 거리에서 경쟁력이 있을 것으로 보인다. 적용대상은 빌딩제어, 자동차분야, 자동차, 홈네트워크, 농경, 공장자동화 등에 사용될 수 있다.

지그비는 짧은 거리에서 소용량 데이터 전송에 적합한 분야에 사용될 전망이다.

표 3 IEEE 802.15의 TG의 기술적 특성

	802.15.1	802.15.3	802.15.3a	802.15.4	802.15.4a
목표	Bluetooth	High rate	UWB	Low rate/ Zigbee	위치인식 저전력센서 네트워크
주파수대역	2.4~2.4835 GHz	2.4GHz	3.1~10.6 GHz	868(유럽) / 915(미국) MHz 2.4GHz	2.4GHz
MAC	FH/TDD 79CH 1600hop/s	CSMA/CA S-Aloha TDMA		CSMA/CA TDMA	CSMA/CA TDMA
데이터율	<10Mbps (동기) <723kbps (비동기)	<55Mbps	100Mbps (10m) 200Mbps (4m)	20k~250k bps	25kbps 1Mbps

변조	GFSK	QPSK DQPSK 16/32/64- QAM	QAM	BPSK(868/ 915MHz) OQPSK (2.4GHz)	DBO-CSS
범위	10m(1mW) 100m(100mW)	5~10m		10~20m	100m
주요 사업자	노키아,소니 에릭손	Xtreme spectrum		필립스, 모토로라	Multi spectral 삼성전기
비고	2006년 2.0표준화		2006년 2월중단	2003년 표준화 완료	

3 광대역통합망(BcN)

1. 개요

2004년 2월 정보통신부가 기존의 차세대 네트워크(NGN : next generation network)를 대체하는 새로운 용어로 광대역통합망(BcN)을 제시하고 광대역통합망 구축 기본계획을 확정하였다.

광대역통합망(BcN)은 통신, 방송, 인터넷이 융합된 품질 보장형 광대역 멀티미디어 서비스를 언제 어디서나 끊김없이 안전하게 광대역으로 이용할 수 있는 통합네트워크이다.

BcN은 논리적으로 다양한 서비스를 생산 · 관리하는 서비스 제어 계층, 정보를 교환 · 전송해주는 전달망 계층, 가입자의 유무선 접속처리를 지원하는 가입자망 계층과 홈/단말 계층 등의 4계위로 구성된다.

통합/융합은 음성 · 데이터 통합, 유 · 무선 통합, 통신 · 방송 융합을 의미하고 광대역화는 유선 가입자당 50~100Mbps, 무선은 가입자당 1Mbps를 제공하며 기지국당 최대 50Mbps 이상을 보장하는 것을 말한다.

BcN은 1단계(2004.9~2005.12), 2단계(2006~2007), 3단계(2008~2010)로 나누어 추진되고 있다.

2. BcN 표준모델(conference model)

국내 차세대 통합망의 개발을 위해 2004년 2월에 BcN협의회를 통해 표준모델 전담반이 조직되었고, 정보통신부의 강력한 의지에 의해 ETRI, 통신사업자의 참여로 표준모델 개발을 시작하게 되었다.

BcN 표준모델이란 "BcN구축을 위한 단계별 네트워크 구조 및 규격, 목표 서비스의 로드맵과 이를 구현하기 위한 단계별 발전 전략"으로 정의된다.

표준모델은 BcN 구축 목표를 실현하기 위한 망구조, 기술 및 서비스 제공기준에 대한 단계별 가이드라인으로 완성된 논리적 최종모델이 아닌 네트워크 구축에 초점을 둔 실현 중심의 네트워크 모델이다. 즉, 표준모델은 현재보다는 미래의 우리나라 정보통신망 구축 가이드라인 제시가 목표이다.

BcN 표준모델은 다음과 같은 필요성에 의해 개발되었다.

첫째, BcN망 구조 및 기술규격, 서비스 제공 기준을 제시하여, 통신사업자 및 장비 제조업체로 하여금 BcN장비의 상호 운용성을 확보하고 효율적인 투자를 유도하기 위한 발전전략을 제시한다. 즉, 장비 개발업체의 경우 다양한 표준에 따른 중복된 장비개발을 방지하고 서비스 사업자간의 망간 연동 문제점을 최소화하기 위함이다.

둘째, BcN 상용망 구축의 가이드라인을 제공한다. 서비스 제공자는 BcN표준모델을 바탕으로 아직 외국에서 시도되지 않은 서비스를 창출하여 해외시장에서의 우위를 선점할 수 있다.

셋째, BcN기술의 국제 표준화 추진을 들 수 있다. 아직 국제 표준화기구에서도 표준화 작업이 진행 중이므로 국내의 BcN표준모델을 표준안에 적극 반영하여 NGN 표준 기술의 우위를 확보하도록 한다.

(1) 표준화 동향

BcN 표준 모델 추진 체계는 BcN 표준 모델 협의회 및 전담반을 통하여 표준모델을 개발하고 있으며 조속한 추진을 위해 정보통신부에서 ETRI를 주관기관으로 지정, 개발하고 있다.

BcN 표준모델 개발 과정에서 국내외 동향이 표준모델 개발 방향 설정에 중요한 참고가 되며, 특히 ITU-T FGNGN 및 이동통신 분야의 3GPP/3GPP2, MSF의 NGN 표준화 동향과 BcN시범사업의 추진 등의 망구축 동향은 BcN표준모델 기획에 많은 영향을 미친다.

국내에서는 2004년에 표준모델V1.0이 개발되었고, 2005년 12월 1년 반 동안의 활동을 종료하고 그 동안의 표준화 기고서를 SG-13에 제출한 FGNGN의 표준화활동과 '서비스 제어 계층'의 중심이 된 3GPP/3GPP2의 IMS(IP Multimedia Subsystem)는 2005년 V2.0의 개발과 밀접한 관계가 있다.

(외국에서는 차세대네트워크(NGN)이라는 용어를 사용하지만 국내에서는 BcN이라는 용어를 사용한다.)

(2) 표준모델 V2.0의 내용

표준모델 V2.0은 3단계의 최종 목표망의 모습을 나타내고 있다. 따라서 현재 구축되고 있는 망과는 차이를 가질 수밖에 없나.

표준모델V2.0의 4계층 구성도는 '광대역통합망 구축 기본계획의 3단계'에 제시된 BcN개념과 비교하여 보면 서비스 제어 계층 부분에서 Open API 위치가 바뀌고 망제어 플랫폼이 전달망 계층과 서비스 제어계층 사이에 추가된 것이 다르다.

표준모델 V2.0 각 계층의 정의는 다음과 같다.

• 서비스 제어 계층

BcN에서 제공될 수 있는 유선, 무선, 방송서비스 등 다양한 서비스에 관련한 요구사항 및 인터페이스에 대해 정의하고 고품질의 신뢰성 있는 BcN서비스를 위해 제공되어야 하는 계층이다.

• 전달망 계층

실질적인 데이터 전송과 관련한 코어네트워크로서 QoS 및 OAM 보장 및 망간의 연동, 통합데이터를 전송하기 위한 기술, 구조, 요구사항, 인터페이스를 정의하고 있는 계층이다.

• 가입자망 계층

전달망에 연결된 가입자 측면의 네트워크로서 크게 유선가입자망, 무선가입자망, 방송가입자망으로 나눌 수 있으며 이들 간의 통합망도 고려된다. 각 가입자망의 대표적인 기술은 다음과 같다.

–유선망 : xDSL, HFC, AON, PON ...

–무선망 : WLAN, Wibro, CDMA2000, WCDMA ....

–방송망 : 지상파/위성DMB, Cable, 공중파

• 홈 및 단말 계층

가정 내 유비쿼터스 환경을 제공하기 위한 기술과 요구사항 인터페이스를 정의하고 BcN 환경을 지원하는 단말의 형태와 각 단말에서 지원되어야 할 요구사항을 정의한 계층이다.

표준모델 V2.0에서는 BcN 3단계에 해당하는 BcN 목표 수준을 표 4와 같이 정의하고 있다.

표 4의 구분을 표준모델V1.0과 비교하면, 서비스 제어 계층에 해당하는 '서비스제어플랫폼' 항목이 추가되었다. V1.0에서 전달망 항목에 속해 있던 Open API를 재 구분하고 서비스제어플랫폼으로 구성하였다. 또한 V1.0의 전달망 항목 구성이었던 IPv6는 주소체계라는 목차를 신설하여 BcN전 계층을 대상으로 할 수 있도록 보완하였으며, QoS항목도 End-to-End QoS 제공이라는 관점에서 전 계층에서 QoS 요구사항을 제시하고 있다. 또한 보안항목을 전달망에서 가입자망으로 변경하였다. 그래서 V1.0의 전달망에 있던 QoS, IPv6, 보안, Open API 대신에 V2.0에서는 전달망을 구성하는 기술적인 요소로서 IP패킷망, 광전송망, 망 제어로 구성하였다.

표 4 BcN 목표 수준(표준모델 V2.0)

구분		목표 수준
통합서비스	음성 · 데이터통합	30FPS/D1급 영상전화,광대역 음성코덱 채용, 망사업자 간 직접 연동,CD급 음성품질 도입
	유 · 무선통합	3G, FTTH 등 광대역 유 · 무선망간 통합서비스 제공
	통신 · 방송 융합	HD급 품질보장형 멀티미디어 서비스 제공
서비스 제어 플랫폼	open API	통신 · 방송 융합 Open API G/W도입
	서비스 제어	유 · 무선 통합 및 통신 · 방송 융합서비스 제어 플랫폼 구축
전달망	IP패킷망	IPv4/IPv6 전면 지원 및 이동성, 멀티캐스트 트래픽의 플로우 기반 QoS가 가능한 테라급 통합망 구축
	광전송망	테라~페타급의 DWDM/OXC 광전송망
	광제어망	제어 플랫폼 확대에 의한 QoS관리, 통합보안 플랫폼 구축
가입지망	유선	FTTZ 완전구축 및 FTTH 지속 확장
	무선	가입자당 평균 1Mbps, 기지국당 50Mbps 이상 제공
	방송	유비쿼터스 환경하의 통신 · 방송융합망 구축
	홈네트워크	홈 네트워크 도입, 보편화 및 유비쿼터스 센서 네트워크 확대
	보안	개별망 피해 확산 방지, 공격자 역추적 및 증거 수집 체계 구축

(3) IPv6

인터넷망을 활용한 유비쿼터스 환경을 구성하기 위해서는 각 개체에 삽입될 컴퓨팅 기기들의 고유한 식별자를 부여해야 하며 이를 위해서 천문학적인 수의 IP수가 필요하게 될 것이다.

32비트 주소 체계를 사용하는 IPv4는 논리적으로 약 43억 개의 주소 공간을 제공할 수 있으나 실제 사용 가능한 주소 수는 10억 개 정도로 추정되고 있으며 이미 그 70% 이상이 할당되어 사용되고 있다.

IPv6는 2^{128}개로 구성된 풍부한 주소공간이다. 전 세계 인구를 60억으로 가정할 때 1인당 약 5.6×10^{28}개의 주소를 부여할 수 있을 정도의 엄청난 양이다.

IPv6 프로토콜의 주요 특징은 다음과 같다.

- IP주소를 자동으로 할당받을 수 있고, 특정 지역에 대한 IP주소할당이 고정되지 않고 필요시 재할당 및 분배가 가능하다.
- 이동서비스 환경에 보다 효과적이다.
- 인증 및 보안 기능이 자체에 내장되어 있다.
- 실시간이나 스트림형태의 트래픽을 위해 흐름 인식자를 가지고 있다.
- 새로운 부가 기능을 개발할 것에 대비하여 연속적으로 헤더를 부착함으로써 앞으로 개발될 다양한 추가 기능을 용이하게 수용할 수 있다.

표 5 IPv4와 IPv6의 차이

	IPv4	IPv6
주소체계	32비트(4octet)	128비트(16octet)
패킷헤더	20octets+	고정크기(40octet)
주소할당 방법	A,B,C,D Class,CIDR	계층적
주소유형	unicast multicast broadcast	unicast scope기반 multicast link-local site-local global anycast
QoS	ToS로 정의되어 있으나 사용되지는 않음	Flow Label,Traffic Class
보안	additional	IPsec built-in
configuration	manual configuration,DHCP	auto-configuration

V1.0과 V2.0의 비교

- V2.0에서는 플로우 기반의 QoS기술이다.
- BcN개념도가 V1.0에서는 홈/단말계층-가입자망 계층-전달망 계층-서비스 제어 계층 등의 수직적 계층구조이고 V2.0은 홈/단말-가입자망-전달망을 수평적 구조로 나타내고 망제어와 서비스 제어 계층을 수직적 구조로 나타내고 있다.

- V2.0에서는 서비스 제어 계층이 IMS 기반으로 변경되었다.

4 위치기반서비스(LBS)

LBS(local based service)는 무선통신망을 기반으로 이동성이 보장된 기기를 통해 사람이나 사물의 위치를 파악하고 이를 활용하는 서비스이다.

LBS시스템에서 가장 중요한 사용자의 위치를 추적하는 방식은 현재 위성통신을 이용한 방식, 이동통신망을 이용한 방식, 근거리 무선통신 시스템을 기반으로 하는 방식과 영상인식기반의 방식 등이 있다. 현재는 위성통신과 이동통신망을 기반으로 하는 위치 측위가 주를 이루고 있지만 제한적인 단말기에서만 가능한 기술이며 그 오차 범위가 크다. 특히 건물 내부에서는 GPS신호가 도달하지 않는 음영지역이 존재하는 문제점이 있다.

1. 위치측위기술

(1) 위성통신 기반의 측위기술

지구를 따라 6개의 궤도에 4개씩 모두 24개의 GPS위성에서 보내오는 반송파신호의 위상을 측정(절대측위)하거나 반송파신호의 코드를 추적(상대측위)하여 위성까지의 거리를 측정함으로써 삼각측량방법을 이용해 위치를 측위하는 방법이다.

(2) 이동통신기반의 측위기술

이동통신망을 이용해 측위하는 방식에는 통신망의 기지국으로부터 오는 수신신호를 이용하는 망 기반(network based)방식, 단말기에 장착된 GPS수신기 등을 이용하는 단말기 기반(handset based)방식, 그리고 이들을 혼합하여 사용하는 혼합(hybrid)방식으로 분류할 수 있다.

위성통신이나 이동통신을 이용한 위치인식기술은 서비스 제공 영역이 넓어 실외에 적합한 반면, 실내나 음영지역에서는 사용에 제약이 따른다.

(3) 근거리 무선통신 기반의 측위기술

유비쿼터스 시대에는 세밀화된 위치측위가 요구되고 건물 안의 위치측위에 초점을 맞춘 Micro-LBS의 개념이 등장하고 있다. 여기에는 초음파, RF 그리고 UWB 등의 다양한 무선통신기술을 이용한 측위기술이 있다.

(4) 영상인식 기반의 측위기술

위의 기술들이 대부분 삼각측량 또는 근접에 의한 위치 측위 기술을 활용한다면 영상인식을 이용한 기술은 장면분석(scean analysis)방법을 활용한다. 이는 일반적으로 특정 공간에 놓여진 비디오 카메라를 통해 잡힌 영상의 시간적 또는 공간적인 차이점을 찾아내어 위치를 찾아낸다.

2. LBS의 기술

LBS시스템은 크게 위치를 결정하기 위한 위치 측위 기술, 위치 데이터 관리를 위한 LBS서버기술, 그리고 서비스를 제공하기위한 LBS응용기술로 구성된다.

위치서버(location server)는 통신망의 위치획득시스템(GMLC:gateway mobile location center)으로부터 받은 위치정보를 관리하고 서비스에 필요한 부가적인 기능들을 통합적으로 제공하는 미들웨어다. 위치데이터서버(location data server)는 이동하는 단말기의 위치정보를 획득해 실시간으로 처리하는 곳이다.

LBS응용기술은 다양한 위치기반서비스의 제공을 위한 시스템 솔루션 기술을 의미한다. 최근 들어 LBS는 유·무선 통신시스템을 이용해 이동 단말기를 가진 사용자에게 위치관련 정보를 제공하는 것뿐만 아니라 광고, 주문배달 서비스, 긴급 경보 서비스, 물류관제 시스템 등 사용자에게 밀접한 형태로 생활 속에 파고들고 있다.

응급상황 발생 시 사용자의 위치를 즉시 파악하여 안전한 구조를 지원하는 공공안전 서비스, 상점, 식당과 같은 가장 가까운 서비스 지점의 위치를 텍스트나 그래픽 지도와 같은 형태로 제공하는 위치기반정보 서비스, 개인, 차량, 재산 등을 추적하고 관리하는 추적서비스(tracking service), 위치에 따라 미션을 수행하거나 지역별 대항전을 벌이는 게임을 제공하는 위치기반 엔터테인먼트(location based entertainment) 등이 있다.

문제 QUESTION

1. 유비쿼터스의 정의를 설명하시오.
2. 유비쿼터스 센서 네트워크(USN)에 대해서 설명하시오.
3. RFID기술에 대해서 설명하시오.
4. RFID의 통신 구조에 대해서 설명하시오.
5. RFID시스템의 2가지 방식을 들고 간단히 설명하시오.
6. RFID미들웨어에 대해서 설명하시오.
7. 국내 RFID 사용 주파수대역에 대해서 설명하시오.
8. RFID액세스 기술의 종류를 들고 비교 설명하시오.
9. 정통부에서 제시한 디지털홈의 정의를 설명하시오.
10. 유선홈네트워킹 기술의 종류를 들고 설명하시오.
11. 무선PAN의 정의를 설명하시오.
12. 블루투스의 정의를 설명하시오.
13. 블루투스 기술의 단점을 설명하시오.
14. UWB의 정의를 설명하시오.
15. 국내 UWB의 사용 주파수대역에 대해서 설명하시오.
16. UWB의 장단점을 설명하시오.
17. UWB의 변조방식에 대해서 설명하시오.
18. 지그비(Zigbee)의 정의를 설명하시오.
19. 지그비의 유럽과 미국의 주파수대역 및 변조방식에 대해서 설명하시오.
20. 블루투스, UWB, 지그비의 MAC방식에 대해서 설명하시오.
21. 광대역통합망(BcN)의 정의를 설명하시오.
22. BcN의 4계층을 들고 간단히 설명하시오.
23. IPv6를 IPv4와 비교해서 설명하시오.

24. LBS(위치기반서비스)의 정의를 설명하시오.

25. LBS의 3가지 기술을 들고 간단히 설명하시오.

찾·아·보·기

INDEX

가

나

다

아

자

정보통신의 이해

2009년 2월 25일 초판 인쇄
2009년 3월 5일 초판 발행

지은이 | 정기석
펴낸이 | 오판근
펴낸곳 | 교우사

주 소 | 서울시 동대문구 제기2동 148-19
대표전화 | 925-2861(代), 편집부 | 925-2825
팩 스 | 925-2860
전자우편 | kyowoo@kyowoo.co.kr
홈페이지 | www.kyowoo.co.kr
출판등록 | 1994년 3월 24일(제 6-0256호)

ISBN 978-89-8172-792-5(93560)
값 20,000